スマートセルインダストリー
－微生物細胞を用いた物質生産の展望－
Smart Cell Industry
－Prospect of Bio-Based Material Production Using Microbial Cells－

監修：久原　哲
Supervisor : Satoru Kuhara

シーエムシー出版

はじめに

バイオテクノロジーは，近未来に地球規模で懸念される人口・食料・水問題・気候変動・環境汚染，パンデミック等の課題や我が国における健康・医療，環境，農業・食料等に関する課題を克服しうる重要かつ代替法のない基盤技術であり，最も有望な先端技術の一つとされ，バイオテクノロジーを活用した応用技術や製品が次々と生まれている。

特に，次世代シークエンサーによるゲノム解析の高速化によるビッグデータの出現，CRISPR/Cas9をはじめとするゲノム編集技術や遺伝子を自由に組み合わせて目的物質を生産する合成生物学等の近年の進歩は著しく，創薬基盤や再生医療用途などの健康・医療産業のみならず，ものづくり産業や食品産業など幅広い産業と融合，イノベーションによる新たな産業・市場を創出している。

この流れを受けて，2009年，OECDではバイオテクノロジーが経済生産に大きく貢献できる市場として“バイオエコノミー”という考え方を提唱し，バイオエコノミー関連市場が2030年にOECDのGDPの2.7％（約200兆円）に拡大すると予測された。この提言をはじめとして，欧米を中心にバイオエコノミー戦略が次々と発表され重点的な取組が始まり，近年ではアジア各国にも広がりを見せている。さらに，欧州ではサーキュラーエコノミー（原材料に依存せず，既存の製品や有休資産の活用などによって価値創造の最大化を図る経済システム）の概念も取り込みバイオエコノミーとの整合性をはかる検討を進めるなど，各国で活発な議論が行われている。

また，2015年に国連本部が開催した「国連持続可能な開発サミット」で持続可能な開発目標（The Sustainable Development Goals；SDGs）が採択され，深刻化する環境課題など17の目標と169のターゲットが掲げられた。農林水産・食品分野のみならず健康・医療分野，環境・エネルギー分野，さらには工業分野まで幅広く活用されているバイオテクノロジーが，SDGsの多くの目標達成に貢献できる技術領域であると期待されている。

我が国でも各国の動向を注視しつつ，これまでバイオテクノロジー戦略大綱（2002年）やバイオマス活用基本計画（2010年策定，2016年バイオマス活用推進基本計画に見直し）等のバイオ関連の各種政策が立案され，実行へと移された。NEDOにおいては「エネルギー・地球環境問題の解決」及び「産業技術力の強化」といった観点からバイオテクノロジーの技術開発に取り組んでいる。特に，バイオ分野への戦略的投資が必要との認識から，バイオ産業の新たな市場形成を目指した戦略として『スマートセルインダストリーの構築』を中心に位置づけたプロジェクトを開始した。

その第一弾として，プロジェクト「植物等を用いた高機能品生産技術の開発（スマートセルプロジェクト）」を立ち上げ，先に述べたように，急速に進化した次世代シークエンサーをはじめとする各種解析装置による遺伝子情報や生産物情報の正確かつ高速な取得と，これらのビッグデータにAI/IT技術を適用することで生物機能のデザインを可能とする基盤技術を開発し，その技術を活用したスマートセル創出プラットフォームの構築と実証研究を行っている。

本書で紹介する微生物の生産性制御に関わる技術開発では，多様な産業生物株を利用してゲノム情報等の大規模データベースを取得し，DNA，mRNA，タンパク質，代謝物の階層内・階層間の制御ネットワークを推定する計算手法を開発，さらに収量が最大となる遺伝子配列を提供するシミュレーションシステムを構築する。また，長鎖DNA合成技術やメタボローム分析装置等の開発によりスマートセル創出に関連する各種技術を整備し，さらに微生物に関するスマートセル創出プラットフォームを一層強化するためAI基盤技術等の開発にも力を入れている。本事業で開発するスマートセル創出プラットフォームを活用し，特定の生産ターゲットを設定した上で目的物質の生産性向上を狙うとともに，量産化を見据えて宿主となる微生物の培養条件等の最適化を行う研究開発への着手も予定している。

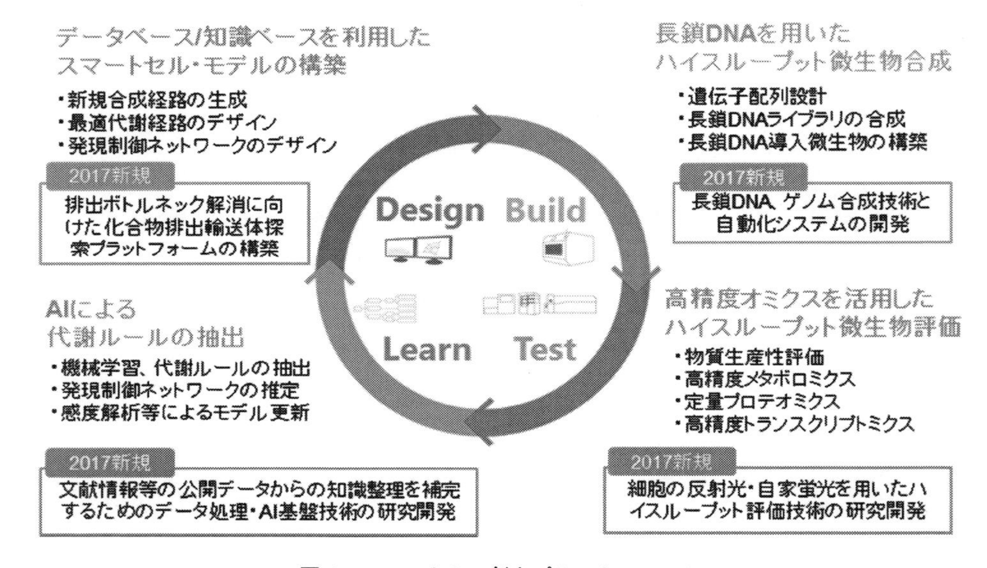

図１　スマートセル創出プラットフォーム

バイオテクノロジーは急速な技術革新が進んでいる分野であり，人々や社会が抱える問題の解決，新市場創出の実現に大きな可能性を有する技術領域であり，Society 5.0で実現する社会にも貢献するものと考えられる。そのためには，本領域における研究開発から市場投入までの一連の流れを，複数の関係機関が有機的に連携しながら進める必要があり，スマートセルインダストリー構築においても，これまで以上に，産学官連携や異分野融合等を促進しなければいけない。

2018年6月

九州大学　名誉教授
久原　哲

執筆者一覧（執筆順）

久原　哲　九州大学　名誉教授

蓮沼誠久　神戸大学　大学院科学技術イノベーション研究科　教授

田村具博　(国研)産業技術総合研究所　生物プロセス研究部門
応用分子微生物学研究グループ　部門長

近藤昭彦　神戸大学　大学院科学技術イノベーション研究科　教授

森　良仁　日本テクノサービス㈱　バイオ事業部　部長

柘植謙爾　神戸大学　大学院科学技術イノベーション研究科　特命准教授

高橋俊介　神戸大学　大学院科学技術イノベーション研究科

板谷光泰　慶應義塾大学　先端生命科学研究所　教授

谷内江望　東京大学　先端科学技術研究センター　准教授；
慶應義塾大学　先端生命科学研究所　特任准教授

石黒　宗　慶應義塾大学　政策・メディア研究科；
東京大学　先端科学技術研究センター　研究交流生

石井　純　神戸大学　大学院科学技術イノベーション研究科　准教授

西　晶子　神戸大学　大学院科学技術イノベーション研究科　研究員

北野美保　神戸大学　大学院科学技術イノベーション研究科　研究員

中村朋美　神戸大学　大学院科学技術イノベーション研究科　研究員

庄司信一郎　神戸大学　大学院科学技術イノベーション研究科　学術研究員

秀瀬涼太　神戸大学　大学院科学技術イノベーション研究科　特命准教授

木村友紀　千葉大学　工学部　共生応用化学科

関　貴洋　千葉大学　工学部　共生応用化学科

大谷悠介　千葉大学　工学部　共生応用化学科

栗原健人　千葉大学　工学部　共生応用化学科

梅野太輔　千葉大学　工学部　共生応用化学科　准教授

八幡　穣　筑波大学　生命環境系　助教

野村暢彦　筑波大学　生命環境系　教授

三谷恭雄　(国研)産業技術総合研究所　生物プロセス研究部門
環境生物機能開発研究グループ　グループリーダー

野田尚宏　(国研)産業技術総合研究所　バイオメディカル研究部門
バイオアナリティカル研究グループ　グループリーダー

菅野　学　(国研)産業技術総合研究所　生物プロセス研究部門
生物資源情報基盤研究グループ　主任研究員

松田史生　大阪大学　大学院情報科学研究科　バイオ情報工学専攻　教授

光山統泰	(国研)産業技術総合研究所　人工知能研究センター　研究チーム長
荒木通啓	京都大学大学院　医学研究科　特定教授； 神戸大学　大学院科学技術イノベーション研究科　客員教授
白井智量	(国研)理化学研究所　環境資源科学研究センター 細胞生産研究チーム　副チームリーダー
厨　祐喜	神戸大学　大学院科学技術イノベーション研究科　学術研究員
川﨑浩子	㈱製品評価技術基盤機構　バイオテクノロジーセンター 産業連携推進課　課長
細山　哲	㈱製品評価技術基盤機構　バイオテクノロジーセンター 産業連携推進課　専門官
寺尾拓馬	㈱製品評価技術基盤機構　バイオテクノロジーセンター 産業連携推進課
亀田倫史	(国研)産業技術総合研究所　人工知能研究センター オーミクス情報研究チーム　主任研究員
池部仁善	(国研)産業技術総合研究所　人工知能研究センター オーミクス情報研究チーム　産総研特別研究員
油谷幸代	(国研)産業技術総合研究所　生体システムビッグデータ解析オープンイノベーションラボラトリ（CBBD-OIL）　創薬基盤研究部門（兼） 副ラボ長
齋藤　裕	(国研)産業技術総合研究所　人工知能研究センター オーミクス情報研究チーム　研究員
田島直幸	(国研)産業技術総合研究所　人工知能研究センター オーミクス情報研究チーム　産総研特別研究員
西宮佳志	(国研)産業技術総合研究所　生物プロセス研究部門 分子生物工学グループ　主任研究員
玉野孝一	(国研)産業技術総合研究所　生物プロセス研究部門 応用分子微生物学研究グループ　主任研究員
北川　航	(国研)産業技術総合研究所　生物プロセス研究部門 応用分子微生物学研究グループ　主任研究員
安武義晃	(国研)産業技術総合研究所　生物プロセス研究部門 応用分子微生物学研究グループ　主任研究員
守屋央朗	岡山大学　異分野融合先端研究コア　准教授

寺井悟朗　東京大学　大学院新領域創成科学研究科　メディカル情報生命専攻　特任准教授

伊藤潔人　㈱日立製作所　研究開発グループ　基礎研究センタ　主任研究員

武田志津　㈱日立製作所　研究開発グループ　技師長　兼　基礎研究センタ　日立神戸ラボ長

広川安孝　九州大学　大学院農学研究院　特任助教

花井泰三　九州大学　大学院農学研究院　准教授

酒瀬川信一　旭化成ファーマ㈱　診断薬製品部　開発研究G

小西健司　旭化成ファーマ㈱　診断薬製品部　開発研究G

村田里美　旭化成ファーマ㈱　診断薬製品部　開発研究G

吉田圭太朗　(国研)産業技術総合研究所　生物プロセス研究部門　応用分子微生物学研究グループ　博士研究員

小笠原渉　長岡技術科学大学大学院　技術科学イノベーション専攻　教授

志田洋介　長岡技術科学大学　工学部　助教

鈴木義之　長岡技術科学大学　工学部

掛下大視　花王㈱　基盤研究センター　生物科学研究所　上席主任研究員

五十嵐一暁　花王㈱　基盤研究センター　生物科学研究所　グループリーダー

小林良則　(一財)バイオインダストリー協会　つくば研究室　室長

田代康介　九州大学　大学院農学研究院　生命機能科学部門　遺伝子制御学　准教授

矢追克郎　(国研)産業技術総合研究所　生物プロセス研究部門　研究グループ長

吉田エリカ　味の素㈱　コーポレートサービス本部　イノベーション研究所　フロンティア研究所　先端育種研究グループ　研究員

大貫朗子　味の素㈱　コーポレートサービス本部　イノベーション研究所　フロンティア研究所　先端育種研究グループ　主任研究員

臼田佳弘　味の素㈱　コーポレートサービス本部　イノベーション研究所　フロンティア研究所　先端育種研究グループ　グループ長

小森彩　神戸天然物化学㈱　開発本部　バイオ開発室　研究員

小島基　神戸天然物化学㈱　開発本部　バイオ開発室　研究員

鈴木宗典　神戸天然物化学㈱　開発本部　バイオ開発室　研究員

仲谷豪　長瀬産業㈱　ナガセ R&D センター　基盤研究課　研究員

山本省吾　長瀬産業㈱　ナガセ R&D センター　基盤研究課　主任研究員

石井伸佳　長瀬産業㈱　ナガセ R&D センター　企画開発課　主任研究員

曽田匡洋　長瀬産業㈱　ナガセR&Dセンター　基盤研究課
課統括，主任研究員
阪本　剛　三菱ケミカル㈱　横浜研究所　バイオ技術研究室　主任研究員
山田明生　三菱ケミカル㈱　横浜研究所　バイオ技術研究室　研究員
豊田晃一　(公財)地球環境産業技術研究機構　バイオ研究グループ　主任研究員
久保田健　(公財)地球環境産業技術研究機構　バイオ研究グループ　主任研究員
小暮高久　(公財)地球環境産業技術研究機構　バイオ研究グループ　主任研究員
乾　将行　(公財)地球環境産業技術研究機構　バイオ研究グループ
グループリーダー，主席研究員
片山直也　江崎グリコ㈱　健康科学研究所
大段光司　江崎グリコ㈱　健康科学研究所
塚原正俊　㈱バイオジェット　代表取締役
熊谷俊高　㈱ファームラボ　代表取締役
藤森一浩　(国研)産業技術総合研究所　生物プロセス研究部門
バイオデザイン研究グループ　主任研究員
久保亜希子　江崎グリコ㈱　健康科学研究所　研究員
佐原健彦　(国研)産業技術総合研究所　生物プロセス研究部門
バイオデザイン研究グループ　主任研究員
竹村美保　石川県立大学　生物資源工学研究所　准教授
三沢典彦　石川県立大学　生物資源工学研究所　教授
高久洋暁　新潟薬科大学　応用生命科学部　教授
荒木秀雄　不二製油グループ本社㈱　未来創造研究所　主席研究員
中川　明　石川県立大学　生物資源工学研究所　応用微生物学研究室　講師
南　博道　石川県立大学　生物資源工学研究所　応用微生物学研究室　准教授
宮田　健　鹿児島大学　農学部　食料生命科学科　准教授
新川　武　琉球大学　熱帯生物圏研究センター　感染免疫制御学分野　教授
玉城志博　琉球大学　熱帯生物圏研究センター　感染免疫制御学分野　助教
梅津光央　東北大学　大学院工学研究科　教授
新井亮一　信州大学　繊維学部　准教授
七谷　圭　東北大学　大学院農学研究科　助教
中山真由美　東北大学　大学院農学研究科　特任助教
新谷尚弘　東北大学　大学院農学研究科　准教授
阿部敬悦　東北大学　大学院農学研究科　教授

目　　次

総　論　　蓮沼誠久，田村具博，近藤昭彦

1　はじめに ……………………………………… 1
2　先端バイオ技術の国際動向 ………………… 1
3　我が国独自のスマートセルインダストリーの構築へ ……………………………… 3
4　微生物開発に資する情報解析技術 ……… 4
5　バイオ×デジタルによる「スマートセル創出プラットフォーム」の開発 ………… 6
6　将来展開 ……………………………………… 8

【第1編　ハイスループット合成・分析・評価技術】

第1章　ハイスループット長鎖DNA合成技術

1　ハイスループットDNA化学合成技術の開発 ………………………… **森　良仁** …13
　1.1　はじめに ………………………………13
　1.2　長鎖DNA合成に特化したDNA合成機の試作 …………………………15
　1.3　ハイスループットDNA合成機の試作 ………………………………………16
　1.4　おわりに ………………………………17
2　OGAB法による長鎖DNA合成技術 …… **柘植謙爾，高橋俊介，近藤昭彦** …19
　2.1　はじめに ………………………………19
　2.2　枯草菌を用いた遺伝子集積法のOGAB法 ……………………………19
　2.3　自動化を意識した遺伝子集積法の第二世代OGAB法 ………………………22
　2.4　おわりに ………………………………24
3　枯草菌ゲノムベクターを利用する長鎖DNAの(超)長鎖化技術…… **板谷光泰** …26
　3.1　ゲノム合成とは ………………………26
　3.2　ゲノム合成に必須な枯草菌ゲノムベクターシステム ……………………26
　3.3　第3世代ドミノ法，接合伝達システム開発 ………………………………28
　3.4　第2世代のドミノ法が示した，合成対象ゲノムのGC含量制限 …………29
　3.5　まとめ …………………………………30
4　全ゲノム合成時代における長鎖DNA合成の考え方 … **谷内江　望，石黒　宗** …32
　4.1　全ゲノム合成時代のための生物学小史 ……………………………………32
　4.2　DNAアセンブリ技術群 ……………33
　4.3　次世代のDNAアセンブリ …………36
　4.4　共通の課題 ……………………………38

第２章　ハイスループット微生物構築・評価技術

1　微生物を用いた物質生産とハイスループット微生物構築技術 ……………………**石井　純，西　晶子，北野美保，中村朋美，庄司信一郎，秀瀬涼太，蓮沼誠久，近藤昭彦** …39
1.1　はじめに ………………………………39
1.2　微生物によるバイオ化学品の発酵生産 ………………………………………40
1.3　微生物構築の自動化システム―AmyrisやZymergenを例に― ……40
1.4　自動化システムを取り巻く状況 ……41
1.5　おわりに ………………………………41
2　バイオセンサーを利用したハイスループット評価技術 ………**木村友紀，関　貴洋，大谷悠介，栗原健人，梅野太輔** …44
2.1　はじめに ………………………………44
2.2　見える代謝物を見る戦略の限界 ……45
2.3　代謝物センサーを用いる細胞工学 ……………………………………………45
2.4　見えない代謝物を見る ………………47
2.5　展望 ……………………………………49
3　非破壊イメージングによるハイスループット評価技術 …… **八幡　穣，野村暢彦** …51
3.1　はじめに ………………………………51
3.2　細胞形態や空間配置の非破壊・低侵襲３次元評価技術 ……………………52
3.3　細胞の種類や代謝状態の非破壊評価技術 ………………………………………53
3.4　おわりに ………………………………54

第３章　オミクス解析技術

1　トランスクリプトーム解析技術 …… **三谷恭雄，野田尚宏，菅野　学** …56
1.1　RNA-seqのサンプル調製の概要……56
1.2　RNA-seqデータの品質管理…………58
1.3　スマートセルの遺伝子発現情報の取得の際に求められる技術展望 ………60
2　スマートセル設計に資するメタボローム解析 ………………………… **蓮沼誠久** …62
2.1　はじめに ………………………………62
2.2　メタボローム解析の概要 ……………63
2.3　動的メタボロミクスの開発と微生物育種への応用 ……………………………65
2.4　スマートセル設計に資するメタボローム解析 …………………………………67
3　高精度定量ターゲットプロテオーム解析技術 ………………………… **松田史生** …69
3.1　はじめに ………………………………69
3.2　スマートセル評価におけるタンパク質定量技術の必要性 ……………………69
3.3　ターゲットプロテオミクス法の有用性 ………………………………………69
3.4　ターゲットプロテオミクスの実際１：サンプル前処理とデータ取得 ………70
3.5　ターゲットプロテオミクスの実際２：MRMアッセイメソッドの構築 ……71
3.6　MRMアッセイメソッド構築の高速化に向けて ……………………………72
3.7　ターゲットプロテオミクスを用いた出芽酵母１遺伝子破壊株の解析 ……72
3.8　人工タンパク質を用いた定量の高精

度化 ……………………………………73

第4章　測定データのクオリティコントロール，標準化データベースの構築　光山統泰

1　はじめに ……………………………………75
2　本研究課題の役割 …………………………76
3　本データベースの独自性 …………………76
4　測定データのクオリティコントロール ……77
5　標準化データベースの構築 ………………78
6　スマートセルデータベースの将来像 ……80
7　最後に ………………………………………80

【第2編　情報解析技術】

第1章　代謝系を設計する情報解析技術

1　新規代謝経路の設計
…………………… 荒木通啓，白井智量 …83
1.1　はじめに ……………………………………83
1.2　代謝経路設計ツール(1)：M-path ……83
1.3　代謝経路設計ツール(2)：
BioProV ……………………………………86
1.4　おわりに ……………………………………87
2　代謝モデル構築と代謝経路設計
…… 厨　祐喜，白井智量，荒木通啓 …88
2.1　はじめに ……………………………………88
2.2　代謝モデル構築 …………………………88
2.3　代謝経路設計：HyMeP………………90
2.4　今後の課題 ………………………………91
3　微生物資源の有効活用 ………川﨑浩子，
細山　哲，寺尾拓馬，白井智量 …92
3.1　スマートセル構築のための生物資源の活用概略 ……………………………93
3.2　人工代謝経路設計ツールの機能向上への生物資源の活用 ……………………95
3.3　微生物資源の入手方法 ………………97
4　代謝設計に向けた酵素選択
………………………………… 荒木通啓 …99
4.1　はじめに ……………………………………99
4.2　代謝設計ツール：M-path の利用……99
4.3　クラスタリング法の利用 ………… 100
4.4　機械学習法の利用 ………………… 101
4.5　おわりに ………………………………… 103
5　酵素の機能改変
…………………… 亀田倫史，池部仁善 …104

第2章　遺伝子発現制御ネットワークモデルの構築　油谷幸代

1　はじめに ……………………………………108
2　遺伝子発現制御と物質生産理由 ……… 108
3　遺伝子選択手法の開発 ………………… 109
4　ネットワーク構造推定 ………………… 110
5　実証課題への適用に向けて …………… 111

第3章　遺伝子配列設計技術

1　情報解析に基づく遺伝子配列改変による発現量調節 ………**亀田倫史，齋藤　裕，田島直幸，西宮佳志，玉野孝一，北川　航，安武義晃，田村具博** …112
1.1　放線菌生産データに基づく，遺伝子配列設計法の開発 …………………… 113
1.2　DNA－ヒストン結合能を変化させる配列改変 ………………………… 115
2　コドン(超)最適化という設計戦略 ……………………………… **守屋央朗** …117
2.1　はじめに―コドン(超)最適化という設計戦略 …………………………… 117
2.2　コドンの最適化の基礎 …………… 117
2.3　コドン最適化の実際 ……………… 119
2.4　発現量を最大化するためのコドン超最適化 ……………………………… 119
2.5　おわりに―コドン置換による更なる配列設計 ……………………………… 121
3　大量データに基づく遺伝子配列設計 ……………………………… **寺井悟朗** …123
3.1　はじめに ……………………………… 123
3.2　コドンとタンパク質発現の関係 … 123
3.3　翻訳開始との関係 …………………… 123
3.4　翻訳伸長との関係 …………………… 124
3.5　タンパク質フォールディングとの関係 ………………………………………… 125
3.6　翻訳終結との関係 …………………… 125
3.7　mRNA 分解との関係……………… 125
3.8　分泌との関係 ………………………… 126
3.9　Codon Adaptation Index ………… 126
3.10　我々のアプローチ ……………… 126
3.11　OGAB 法によるキメラ CDS ライブラリの構築 ………………………… 127
3.12　おわりに ………………………… 128

第4章　統合オミクス解析技術　**油谷幸代**

1　はじめに ………………………………… 130
2　生体細胞における複層的制御システム… 130
3　生物階層と情報解析技術 ……………… 131
4　統合モデルの構築 ……………………… 132
5　実証課題への適用に向けて …………… 133

第5章　知識整理技術

1　バイオ生産に資する AI 基盤技術 …… **荒木通啓，伊藤潔人，武田志津** …135
1.1　はじめに ……………………………… 135
1.2　AI 技術の現状……………………… 135
1.3　バイオ分野における AI 技術適用の課題 ……………………………………… 136
1.4　スマートセル開発支援知識ベース… 137
1.5　おわりに ……………………………… 140
2　合成代謝経路を導入したシアノバクテリアによる有用物質生産 ……………………… **広川安孝，花井泰三** …141
2.1　はじめに ……………………………… 141
2.2　合成代謝経路を導入したシアノバクテリアによるイソプロパノール生産

…… 142
2.3 合成代謝経路を導入したシアノバクテリアによる 1,3-PDO の生産…… 145
2.4 おわりに …… 147

【第3編 産業応用へのアプローチ】

第1章 診断薬用酵素コレステロールエステラーゼ（CEN）生産への応用 …… 151

酒瀬川信一，小西健司，村田里美，吉田圭太朗，安武義晃，油谷幸代，田村具博

第2章 セルラーゼ生産糸状菌の複数酵素同時生産制御に向けた技術開発

小笠原　渉，志田洋介，鈴木義之，掛下大視，五十嵐一暁，小林良則，田代康介，油谷幸代，矢追克郎

1 バイオリファイナリーとセルロース系バイオマス分解糸状菌 *Trichoderma reesei* …… 156
1.1 セルロース系バイオマスを原料としたバイオリファイナリー …… 156
1.2 セルロース系バイオマスの分解 … 157
1.3 既知の調節因子 …… 158
2 *Trichoderma reesei* 糖質加水分解酵素生産制御 …… 160
2.1 糖質加水分解酵素の生産比率制御の意義 …… 160
2.2 糖質加水分解酵素生産比率制御と DBTL サイクル …… 161

第3章 カルボンの生産性向上による代謝解析・酵素設計技術の有効性検証

吉田エリカ，大貫朗子，臼田佳弘，小森　彩，小島　基，鈴木宗典，池部仁善，亀田倫史

1 酵素設計技術を用いた P450 の改変とリモネンからカルボンへの変換 …… 166
2 リモネン発酵生産菌の構築 …… 169

第4章 *Streptomyces* 属放線菌を用いた物質生産技術：N-STePP®

仲谷　豪，山本省吾，石井伸佳，曽田匡洋

1 はじめに …… 171
2 N-STePP® …… 172
3 応用例1：天然紫外線吸収アミノ酸「シノリン」の生産 …… 173
4 応用例2：多機能アミノ酸「エルゴチオネイン」の生産 …… 174

5　おわりに …………………………………… 176

第5章　スマートセルシステムによる有用イソプレノイド生産微生物の構築の取組み　阪本　剛，山田明生

1　はじめに …………………………………… 177
2　イソプレノイド生合成経路に関わる研究の概要 …………………………………… 178
2.1　メバロン酸経路 …………………… 178
2.2　非メバロン酸経路 ………………… 179
3　イソプレノイド生産微生物構築におけるスマートセルシステムの活用 ………… 179
3.1　有用イソプレノイド生産微生物の構築 …………………………………… 179
3.2　今後の展望 …………………………… 182

第6章　網羅的解析を利用した高生産コリネ型細菌の育種戦略　豊田晃一，久保田　健，小暮高久，乾　将行

1　トランスクリプトーム解析を用いた乳酸生産濃度向上戦略 ……………………… 183
2　メタボローム解析を用いたアラニン生産濃度向上戦略 …………………………… 185
3　メタボローム解析を用いたシキミ酸生産濃度向上戦略 …………………………… 185
4　計算機およびトランスポゾンライブラリーを用いたタンパク質分泌生産量の向上戦略 …………………………………………… 186

第7章　紅麹色素生産の新展開　片山直也，大段光司，塚原正俊，熊谷俊高，油谷幸代，藤森一浩

1　はじめに …………………………………… 189
2　紅麹菌と産業利用の変遷 ……………… 190
3　紅麹菌の分類学的な位置づけと二次代謝経路 …………………………………………… 190
4　紅麹色素に関する従来の研究と遺伝子組換え技術 ………………………………… 191
5　紅麹菌 GB-01 株の全ゲノム塩基配列の取得 …………………………………………… 192
6　スマートセル実現にむけた新規数理モデル開発と遺伝子改変 …………………… 193
7　さいごに …………………………………… 194

第8章　植物由来カロテノイドの微生物生産　久保亜希子，佐原健彦，竹村美保，三沢典彦

1　はじめに …………………………………… 195
2　植物由来カロテノイドの市場性と機能性 …………………………………………… 196
3　大腸菌による植物由来カロテノイドの生

産研究 ………………………………… 198
3.1 大腸菌で生産可能な植物由来カロテノイド ………………………………… 198
3.2 大腸菌を用いたカロテノイド生産の生産性向上の試み ………………… 201
4 酵母による植物由来カロテノイドの生産研究 ………………………………… 202
4.1 カロテノイド生産酵母における生産性向上の試み ……………………… 202
4.2 カロテノイド非生産酵母での代謝経路の導入によるカロテノイド生産 ………………………………… 203
4.3 出芽酵母を宿主として用いた新たな取り組み ………………………… 204
5 おわりに ………………………………… 204

第9章 油脂酵母による油脂発酵生産性改善へ向けた技術開発

高久洋暁，荒木秀雄，小笠原 渉，田代康介，蓮沼誠久，油谷幸代，矢追克郎

1 油脂産業の現状と油脂酵母 …………… 206
2 油脂蓄積変異株の取得とその油脂蓄積性 ………………………………… 209
3 油脂酵母のTAG合成・分解 ………… 209
4 油脂蓄積変異株のTAG合成・分解経路関連遺伝子の発現挙動 ………………… 212
5 油脂酵母 *L. starkeyi* の遺伝子組換え技術 ………………………………… 212
6 今後の開発 ………………………………… 213

第10章 情報解析技術を活用したアルカロイド発酵生産プラットフォームの最適化 …… 215

中川 明，南 博道

第11章 計算化学によるコンポーネントワクチン開発のための分子デザイン

宮田 健，新川 武，玉城志博，梅津光央，新井亮一，亀田倫史

1 はじめに ………………………………… 220
2 ワクチンの種類と特徴 ………………… 220
3 ワクチン抗原における分子デザインについて ………………………………… 222
4 分子の安定性：耐熱性付与 …………… 222
5 計算化学とライブラリー法を融合したコンポーネントワクチン開発 …………… 223
6 まとめ ………………………………… 225

第12章　微生物の膜輸送体探索と産業利用―輸送工学の幕開け―

七谷　圭，中山真由美，新谷尚弘，阿部敬悦

1　微生物の膜輸送体研究の現状 ………… 226
2　膜輸送体の産業利用 ……………………… 228
3　結言 ………………………………………… 229

総　論

蓮沼誠久[*1]，田村具博[*2]，近藤昭彦[*3]

1　はじめに

2015年9月，国連は2030年までに極度の貧困を解消し，持続可能な社会を実現するための国際目標，The Global Goals for Sustainable Development（SDGs）を掲げた。17の開発目標の中で，貧困，飢餓，健康・福祉，水，エネルギー，産業と技術革新，経済成長，まちづくり，つくる責任・つかう責任，気候変動，海の豊かさ，陸の豊かさ，パートナーシップなど少なくとも10項目以上はバイオテクノロジー分野が技術的に貢献すべき課題である。たとえば環境・資源の観点からは，循環型社会を形成するためにバイオマスをはじめとする再生可能な資源を用いることが有用である。今日の石油由来の汎用化学品や，人の生活を豊かにする機能素材のバイオ化が進むことにより，環境・資源の持続性は促進すると考えられる。

経済協力開発機構（OECD）は報告書「The Bioeconomy to 2030」（2009年）の中で，2030年における加盟国のバイオ産業の市場規模が1.6兆ドル（GDPの2.7％）に成長すると予測している。この予測を産業分野別にみると，39％が工業（モノづくり）分野で占められ，残りの36％が農業分野，25％が健康分野となっている。その結果，バイオエコノミーは工業製品の35％，医薬品等の80％，農業の50％の生産に貢献すると予想している。

これを受けて欧米諸国をはじめとした多くの国が「バイオエコノミー」の概念を導入し，国家的なバイオ産業の振興と社会課題の解決に向け，戦略的な取り組みを開始している。バイオエコノミーは生物資源とバイオ技術を用いて地球規模課題の解決と経済発展の共存を目指す考え方であり，科学技術としては広範な領域を含むが，本書では特にバイオモノづくり分野に焦点をあてる。

2　先端バイオ技術の国際動向

近年，次世代シーケンサーの開発，分析装置の高解像度・高感度化，遺伝子・タンパク質配列解析等の情報解析技術の進展により，バイオ関連データ（ゲノム配列情報，遺伝子発現情報，タ

＊1　Tomohisa Hasunuma　神戸大学　大学院科学技術イノベーション研究科　教授
＊2　Tomohiro Tamura　（国研）産業技術総合研究所　生物プロセス研究部門
応用分子微生物学研究グループ　部門長
＊3　Akihiko Kondo　神戸大学　大学院科学技術イノベーション研究科　教授

ンパク質情報，代謝物情報，生体機能に関わる各種情報等）が爆発的に増加している。他方，CRISPR/Cas9などのゲノム編集やDNA合成に代表される遺伝子工学ツールに革新が起こり，バイオ操作を自動で行うラボオートメーションが実装されつつある。そこで，ビッグデータから抽出した有用情報を活用し，先端的な遺伝子工学で生物代謝を改変する「Engineering Biology」の社会実装が世界的に進んでいる（図1）。従来，合成生物学（Synthetic Biology）と言われてきた領域であるが，ここでは世界的な潮流に合わせてEngineering Biologyと称する。

米国のバイオベンチャーや欧米の研究拠点では，遺伝子の配列と発現量の相関に関するビッグデータを機械学習に供し，特徴量に基づいて，導入先の微生物で発現させる遺伝子配列の設計を行っている。また，作出した組換え微生物の培養と簡易評価をロボティクスで大規模に行い，データのトラッキングから解析までを自動的に行っている。プロセスを自動化することで，ヒューマンエラーの可能性を排除するとともに，実験の再現性を向上させることができる。また，実験試料とデータの紐付を行い，膨大なデータの管理を容易にすることができる。

米国では，2011年に設立されたAdvanced Manufacturing Partnershipの中で，新規素材の作出や開発期間短縮を目指してMaterial Genome Initiative（MGI）が掲げられ，バイオが将来有望な基幹技術として位置づけられていた。2016年になるとMGIが発展し，エネルギー省が主導するバイオ製造プラットフォームとしてAgile BioFoundry（ABF）コンソーシアムが設立されている。ABFでは，産業界や国の機関が市場規模，経済性，持続可能性，潜在的サプライチェーン等に基づいて標的生産物質及び出発物質を選定し，生産試験とスケールアップを検討している。選択した宿主微生物と代謝経路に基づいて，合成生物学や情報解析を駆使し，Design（設

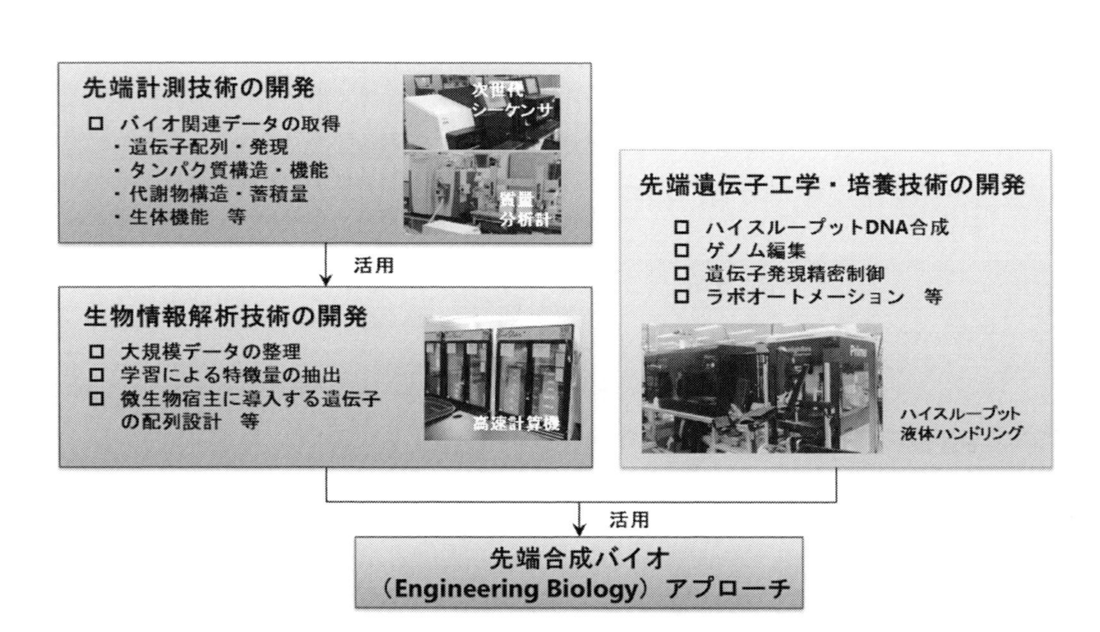

図1　バイオ技術の革新による微生物モノづくり技術の進展

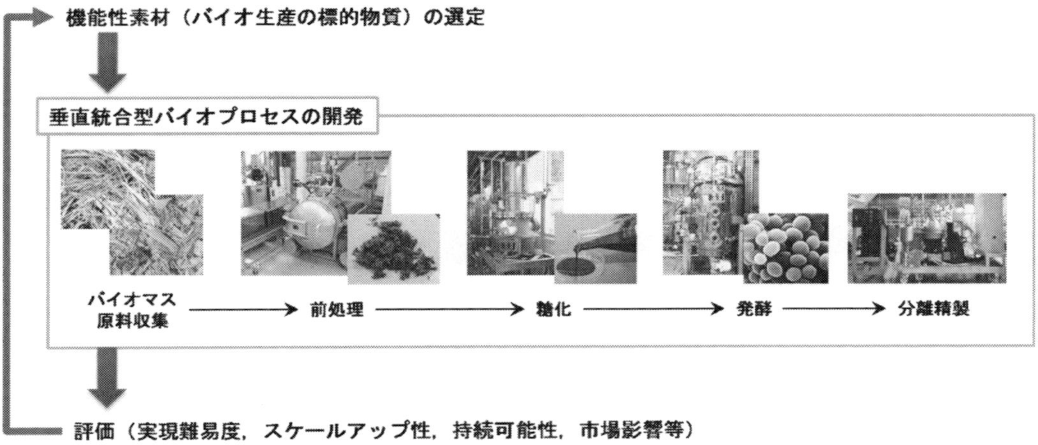

機能性素材（バイオ生産の標的物質）の選定

垂直統合型バイオプロセスの開発

バイオマス原料収集 → 前処理 → 糖化 → 発酵 → 分離精製

評価（実現難易度，スケールアップ性，持続可能性，市場影響等）

図2　バイオ製造プラットフォームの開発戦略

計)-Build (構築)-Test (試験)-Learn (学習) のサイクルを回し，経済的に実現性のあるバイオ生産プロセス（発酵条件や分離精製技術等を含む）の構築を目指している。サイクルを回すことで膨大なデータが蓄積され，実現難易度，環境評価，市場インパクト，スケールアップ性などに基づく標的物質の優先順位が更新されるデータベースを産業界・アカデミアが共有している。

産業界への橋渡しを見据え，垂直統合型のバイオプロセスを検討しており（図2），適切な規模の原料供給，前処理及び糖化等の工程から，製品開発を含む下流の処理工程までがフォーマットに組み込まれており，LCA 分析のためのデータが共有されている点も興味深い。

欧州では，ICT 等とともにバイオを科学技術政策の重要課題に位置付け，健康・医療とともにモノづくり・環境・エネルギーにも資源配分し，科学技術イノベーションプログラム HORIZON 2020 が進められ，生物資源の持続可能な活用による材料，化学薬品等の加工・生産に関する研究開発が産学官連携で行われている。英国では，生物を設計する方法論「Biodesign」を提唱し，設計・構築・試験・分析を実施する合成生物学の研究拠点を複数形成している。

3　我が国独自のスマートセルインダストリーの構築へ

日本においては，第5期科学技術基本計画やその他の戦略の中で，サイバー空間とフィジカル空間（現実社会）が高度に融合した「超スマート社会（必要なもの・サービスを，必要な人に，必要な時に，必要なだけ提供し，社会の様々なニーズにきめ細かに対応でき，あらゆる人が質の高いサービスを受けられ，年齢，性別，地域，言語といった様々な違いを乗り越え，活き活きと快適に暮らすことのできる社会)」を未来の姿として共有し，これを世界に先駆けて実現するための取り組みを「Society 5.0」として強力な推進をかけている。

バイオモノづくり分野では爆発的に増加するバイオデータ（サイバー）とバイオテクノロジー

（フィジカル）を有効に繋ぐことにより，化学品，食品，その他の新機能材の創出がこれまでになく短い期間，コスト，性能で開発できることが期待されている。

2016年度から，NEDO「植物等を用いた高機能品生産技術の開発」プロジェクト（スマートセルプロジェクト）が実施されている。スマートセルを「高度に機能がデザインされ，機能の発現が制御された生物細胞」と定義し，スマートセルを用いた次世代産業「スマートセルインダストリー」の構築を経済産業省等が推進している。

スマートセルプロジェクトでは，スマートセル設計に必要となる精緻で大規模な生物情報を高速に取得するシステムを構築し，細胞内代謝経路・遺伝子発現制御系の *in silico* 設計等を行う情報解析技術の開発を行う。基盤技術を活用し，植物や微生物による物質生産機能を制御・改変することで，従来合成法では生産が難しい有用物質の創製，生産プロセスの低コスト化や省エネ化の実現が期待される。研究開発内容の詳細については項目5で述べる。

4　微生物開発に資する情報解析技術

微生物は代謝系の中で多くの化合物を作り出すことができることから，その機能を最大限活用することで，高効率な物質製造プロセスを構築することができる。微生物を用いて製造可能な物質は，低分子量の化合物（アルコールにはじまり，アミノ酸，核酸，有機酸，脂質，ビタミン，抗生物質等）からタンパク質，多糖のような高分子まで幅広い[1)]。

遺伝子工学を用いると，宿主微生物が本来生産しない化合物を生産することも可能であり，特定の遺伝子の発現増強，抑制，ノックアウトを施すことで，目的物質の濃度・収率・生産性を向上させることも可能である。

しかしながら，細胞の代謝システムは複雑に制御されており，従来の手法では生産性の向上に限界があった。微生物は本来，与えられた環境で生存・増殖するために生理状態のバランスを保つための仕組みを具備しており，外から摂動を与えても代謝が大きく変動しないための調節機構が働く。そのため，代謝フラックスを改変する意図をもって代謝系酵素の遺伝子導入を試みても，内性の調節機構に阻まれ，目論見通りに代謝改変を実現できる例は多くない。

代謝工学では，過去の知見に基づいて，遺伝子の発現量を変化させて代謝経路を改変するが，研究者の知識は効果的な代謝改変の戦略構築に必ずしも十分でなく，成功例は限定的である。すわなち，試行錯誤の要素が大きく，物質生産技術の開発に時間がかかり，期待する生産を実現できないケースも多かった。

これに対し，近年進展著しい情報解析技術が微生物の物質生産能を向上させることが期待されている[2)]。膨大なバイオ情報（遺伝子配列，遺伝子発現制御ネットワーク，タンパク質配列，酵素反応，代謝物，代謝経路，微生物分類等）が格納されたデータベース（KEGG，BRENDA，UniProt，BioCyC等）からバイオ生産に有用な情報を抽出することにより，特定の微生物で特定の物質を効率的に生産させるための代謝経路の設計，酵素および遺伝子の選択が可能になる。そ

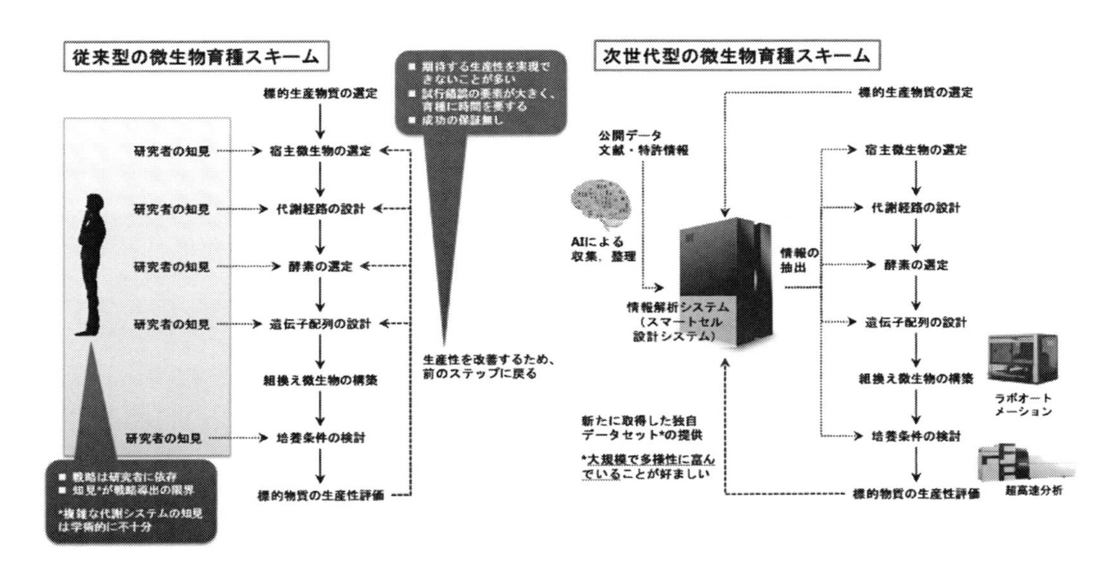

図３　微生物育種スキームの概要

の結果，これまで個々の研究者の知識に依存していた代謝改変戦略（図３）の限界を超え，戦略の選択肢が拡大すると期待される。また，代謝改変戦略の立案に要していた膨大な時間を短縮し，研究開発効率を向上させることができる。

AI技術を用いると，情報源としては，データベースに限らず論文や特許明細書に求めることが可能である。有用な情報を本文中から抜き出し，知識ベースとして収集・整理する技術の開発も進められている。従来，特にデータの規模が大きくなると人の目で見落とされていた有用情報が，有効に活用される手段が開発されつつある。研究者が文献・特許検索に要していた膨大な時間の節約にもつながる。

代謝経路の設計，酵素・遺伝子の選択ができると，次は，遺伝子を宿主微生物で発現させるための配列構築を検討することになる（図３）。従来，遺伝子の発現量は，宿主微生物のコドン使用頻度，mRNAの高次構造等の複数の要因で変化するため，配列の検討には試行錯誤の要素が大きかった。これに対し，情報解析を用いて遺伝子の配列と発現量データの相関関係を学習することで，設計した遺伝子配列から発現量を予測することができる。予測正解率は100％というわけにはいかないが，遺伝子組換えには配列の検討から組換え体の選抜・評価まで一定の時間を要するため，事前に可能性を絞り込むことで微生物の開発期間を短縮することができる。

一方，高度な情報解析技術を開発し，有効に活用するためには，大規模で多様性に富んだデータセットを体系的に取得する必要がある（図３）。特に，代謝改変戦略の合理的な立案のためには，ゲノム・トランスクリプトーム・プロテオーム・メタボロームといったオームスケールのデータセット[3]を取得し，標的物質の生産性との因果関係を解析することが重要である。

また，多様性に富んだデータセットを生み出すためには，多様な微生物を作出する必要があるが，このプロセスは原理的に研究開発のボトルネックになりやすい。多様なDNAライブラリを，多様な微生物ライブラリに導入し，生産性の指標を簡易的に評価するワークフローをハイスループットで行うラボオートメーションシステムを構築できると有効である。

5　バイオ×デジタルによる「スマートセル創出プラットフォーム」の開発

今日，ビッグデータ解析に基づく遺伝子配列設計と，ラボオートメーションを活用した微生物作出は技術的な潮流となり，物質生産性の高い微生物の開発期間は格段に短くなってきている。このような，国際的な微生物育種の動向を背景に，スマートセルプロジェクトの中で「高生産性微生物創製に資する情報解析システムの開発」が実施されている。

プロジェクト参加者は，独自の要素技術として，バイオインフォマティクスによる代謝経路設計技術（M-path）[4]・分子動力学シミュレーション[5]・遺伝子発現ネットワーク解析技術[6]・遺伝子配列設計技術[7]，世界最高精度の長鎖DNA合成技術（OGAB法）[8]，ピンポイント・マルチターゲットゲノム編集技術[9]，動的メタボローム解析[10]，定量ターゲットプロテオーム解析[11]等を開発し，微生物育種に応用してきた。

一方で，さらなる物質生産能の強化のため，微生物を短期間で育種するためには，高度な情報解析技術（IT/AI技術）や計測技術と先進バイオ技術の統合，最適な自動化を行っていく必要がある。「スマートセルプロジェクト／高生産性微生物創製に資する情報解析システムの開発」では，エッジ要素技術を有機的に連携させた独自のDesign/Build/Test/Learn（DBTL）システムとして「スマートセル創出プラットフォーム」（図4）の開発に取り組んでいる。

Design（微生物の設計）では，プロジェクトに参画する企業や大学が有する微生物から網羅的かつ体系的に取得したDNA，mRNA，タンパク質，代謝物等のデータを集積し，機械学習等の計算科学手法を用いて，最適な代謝経路や遺伝子発現制御ネットワークを設計する情報解析技術の開発を行っている。公開データの中には不正確な情報や，精度・再現性低い実測値が多数含まれており，体系的に取得されたデータに基づく設計が行われている。

酵素の選定も重要であり，基質・生成物の化学構造，酵素の基質特異性と一次構造などの情報から，代謝モデルの実現に最適な酵素を提案する情報解析技術の開発に取り組んでいる。高次構造が明らかになっている酵素については，酵素機能の改良に資するアミノ酸残基を提案する分子動力学的シミュレーション技術の開発を行っている。我が国独自の酵素資源の探索・整理・活用も重要であり，平成29年度より取り組んでいる。加えて，酵素の発現量を予測する技術の開発にも取り組み，遺伝子配列設計を提案するシステムの構築を目指している（図4）。

Build（微生物の構築）では，短期間で代謝モデルを具現化する上で有用な長鎖DNAとマルチターゲットゲノム編集技術を用いるとともに，最適な自動化で多様な微生物をハイスループットに構築する技術の開発を行っている。長鎖DNAは大規模な代謝改変が可能な反面，合成に必要なコストと時間が課題であったが，自動化装置の開発により課題の解決に取り組んでいる。

図４　エッジ要素技術を有機的に連携させた独自 DBTL システム「スマートセル創出プラットフォーム」の概要。Design と Learn がスマートセル設計システム（図３）を構成する。

本プロジェクトでは，大腸菌，酵母，コリネ型細菌，放線菌，糸状菌を遺伝子導入の宿主として研究開発に取り組んでいる。宿主の選定は目的物質の生産性を向上させる上で極めて重要であり，生産物毎に最適な微生物（シャーシ株）の整備を目指している。

Test（代謝の計測）は，設計した代謝が目的のバイオ生産を実現する上で最適であったかどうかを評価するために，微生物毎の細胞の構造や物理的性質の違いを考慮した計測技術の開発に取り組んでいる。

また，Test は微生物のさらなる改良（次の Design）に向けても重要である。前述の通り，生物の代謝制御メカニズムに関する知見・情報は代謝改変の戦略立案に対して不十分であり，情報解析で代謝の改変手段を複数提案できても，最適であるとは限らない。米国のバイオベンチャーでは，目的物質の生産性を宿主微生物の遺伝子配列と関連付ける試みが行われているが，代謝制御メカニズムを考慮しない微生物設計は効率的ではない。

短期間で所望の微生物を開発するためには，オミクスデータの体系的な取得と微生物設計への活用が重要である。本プロジェクトでは，我が国の得意分野であるメタボロミクスを中心に，多様な微生物に対して，大量のオミクスデータセットを精度良く，高い再現性で提供する計測技術の開発に取り組んでいる。

Learn（代謝ルールの学習）では，「Design のもととなった代謝予測」と「Test で実測した代謝状態」とのギャップを解析し，なぜギャップが生じたのかを計算科学的に推測する。例えば，未知酵素の存在，酵素の基質／補酵素認識性能・カイネティクス・フィードバックや競合阻害・存在量，未知代謝物の存在，代謝物のターンオーバー・細胞内局在・移送・排出，未知のトランスポーター，細胞外成分の認識性能・取り込み機構，細胞内ガス組成および濃度，未知の転写因子や遺伝子発現制御機構，遺伝子発現量等がギャップの要因になると想定される。これらは，生物としては生きていく上で基本的な代謝ルールであるが，現状の生化学では十分な知見がないため予測が困難な要素が多い。

そこで，このような代謝ルールを直接測定するか，学習後の特徴量として抽出してさらなるDesignへ反映するアルゴリズムの開発に取り組んでいる。具体的には初期のDesign（代謝モデルおよび遺伝子発現制御ネットワークモデル）への制約条件付けや，感度解析によるフィッティングを行う。AI技術で収集・整理した知識ベースによる重み付け調整も現実的なモデル構築に有効になるかもしれない。

独自のDBTLを形成する上で，Learnによって見出される情報の質は，微生物育種の高速化において極めて重要であり，マルチオミクスデータに基づく代謝経路と遺伝子発現制御ネットワークの設計アプローチは世界的にも例が無い。本プロジェクトでは，データセットや知識に基づいて「特定の微生物で特定の生産物を作るために必要な情報が取捨選択された“現実性の高い”個別代謝モデル（スマートセルの設計図）」を提供する情報解析システムの開発を目指している。

図2に示すように，DBTLには様々な要素技術があるが，生産する物質，用いる宿主によって活用する要素技術は異なる。したがって，ターゲットに合わせて最適な要素技術を組合せたワークフローを構築することが競争優位性に直結するため，ワークフローの体系的な整備が重要である。

6　将来展開

OECDは，2014年に「Emerging Policy Issues in Synthetic Biology」を発表して合成生物学の方向性を示すとともに，研究インフラの課題として，DNA合成技術，設計ツール技術，宿主開発技術，標準化技術と相互運用性を挙げている。2016年に開催された世界経済フォーラム（ダボス会議）では10大新興技術の一つとして「システム代謝工学」が挙げられたことで，微生物をシステムとして理解し，目的の物質を生産するための最適な手法を開発する生物機能を利用した物質生産技術が注目されている。

我が国のバイオ産業の現状を振り返るならば，たとえばゲノム編集技術は米国に遅れをとっており，遺伝子情報やその発現データ，生産物情報などを統合的に解析する技術も未確立であり，バイオ産業を大きく成長させるための高度なインフラ（基盤技術）の整備は喫緊の課題である。

スマートセルプロジェクトでは，化学合成では生産が難しい有用物質の創製と，そのために必要となる従来法を凌ぐ生産性の実現に資する世界的に競争力のある高機能品高生産技術を確立する。本プロジェクトの目標が達成できた場合，世界的な競争力をもった画期的な新製品（機能性化学品，機能性食品，機能性化粧品，バイオ素材，バイオ燃料等）の開発と新規事業の創造を通じた雇用の創出，輸出やライセンス収入の拡大等が期待できる。

また，農業・漁業やその他の幅広い産業分野において，バイオテクノロジーとの横断的応用が進むことによって，たとえば，植物工場や養殖事業の発展と拡大，新しい医療機器の開発や創薬支援サービスの拡大等々，モノづくり全般とそれをサポートするサービス産業への幅広い波及・誘発効果が起こり，持続可能な生産を支える再生可能なバイオマスと効率的なバイオプロセスの実現を通じた環境・エネルギー問題等の社会的課題の解決等も含めて，国民の利便性向上につながることが期待できる。

文　　献

1) 応用微生物学　第3版（文永堂出版株式会社，横田篤・大西康夫・小川順　編）
2) A. L. Lerman *et al.*, *Nat. Commun.* **3**: 929 (2012)
3) A. Ebrahim *et al.*, *Nat. Commun.* **7**: 13091 (2016)
4) M. Araki *et al.*, *Bioinformatics* **31**: 905-911 (2015)
5) S. Sakuraba *et al.*, *J. Phys. Chem. Lett.* **6**: 4348-4351 (2015)
6) P. S. Wong *et al.*, *Bioinformation* **13**: 25-30 (2017)
7) G. Terai *et al.*, *Bioinformatics* **33**: 1613-1620 (2017)
8) K. Tsuge *et al.*, *Sci. Rep.* **5**: 10655 (2015)
9) S. Banno *et al.*, *Nat. Microbiol.* **3**: 423-429 (2018)
10) T. Hasunuma *et al.*, *Metab. Eng. Commun.* **3**: 130-141 (2016)
11) F. Matsuda *et al.*, *PLoS One* **12**: e0172742 (2017)

第１編
ハイスループット合成・分析・評価技術

第1章　ハイスループット長鎖DNA合成技術

1　ハイスループットDNA化学合成技術の開発

森　良仁*

1.1　はじめに

DNAは，二重らせん構造をとる一方の鎖と，その相補鎖となるもう一方鎖がそれぞれ鋳型となり新たな二重らせんDNAを合成するため，同一の遺伝情報を複製することは容易である。しかしながら，このメカニズムでは新たな情報をもつDNAの配列を作り出すことは困難である。新しいDNA配列を作り出すためには，DNAを化学合成する以外に方法はない。

DNAの化学合成は，配列に従って4種類のヌクレオシドのビルディングブロックの何れかを1つずつ合成途上の鎖の5'末端に連結することにより伸長していくという，生物のそれとは逆の伸長方向で行う。1950年代にノーベル賞を受賞したKhoranaがリン酸ジエステル法を発表[1]して以来，様々な改良が行われ，現在はホスホロアミダイト法による固相合成がもっとも一般的となっている（図1）。反応は固相担体上で，①保護基脱離のためのデブロッキング，②亜リン酸

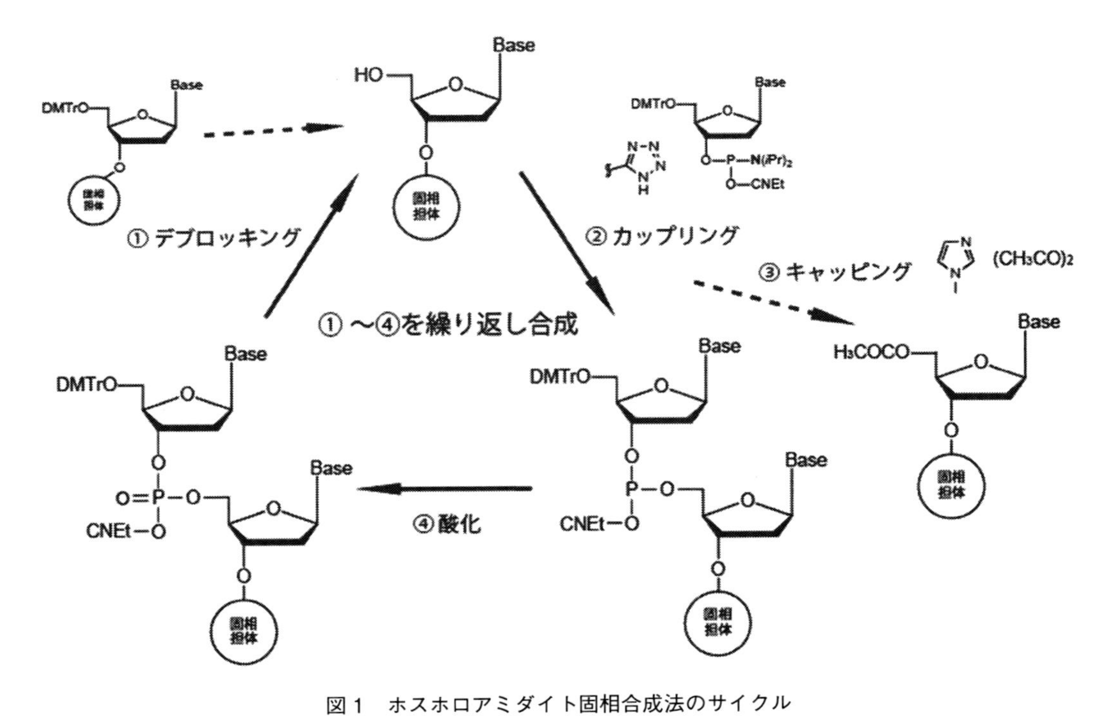

図1　ホスホロアミダイト固相合成法のサイクル

＊　Yoshihito Mori　日本テクノサービス㈱　バイオ事業部　部長

エステル結合により伸長を行うカップリング，③カップリングが上手くいかなかった未反応物の伸長を阻止するキャッピング，④亜リン酸結合をリン酸結合に変換する酸化，からなるサイクルを繰り返すことでDNAを伸長し，最後に保護基の脱離，固相からの切り離し，ブロッキング基の取り外しにより一本鎖DNAが得られる[2)]。このサイクルを自動的に行うために，各反応試薬を指定した量と時間間隔で順番通りに固相担体に供給する装置がDNA化学合成機である。

各伸長のステップは化学反応ゆえに100％の効率で進むわけではなく，0.05-1％の未反応物の出現が避けられない状況である。各ステップの未反応物の蓄積により，化学合成により作られるDNAの長さは，反応効率のみで考えても400塩基程度が限界である（図2）。よって，これらのDNAを複数アセンブルして目的の長鎖DNAを合成する必要がある。また，本来間違いがあってはいけないDNA配列であるが，例えば未反応のDNAのキャッピングが完全にされないために次のサイクルでカップリングが起こることによる1塩基（あるいはそれ以上）の欠損，あるいは合成に用いるヌクレオシドの純度や反応中の酸によるプリン残基の脱離に起因する塩基置換などの問題があり，仮に目的の全長のDNAが合成されたとしても，そのDNA分子の集団が100％正しい配列から構成されているわけではない。これらの未反応物，欠損，塩基置換については，反応条件，すなわち固相に流すヌクレオシド液量を過剰量にしたり，反応時間を長くしたりすることにより効率を改善することが期待できるが，一方でコストと反応時間の上昇を引き起こすというトレードオフの関係にある。長鎖DNAの材料として数10～数100塩基の化学合成DNAを使用しており，化学合成コストが全コストの主要な割合を占めることから，その価格は長さに正比例か，それよりも単価当たり高くなる傾向にある。よって，長鎖DNAを安く合成するために化学合成DNAをいかに安く調達するかが課題となっている。

一つの解決方法として，DNAマイクロアレイの技術を利用した，数100～数10,000の種類の

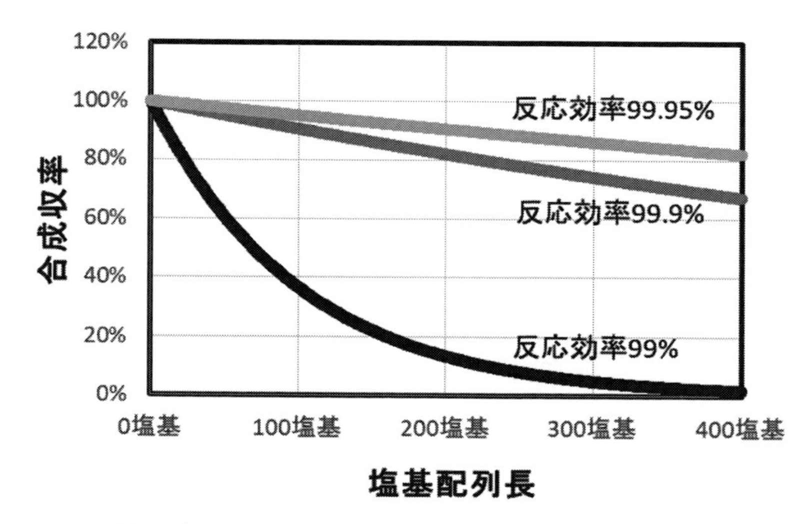

図2　各サイクルの反応効率が合成DNAの収率に与える影響

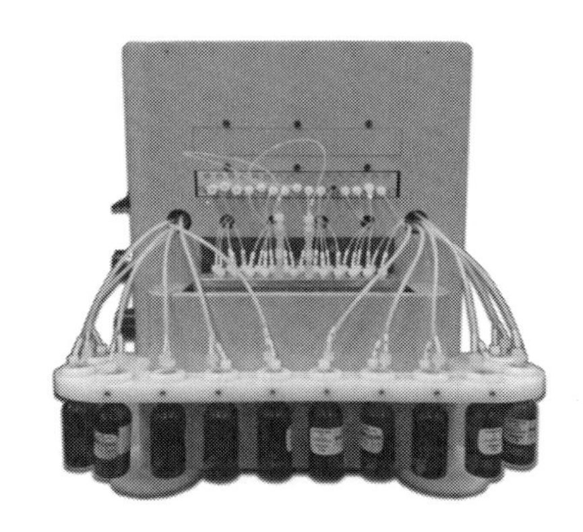

写真1　DNA/RNA 合成機（市販機）の例

DNA をチップ上でまとめて合成する方法が開発されている[3]。この方法によれば，1塩基当たり数円のコストで合成可能である。しかしながら合成された DNA が混合物の状態で得られるため，この後の DNA をいかにうまく二本鎖 DNA にアセンブルするかがカギとなるが，合成規模が大きいとアセンブルがうまくいかないという問題がある[4]。長鎖 DNA の合成においては，必要な全ての DNA 断片が揃わない限り長鎖 DNA の合成は不可能であるため，全ての DNA 断片が揃わないことは大きな問題である。

現在最も標準的に行われている，固相担体を用いた市販の化学合成機（写真1）は，機能性核酸などの研究用途向けに開発されているため，様々な種類の化学修飾塩基を導入できるという仕様になっているが，一方同時に合成できる本数が少数（例えば最大8本）であり，このままでは，長鎖 DNA 合成の目的にように大量の DNA を低コストで必要とする合成には向いていないという問題があった。

1.2　長鎖 DNA 合成に特化した DNA 合成機の試作

そこで，長鎖 DNA 合成の自動化における初期材料となる 200 塩基を超える DNA 断片を低コスト，高効率，短時間での合成が可能な多本数（24～96 本）同時合成装置の開発を行った（写真2）。具体的には，1塩基あたり数円程度のコストで，200 塩基の合成 DNA を 20 時間以内に 96 種類同時合成可能な，長鎖 DNA 合成用に特化した DNA 化学合成装置を開発することを目標とした。合成方法はホスホアミダイト固相合成法を用い，難合成配列に対しても安定した合成が可能な1種類ごとの個別合成方法を選択した。特に，化学 DNA 合成の長さを従来アセンブルに用いられている 80 塩基程度から 200 塩基程度と長くすることで，1つの人工遺伝子合成に必要な化学合成 DNA 数を少なくすることにより，化学合成 DNA のアセンブルの難易度を下げ，また，時間的律速となっていた難合成配列を確実に入手する戦略とした。且つ，使用する原料核酸の使用量を抑えた微量送液方法を開発し，従来に比べ，1/10 程度のコストダウンを図ることを目標とした。

写真2　試作1号機

この目標のため，まず現行市販機の改良から行った。現行機は200塩基の合成DNAを8本同時に合成できるが，合成時間は40時間を超える。人手による作業スケジュールを勘案すると，一回の合成プロセスが1日（24時間）以内に完結することが望ましい。そこで24本同時合成時で20時間以内に合成することを目標に設定した。問題は，200塩基まで合成できる反応効率を保ちながら，いかに合成時間を短縮するかである。現行機での各ステップの所要時間を詳細に検証した結果，合成効率に直接影響がないトリチルモニター機構の洗浄を省くことから考えた。トリチルモニター機構は，合成ステップの脱保護時（デブロッキング），塩基の反応基を保護しているジメチルトリチル基（DMTr）が外れた際に発色する機構を利用し，装置内の貯液ボトルに脱保護時に送液した溶液を貯めてLED光源を照射，それを受光部により読み取り，その濃淡にて合成効率をモニタリングするものである。これは，各合成カラム，合成サイクルごとに行われ，貯液後は貯液ボトルを洗浄し，前のサイクルの影響がないようにしなければならない。そのため，洗浄作業が合成サイクルごとに行われていた。貯液ボトル洗浄時間が合成サイクル約4分の内，30秒を占めていたため，トリチルモニター機構の改良は時間短縮には必須であった。時間短縮のためにトリチルモニター機構そのものをなくすことも考えたが，合成がうまく進んでいるかを目視で確認することは困難であり，最終合成産物をPAGEにて確認するまで合成品質が分からないことも非効率であると考え，洗浄作業が不要な廃液側チューブを直接読み取る方式を採用した。これにより，各サイクル30秒の時間短縮ができ，単純に1本の合成で約100分，24本同時合成時で約800分の時間短縮ができた。併せて24本同時合成タイミングを最適化した送液プログラムの開発を行い，試作機試運転当初，既存装置用合成プログラムで48時間かかっていた合成が，初年度で20時間以内の合成を達成することができた。

1.3　ハイスループットDNA合成機の試作

次に試作1号機を基にした，200塩基を96本同時合成可能な試作機2号機の製作を行った（写

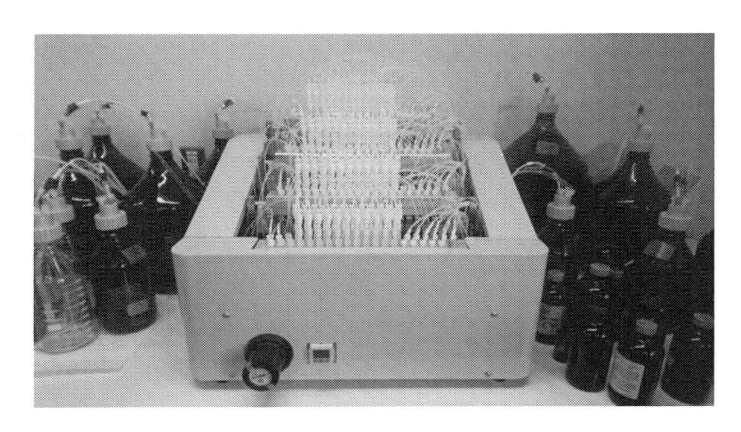

写真3　試作2号機

真3)。まず，試作1号機にて到達した20時間以内の合成時間を踏襲すべく，24本同時合成機構を4つ並列させ，合成時間は据え置きに合成量を4倍にすることとした。

試作2号機の製作後，試運転を実施し，合成産物を神戸大学にてアセンブルし，品質確認を行った。その結果，200塩基は到達しているものの，塩基欠損，塩基置換が見られることが発覚した。200塩基を超える合成には，固相担体の孔径，核酸試薬の濃度，反応試薬の組成，試薬送液量，反応時間など複合的な条件が必要になる。塩基欠損および置換については，反応が上手く行われなかった箇所にそれ以上反応が進まないようキャッピング剤を増やして対応した結果，置換，欠損率の改善が見られ，実用化へむけて大きく前進した。

1.4　おわりに

試作2号機により96サンプルの同時合成が可能となり，長鎖DNAのための材料のDNA供給が可能となった。一方で，DNA合成の価格は，半導体の集積率の推移で言われた，いわゆるムーアの法則に倣い年々指数関数的に低下している。今後さらなる低コストを目指して，新たなDNA合成機を開発していきたい。

文　　献

1) Gilham, P. T., and Khorana, H. G. Studies on Polynucleotides. I. A New and General Method for the Chemical Synthesis of the C5'-C3' Internucleotidic Linkage. Syntheses of Deoxyribo-dinucleotides. *J. Am. Chem. Soc.* **80**, 6212. (1958).

2) Sinha, N. D., Biernat, J., McManus, J., and Köster, H. Polymer support oligonucleotide

synthesis. XVIII: use of β-cyanoethyl-N, N-dialkylamino-/N-morpholino phosphoramidite of deoxynucleosides for the synthesis of DNA fragments simplifying deprotection and isolation of the final product. *Nucleic Acids Res.* **12**, 4539-4557 (1984).

3) Tian, J., Gong, H., Sheng, N., Zhou, X., Gulari, E., Gao, X., and Church, G. Accurate multiplex gene synthesis from programmable DNA microchips. *Nature* **432**, 1050-1054 (2004).

4) Kosuri S. and Church. G. M. Large-scale de novo DNA synthesis: technologies and applications. *Nature Methods* **11**, 499-507 (2014).

2　OGAB法による長鎖DNA合成技術

柘植謙爾[*1]，高橋俊介[*2]，近藤昭彦[*3]

2.1　はじめに

合成生物学の進展により，細胞に遺伝子を導入して機能を改変する際に，従来の単一遺伝子の導入から数個～数十個の多数の遺伝子からなる遺伝子回路を設計し導入する需要が増加してきている。これらを実物のDNAにする際には，長さが10 kbを超えるような長鎖DNAを合成することが必要である。新規のDNA配列を構築するためには，化学合成DNAを出発材料に用いる必要がある。しかしながら化学合成DNAの長さは，最長でも200塩基程度と短いため，これらの化学合成DNAを“紡いで”長くする必要がある。“紡ぐ”工程は，大きく分けて2つの段階がある。まず第1段階は，化学合成した一本鎖DNAを数個～数10個用いて数100～数1,000 bpの二本鎖DNAに変換する工程である。この工程は，PCR法やDNAリガーゼなどにより試験管内で無生物的に行われる。第2段階は，得られた二本鎖DNA断片を多数集積して長鎖DNAを構築する工程である。後の工程では，何らかの形で生物を用いる（表1）。

DNA断片の集積は，方法によらず概ね次のように要約できる。各々の断片の末端に隣接予定の断片の末端の数塩基～数十塩基の配列を付加するように準備したDNA断片の集団を，末端配列の同一性を利用して指定した順序と向きにDNA断片を連結する方法である。用いる宿主生物に応じて様々な方法が考案されている。例えば出芽酵母を代表とする真核微生物の場合，準備したDNA断片の集団を酵母に導入するだけで，宿主内でDNAが自発的に連結されてプラスミドの形に集積される[1)]。一方，広く遺伝子組み換えの宿主として用いられる大腸菌を用いる方法の場合は，導入前の段階でDNA断片を試験管内で環状のプラスミドに連結する必要がある。試験管内で環状のプラスミド分子を構築する方法には，Gibson assembly法[2)]，Golden gate法[3)]，LCR法[4)]といった方法が考案されている（表1）。出芽酵母や大腸菌の遺伝子集積法では，最大で20個程度のDNA断片を集積することが可能である。

2.2　枯草菌を用いた遺伝子集積法のOGAB法

枯草菌はグラム陽性の桿菌で，この仲間には納豆菌が含まれるように安全な微生物である。枯草菌は他によく遺伝子組み換えの宿主として用いられる，出芽酵母や大腸菌とは異なり，培地中に存在するDNAを自発的に取り込む機構のコンピテンスを発現するという特徴がある。この取り込みの過程で，枯草菌は細胞外の二本鎖DNAを細胞表層で配列非特異的に結合し，結合部付近でDNAを切断し，切断点から一方の鎖を分解しながら，もう一方の鎖菌体内に取り込む。菌

＊1　Kenji Tsuge　神戸大学　大学院科学技術イノベーション研究科　特命准教授
＊2　Shunsuke Takahashi　神戸大学　大学院科学技術イノベーション研究科
＊3　Akihiko Kondo　神戸大学　大学院科学技術イノベーション研究科　教授

表1　よく用いられるDNA断片集積技術

方法	酵母集積法	Gibson Assembly法	Golden Gate法	LCR法	OGAB法
原理	末端に数10塩基の重なりがあるように準備したDNA断片を出芽酵母に取り込ませる 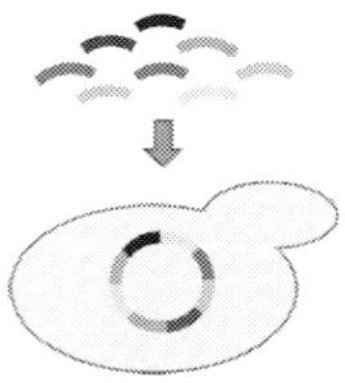	エキソヌクレアーゼ・ポリメラーゼ・リガーゼによるのりしろ配列の連結 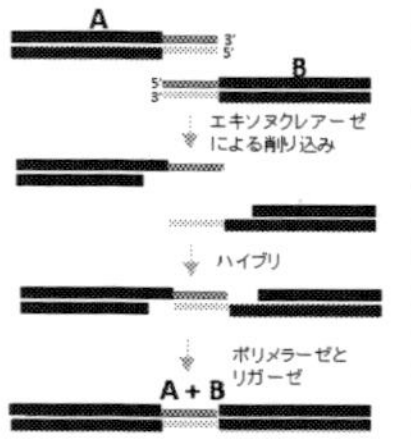	Type11S制限酵素とリガーゼによる制限酵素サイトの消失 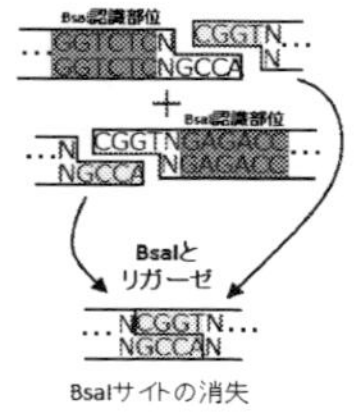	架橋オリゴを介した高温での配列特異的ライゲーション 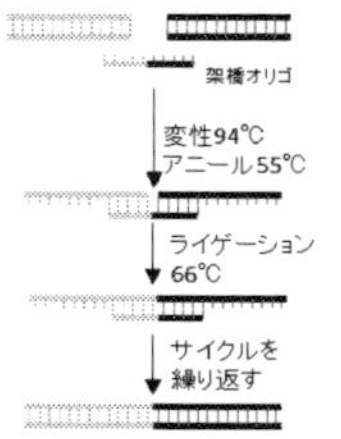	タンデムリピートライゲーション産物の枯草菌による環状化 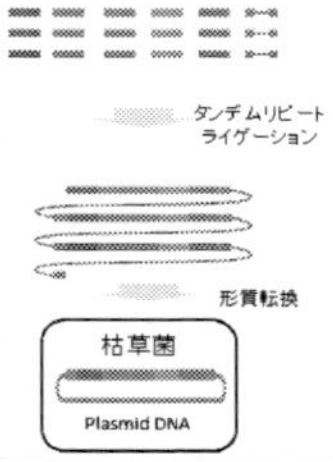
長所	メガbpの長鎖可能 試験管内の連結操作不要	等温で反応が進行 キットが販売されている 100 kb以上の長さも可 PCR産物の連結可能	原理が簡単 機械化に向いている	事前のDNA断片の設計不用でどのような相手とも連結可能 PCR産物の連結可能	100 kbまで長鎖可能 世界最多の50断片以上の集積可 変異が入らない
短所	酵母の増殖が遅い 大量のDNA取得が困難	ポリメラーゼによる変異導入リスクあり	制限酵素サイトによる配列依存性が大きく長いコンストラクトに向かない	長さ依存性が大きく最大でも20 kbまで	DNA濃度の調整に熟練を要する

体に取り込まれた一本鎖DNAは，非常に相同組換えの能力に富んでおり，菌体内で相同組換えを起こす。二本鎖DNAを切断するということから，環状構造をしているプラスミドDNAの形質転換は不可能に思われる。事実，枯草菌のプラスミド形質転換は，ドナーのプラスミドDNAがプラスミド1単位の環状化したDNA，すなわちモノマープラスミドの場合ほとんどできない。ところが，プラスミドDNAが2単位以上からなるマルチマープラスミドであると容易に形質転換できることが知られていた。これは，枯草菌にDNAを取り込むための機構が細胞表層に多数存在し，異なった取り込み口からプラスミドの一方の鎖とその相補鎖がそれぞれプラスミド一単位以上の長さで取り込まれ，これが菌体内で会合し，お互いの分子の切断個所を相同組換えにより修復することで環状化するためだと考えられている[5]。即ち，枯草菌のプラスミド形質転換においては，環状のプラスミド分子を準備しても切断されるためその必要がなく，むしろプラスミドの1単位が同一方向に繰り返す，タンデムリピート構造が必要であるということになる。

OGAB法は，この枯草菌のプラスミド形質転換のメカニズムを巧妙に利用した遺伝集積法である（図1）[6]。

集積に用いるDNA断片は，連結の順序と向きを指定するために，DNAの両端に3～4塩基の突出配列を持つように制限酵素を利用して準備し，これと枯草菌宿主内で複製するプラスミドベクター断片を入れて試験管内で連結する。この際，これらの材料を環状でなくタンデムリピー

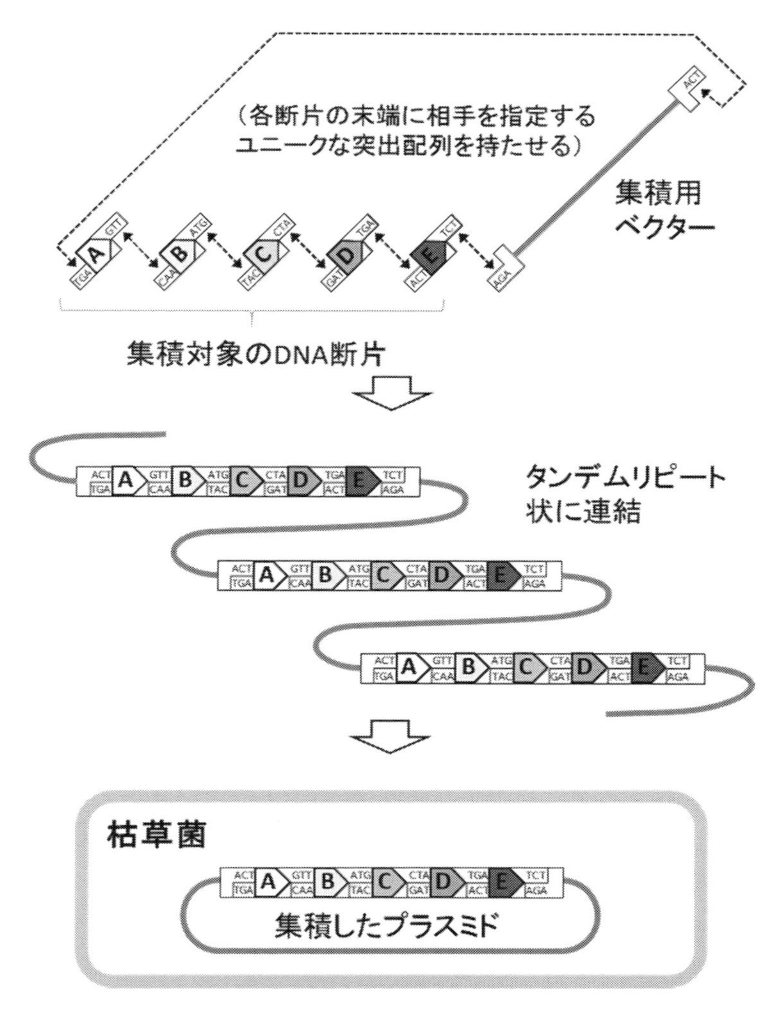

図1　OGAB法の概要

ト上に連結することがミソである。

多数のDNA断片を試験管内で環状に連結することは，各DNA断片が間違った連結を一切しないという仮定をしたとしてもかなり困難である。試験管内にこれから集積をしようとするDNA断片の集団を厳密に1分子ずつ正確に入れることができれば，必ず環状に連結することができるが，もしもある1種のDNA断片だけが余分に1分子多く入っていたらどうなるだろうか。最終的に1つの環状化分子ができている状況を思い浮かべたとすると，その余分な1分子はどのDNA断片分子とも一切連結していなかったことになる。このようなことは全く起きない訳ではないが，集積断片数が多ければ多いほど特定の1分子には他のDNAが全く連結しないということが起きにくいことは容易に想像できる。実際は各DNA断片を1分子だけ入れるということはできず，非常に多くの同一DNA分子種が共存する状況で連結操作を行うため，試験管で多数のDNA断片を環状に連結することは，極めて困難なことである。一方OGAB法は，準備が困難な環状化した分子が必要なく，連結が簡単なタンデムリピート状に連結されたDNAがあればよい。OGAB法は開発当初，最大で15断片程度の集積が可能であった。

2.3 自動化を意識した遺伝子集積法の第二世代OGAB法

OGAB法では，タンデムリピート状の連結産物の繰り返しの度合いが高ければ高いほど集積の効率が良くなるため，長いタンデムリピートDNAを試験管内で作成することが重要となる。このためには，加える各材料のDNA断片（OGABブロック）のモル濃度が揃っていることが必要である。しかしながら，モル濃度を直接測定する手段はないので，分光光度計による重量濃度を測定し計算により求める必要がある。特にOGABブロックの長さに開きがある場合，測定誤差が大きくなるため，正確にモル濃度を揃えることは困難である。この理由により，従来のOGAB法では最大で15個程度のDNAの断片数しか集積できなかった。

そこで，この問題を解決してより多くのDNA断片の集積できるようにする新たな方法を考案した（図2）[7]。

第二世代のOGAB法と命名したこの方法では，モル濃度の調整を可能な限り正確に行うため，OGABブロックの長さを究極的に揃えること行った。先ず，設計された長鎖DNA配列を，連結

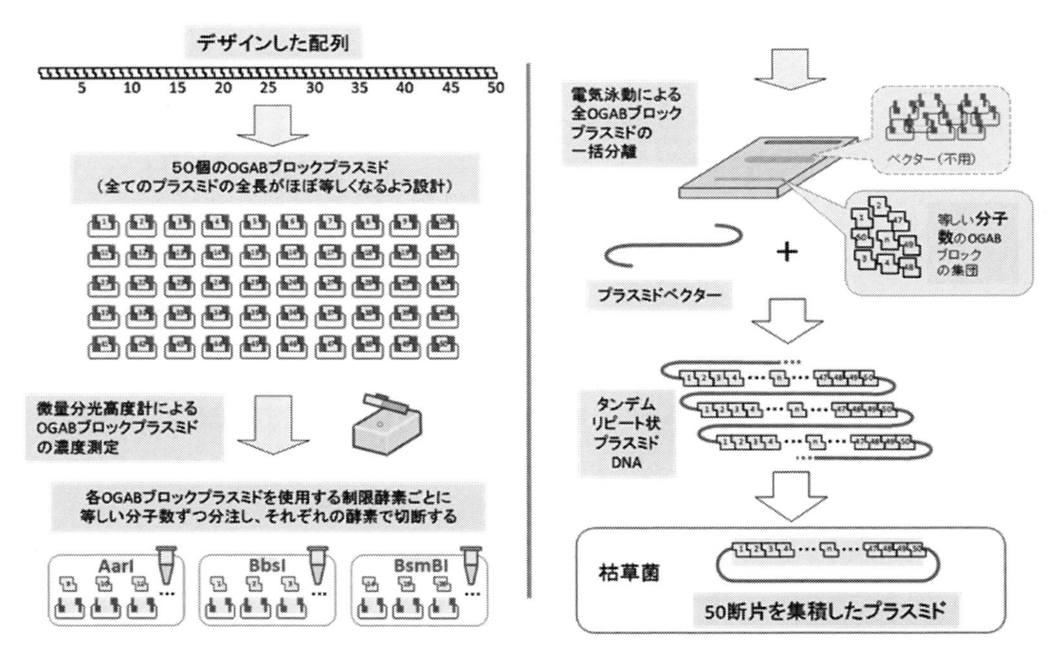

図2　第二世代OGAB法の概要

に必要な突出配列部分がユニークになることは考慮しつつ，等間隔（何分割でもよい）OGABブロックにするためには，どのように分割したらよいかをコンピュータシミュレーションにより求める。次にこの結果に従ってOGABブロックを調達し，大腸菌の小型ベクターにクローニングし，OGABブロックの塩基配列を確認する。その後，OGABブロックをクローン化したプラスミドを高純度で精製し，OGABブロックプラスミドのままベクターも含めてDNAの濃度を測定する。ここでOGABブロックプラスミドは，ベクターもOGABブロックもほぼ同一長のため，等モル濃度は重量濃度が一致することを意味する。測定結果に従ってOGABブロックプラスミドを等しいモル濃度になるように希釈し，等量ずつ分取し混合する。その後，この混合物をTypeIISと呼ばれる制限酵素で切断することで，OGABブロックに突出を持たせる形でベクターからの切り離しを行う。前述の通りOGABブロックプラスミドは，ベクターもOGABブロックもほぼ同一長であるため，多種類のOGABブロックプラスミドが存在していても，あたかも1種類のプラスミドを切断しているかの如く，電気泳動上は，OGABブロックとベクターの２本のDNAしか存在していないように見える。この電気泳動ゲルからOGABブロックのバンドを回収すると，DNAのモル濃度の揃ったOGABブロック混合物が得られる。これを材料に遺伝子集積を行うと50個以上のDNAを一度に集積できる。

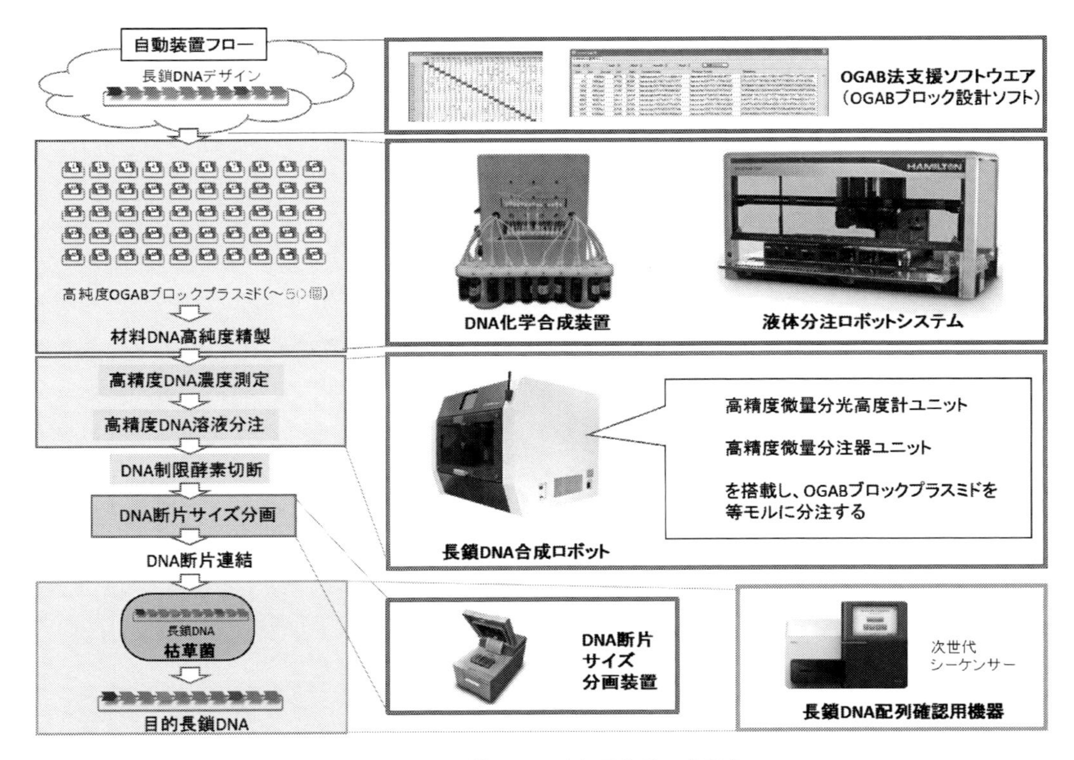

図３　構築したOGAB法による遺伝子集積の自動化システム

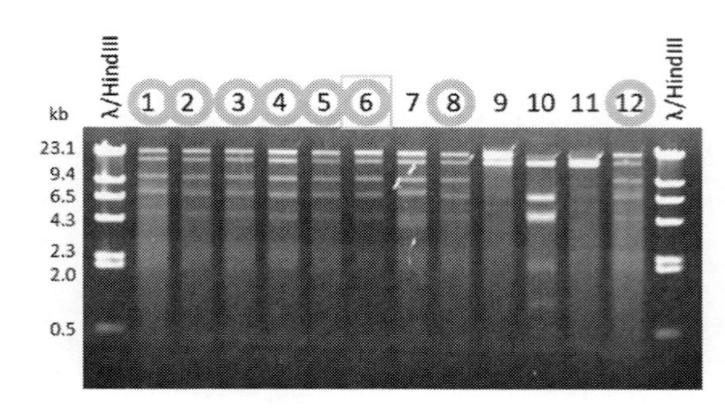

枯草菌形質転換体からランダムに選択した12クローンのプラスミドを制限酵素HindIIIで切断し、構造を調べた。正しく集積しているものは、サイズマーカーのλ/HindIIIと同様の切断パターーンンとベクターのDNAのバンド（15Kb）が現れる。○は正しく集積したクローンを示す。8/12の集積効率であった。

図4　第二世代 OGAB 法自動化システムにより 50 断片の集積により
ラムダファージの再構築を行った結果

第二世代 OGAB 法では，DNA の濃度を正確に測定して，その値に従って正確に DNA 溶液を分注する必要がある。しかしながら，50 個以上の DNA 断片をサンプルを取り間違えることなく，正確な量を分注することは，人手では困難な領域になりつつある。そこで，これを行う，長鎖 DNA 合成ロボットをプレシジョン・システム・サイエンス社と共同開発した（図 3）。そのほかに，化学合成 DNA をアセンブルして二本鎖の OGAB ブロックを構築する工程，この OGAB ブロックをプラスミドベクターに連結して大腸菌の形質転換を行う工程，得られたプラスミドを極めて純度高く精製する工程，の一連の工程の自動化を行う液体分注ロボットシステムの構築を行った（図 3）。

この結果，正確にハイスループットに長鎖 DNA を構築することができるようになった（図 4）。

2. 4　おわりに

ゲノム DNA を合成し調べるコストを従来の 1/1000 にするための技術開発を目標とする Genome Project-write（GP-W）が，2017 年より開始され，長鎖 DNA の需要は今後益々増加すると予想される。しかしながら，上述のように出発材料が短い化学合成 DNA のため，長さが長い DNA ほど単価が下がるというようなコスト構造になっておらず，実際には，長さに比例，あるいは，長くなるほど高額になり，この部分が長鎖 DNA の普及を図るうえでのネックになっている。また，集積する DNA 断片の数が増加するのに従い，人手で集積を行うことは困難でロボットを用いた自動化は必須である。今後は，化学合成 DNA のコストの削減や，集積の自動化を行うことで，現在よりもより低コストに迅速に長鎖 DNA を構築できる方法を開発する必要がある。

謝辞

本稿で紹介した研究は，経済産業省プロジェクト「革新的バイオマテリアル実現のための高機能化ゲノムデザイン技術開発」の委託事業，日本医療研究開発機構プロジェクト「次世代治療・診断実現のための創薬基盤技術開発事業（国際基準に適合した次世代抗体医薬董の製造技術のうち高生産宿主構築の効率化基盤技術の開発に係るもの）」の委託事業，国立研究開発法人新エネルギー・産業技術総合開発機構プロジェクト「植物等の生物を用いた高機能品生産技術の開発／高生産性微生物創製に資する情報解析システムの開発」の委託事業，として行われたものです。

文　　献

1) Gibson, D. G. *et al.*: Complete chemical synthesis, assembly, and cloning of a *Mycoplasma genitalium* genome. *Science*, **5867**, 1215～1220 (2008)
2) Gibson, D. G. *et al.*: Enzymatic assembly of DNA molecules up to several hundred kilobases. *Nat. Methods*, **6**, 343～345 (2009)
3) Engler, C. *et al.*: Golden gate shuffling: a one-pot DNA shuffling method based on type IIs restriction enzymes. *PLoS ONE*, **4**, e5553 (2009)
4) Stefan de Kok, S., *et al.*: Rapid and Reliable DNA Assembly via Ligase Cycling Reaction. *ACS Synth. Biol.*, **3**, 97～106 (2014)
5) Canosi, U. *et al.*: Plasmid transformation in *Bacillus subtilis*: effects of insertion of *Bacillus subtilis* DNA into plasmid pC194. *Mol. Gen. Genet.*, **181**, 434～440 (1981)
6) Tsuge, K. *et al.*: One step assembly of multiple DNA fragments with a designed order and orientation in *Bacillus subtilis* plasmid. *Nucleic Acids Res.*, **31**, e133 (2003)
7) Tsuge, K. *et al.*: Method of preparing an equimolar DNA mixture for one-step DNA assembly of over 50 fragments. *Sci. Rep.*, **5**, 10655 (2015)

3　枯草菌ゲノムベクターを利用する長鎖DNAの(超)長鎖化技術

板谷光泰*

3.1　ゲノム合成とは

ゲノムは細胞の運命をつかさどる情報分子であり，塩基対が50万以上連なる(超)長鎖DNAである。ゲノムの塩基配列決は，シーケンス技術の劇的な進歩により現代のバイオ研究では研究遂行上に必須な手続きの一つになっている。「塩基配列決定」はどんなに大きなゲノムサイズでも対象にできるのとは対照的に，「ゲノムDNA合成」技術は極めて限定される。限定される2つの大きな理由を挙げておきたい。一つは，ゲノムは合成するには大きすぎることで，もう一つは合成ゲノムの予定外の塩基配列の変化は許容されないことである。

細胞の運命を司るゲノムは最低でも約50万塩基対必要である。ベンター研究所が最小のマイコプラズマのゲノムの全合成を報告し，50万塩基対程度が生物と非生物とを区別するゲノムサイズに落ち着いた[1)]。ではこの程度のサイズ（50万塩基対）の合成は，どこでも，だれでもできるのだろうか。答えは「まだ否」であり，現在の遺伝子合成技術でカバーできるサイズをはるかに超えている。ゲノム合成は「言うは易し，行うは難し」の典型的な技術で，最大のネックは細胞外（水溶液）で取り扱えるDNAサイズの限界である。線状高分子である長鎖DNAは水溶液中では簡単に擦り切れてしまい，5万塩基対のDNAですら損傷なく準備できるのは訓練を積んだ技術者の領域である。これらの手法とサイズとの関連については図1に示した。水溶液での非生物的合成は現在3つの手法がある。枯草菌の形質転換系によるOGAB法[2)]，大腸菌BACを利用したGibson Assembly[3)]，大腸菌染色体*in vitro*複製系を利用した手法[4)]。いずれの技術でも，水溶液での物理的損傷（擦り切れる）の制約から，最大サイズはおおむね20万塩基対程度である。したがってゲノム合成（>50万塩基対）は，水溶液で扱える長鎖DNA（最高20万塩基対）をなんらかの方法でつなぎ合わせて，(超)長鎖DNAとして合成されるゲノムを細胞の入れ物（シャーシと呼ぶ）に導入する方式が現実的である。有効なつなぎ合わせ手法が確立しているのは，酵母と枯草菌のシステムだけである。酵母については文献[1,3)]を参照していただくことにして，本稿では枯草菌のシステムで迅速化にむけた取り組みを紹介する。

3.2　ゲノム合成に必須な枯草菌ゲノムベクターシステム

枯草菌を用いる(超)長鎖DNA合成はドミノ法と呼ぶ手法で行う。図2にドミノ法の概略を示した。切れ目のないドミノセットの作製が必須であるが，第1世代ではpBR322系の大腸菌ベクタープラスミド（図1）を用いて0.5〜2万塩基対のドミノ作製を報告した[5,6)]。第1世代ドミノ法の改良版で構築したのが，ラン藻*Synechocystis* PCC6803株のゲノム（約350万塩基対）を枯草菌ゲノム（420万塩基対）に組み込んで，約770万塩基対のキメラゲノムを保持するシアノバ

＊　Mitsuhiro Itaya　慶應義塾大学　先端生命科学研究所　教授

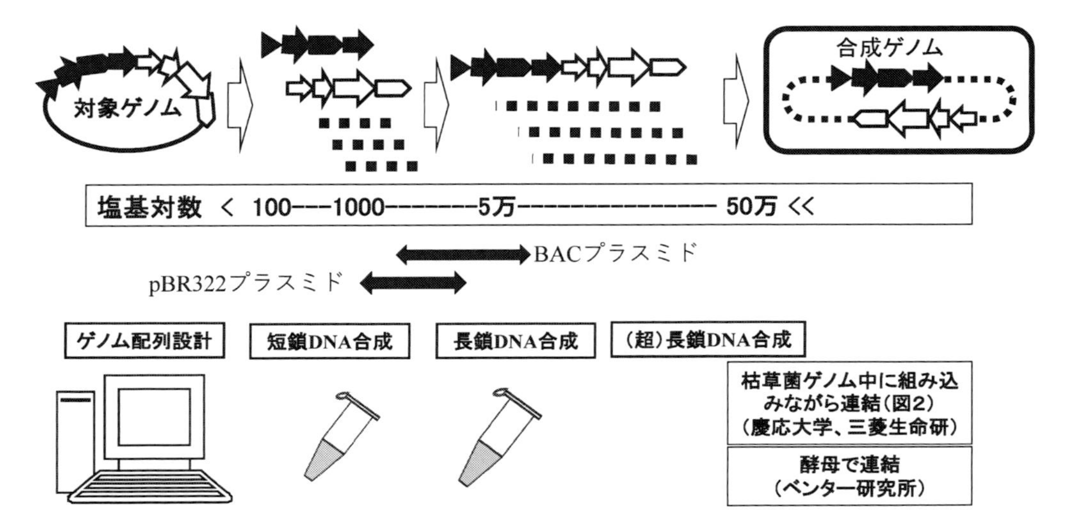

図1　現在のDNA合成シナリオ

上段：対象ゲノムから，遺伝子もしくはDNA断片を調製。それらを連結してさらに大きなDNA断片を調製。対象ゲノムをカバーできるすべてのDNA断片がそろえばそれらを連結して合成ゲノムが得られる。中段：DNA断片の塩基数（数字）と，pBR322系のベクター，BACベクターで調製できるサイズ範囲。下段：短鎖DNAは合成オリゴマーを含む。短鎖DNAと長鎖DNA合成は試験管（水溶液）で行い，(超)長鎖DNA合成は細胞（枯草菌か酵母）を利用する。代表的な3つの長鎖DNA合成法，および(超)長鎖DNA合成法は本文参照。

チルス1.0である[5]。

組み込み研究開始当時（1996年頃）既にpBR322ドミノのサイズが小さい点は認識しており，より大きなサイズのドミノを得るべく，大腸菌のBACプラスミドベクターに変更して5～10万塩基対のサイズのBACドミノ利用を並行して開発した[7]。BACを用いるドミノ法を第2世代ドミノ法と呼ぶ。BACドミノはサイズが5～10万塩基対で，(超)長鎖DNA合成へと格段に迅速化された。第2世代の本格的な適用は，2012年頃からになる[8]。BACドミノはサイズが10万塩基に達することが可能なので（図1），第2世代ドミノは，第1世代のそれに比べて数倍のサイズが稼げることになる。ドミノ法での延長は楽になったが，内情を言うと，サイズが大きなBACドミノは構築に手間取り，構築中に変異が生じる確率が高くなるマイナス要素のせいで，ドミノ法全体の劇的な迅速化は実感できていない。また，切れ目なくすべてのドミノがセットでそろわないと，最終目的の(超)長鎖DNAは達成できない。したがって，一つのドミノのサイズ増大だけで劇的な迅速化が達成できているかは悩ましい点ではある。

さらに，第2世代ドミノ法の開発は，ドミノ法自体に内包される制限を明らかにしてしまった。ドミノ法は枯草菌独特のユニークな形質転換系に100％依存している（図2のドミノ連結）。枯草菌は加えたDNAを菌体内に取り込む（形質転換）。その能力は効率，正確さで他の微生物の形質転換系を寄せ付けないメリットがある。しかしながら，枯草菌の形質転換系での取り込みに

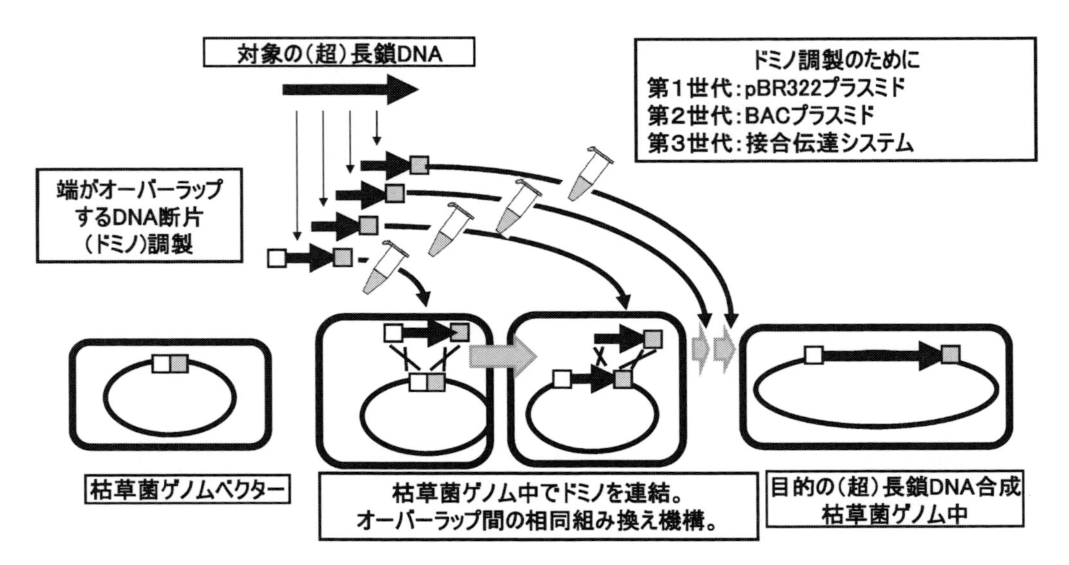

図２　ドミノ法による枯草菌ゲノムベクターでの超長鎖 DNA 合成。
第１世代から第３世代まで。

DNA（ドミノ）は太い矢印で示す。ここでは４分割したドミノを調製しそれらを左から右に向かって順につなぎ合わせて長くしてゆく。ドミノは大腸菌プラスミドで調製され，プラスミド部分の真ん中で切り直線状に示してある。ドミノの両端に付加している大腸菌プラスミド（四角）部分は重要な相同組み換え用の配列である。大腸菌プラスミドは第１世代が pBR322 プラスミド，第２世代が BAC プラスミドを用いる。プラスミド部分をあらかじめ組み込んである枯草菌では，この配列とドミノ間の重複している配列との相同組み換えで，枯草菌ゲノム中に組み込まれる。第３世代の接合伝達については，本文と文献[9]参照。

はサイズの上限があることが明らかになった。与える DNA サイズが 10 万塩基を超えると形質転換効率は極端に減少し，20 万塩基対を超えるサイズの組込みには，DNA の量を増やすか，形質転換のスケールを数倍以上あげることしか対処法はなく，ドミノサイズも 20 万塩基以上の実践は不可能という，予定していなかった制限が課された。したがって，形質転換系以外の原理でドミノのサイズ増大に対応できる組み込み法の開発が必要となった。

3.3　第３世代ドミノ法，接合伝達システム開発

我々は，枯草菌の形質転換に依存しない（つまりドミノサイズの制限を受けない）技術がどうしても必須であると認識して，それに取り組んでいる。生物が有する遺伝的に制御されたシステムを利用するのが大前提であるので，外来の DNA を取り込む水平伝播手段の一つとして知られる接合伝達システムの適用に取り組んだ。現在進行形のテーマであり，詳細な内容とその発展形は今後に期待していただくことにして，ここでは２つの点を記しておきたい。１点は，大腸菌での接合伝達系の研究と異なり，枯草菌での接合伝達系は残念なことに全くと言ってよいほど研究はなされておらず，枯草菌での接合伝達プラスミド自体の確保と確認作業から始めなければなら

なかった。身近にあった唯一の pLS20 プラスミドを用いて研究開始した 1998 年以降粛々と取り組んで，最近ようやく枯草菌で動く接合伝達系の開発に成功した[9]。2 点目は，大腸菌では(超)長鎖 DNA 合成の最大サイズが 45 万塩基対の制限があるのに比較して，枯草菌ゲノムベクターで合成できる(超)長鎖 DNA は 100 万塩基対を超えておりこれらにも接合伝達システムが実践的に適用できる可能性が見えてきた[9]。第 3 世代のドミノ法につなげたいと思っている。

3.4　第 2 世代のドミノ法が示した，合成対象ゲノムの GC 含量制限

BAC ドミノを利用する第 2 世代ドミノ法では，対象とするゲノムを枯草菌に 10 万塩基対単位で組み込める。枯草菌ゲノム自体の GC 含量は 43 % であるが，枯草菌ゲノム内に組み込む対象ゲノムの GC 含量を予め試験することが可能になった。シアノバチルス 1.0 のラン藻ゲノムの GC 含量は 47 % であることから，キメラゲノム全体の GC 含量は 45 % 程度になり，ゲノム構造の安定には差は無いものと考えている[5]。対象ゲノムの GC 含量の制限を見積もるために，異なる GC 含量のゲノムから BAC ドミノを作製して，枯草菌ゲノムに組み込んでみた（図 2 の最初のドミノの組込みに相当)。その結果を図 3 にまとめた。まだ進行中の結果も含めて，中程度の GC 含量（40 %～60 %）の DNA ならば 10 万塩基対以上でも枯草菌ゲノムに（ドミノ法で）安定に組み込めることが示された。一方，極端な GC 含量の DNA だと，組み込まれた DNA が不

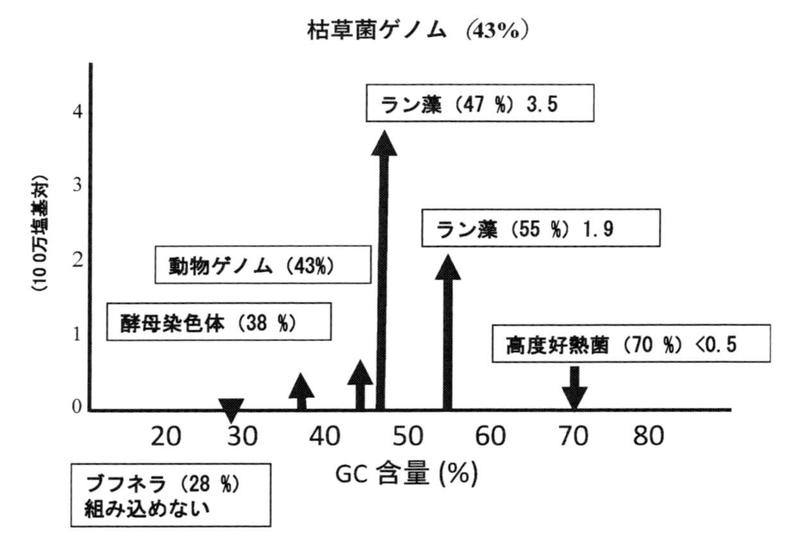

図 3　枯草菌ゲノムベクターでの GC 含量の異なるゲノム合成
BAC で調製した GC 含量が異なるバクテリア由来のドミノで超長鎖 DNA 合成を試みた。横軸は GC 含量（%）。高度好熱菌では 25 万塩基[8]，最高 50 万塩基対（板谷，未発表），ラン藻 *Synechococcus elongatus*（55 %）は 190 万塩基対（板谷，未発表），ブフネラ菌 *Buchnera*（26 %）はゼロ（板谷未発表）。ラン藻（47 %）は文献[5]。マウスゲノムは 35 万塩基対文献[10]。

安定になることが明らかになった。実際，高度好熱菌 *Thermus thermophilus* HB27（GC 含量 70％）の DNA は 25 万塩基対[8]を超えると頻繁に欠失を伴い，50 万塩基対は安定に保持できなかった。一方で，低い GC 含量の *Buchnera* ゲノム（28％）からの DNA は枯草菌は全くうけつけなかった（板谷，柘植未発表）。そこで，GC 含量 40％以下のゲノムとして，モデル生物であるサッカロ酵母 *Saccharomyces cerevisiae* の染色体（38％）を材料に確認中である（未発表）。動物ゲノム，植物ゲノムは種にかかわらず GC 含量は 43％である。動物，植物ゲノムには GC 含量の制約はなさそうで，実際 35 万塩基対のマウスゲノムを枯草菌に安定に組み込んだ実績から[9]，100 万塩基対に迫る動物ゲノムの(超)長鎖 DNA 合成は枯草菌で可能であろうと考えている。今後のゲノム合成で枯草菌が中心的なプラットフォームになることが期待される。

3. 5　まとめ

以前の報告[11]の繰り返しになるが，完全ゲノム合成に求められる要素は，①コスト，②サイズ，および③品質である。これらは少しずつ進展していたが，ゲノム全体を塩基配列レベルで新たに設計しなおして，その塩基配列を忠実に合成して，研究，開発に資する構想が 2016 年に登場して今後は一変する可能性がある。米国主導の GP-Wright プロジェクトでは生物のゲノムを設計して，ゲノムを実際に合成し，宿主に戻す（或いは置き換える）ことが提案された[12]。この構想では，対象ゲノムは微生物にとどまらず，動物，植物のゲノム合成を謳っている。構想（だけ）で世界の潮流に先鞭をつける米国流のやりかたはあっぱれだと思わされるが，それはさておき，微生物ゲノムに関しては，設計→合成→宿主に戻すステップは，10 年前に既にゲノム合成に成功している慶應大学とベンター研究所では普通に取り組んでいることである（図 1）。枯草菌ゲノムベクターは，長鎖 DNA から（超）長鎖 DNA までカバーできる日本発のユニークなゲノム合成システムであり，第 3 世代ドミノ法発展させて国際標準化に向けた取り組みを一段と加速させたいと切に考えている。

文　　献

1） C. Hutchison III *et al., Science,* **351**, aad6253-1～11 (2016)
2） K. Tsuge *et al., Sci Report* (2016)
3） D. Gibson *et al., Science,* **329**, 52-56 (2010)
4） M. Su'etsugu *et al., Nucleic Acids Research,* **45**, 11525-11534 (2017)
5） M. Itaya *et al., PNAS,* **102**, 15971-15976 (2005)
6） M. Itaya *et al., Nat. Methods,* **5**, 41-43 (2008)
7） S. Kaneko *et al., J. Mol. Biol.,* **349**, 1036-1044 (2005)
8） N. Ohtani *et al., Biotechonol. J.* **7**, 867-876 (2012)

9）Itaya *et al.*, 投稿中
10）S. Kaneko, *et al.*, *J. Biotechnology*, **139**, 211-213 (2009)
11）板谷光泰，微生物を活用した新世代の有用物質生産技術『第 2 章 1 節　長鎖の DNA 設計と微生物宿主での合成生物学』，シーエムシー出版 (2012)
12）http://engineeringbiologycenter.org/

4 全ゲノム合成時代における長鎖DNA合成の考え方

谷内江 望[*1], 石黒 宗[*2]

4.1 全ゲノム合成時代のための生物学小史

DNA二重らせん構造の解明以降，PCR法やDNAシークエンシング法などに加えて，様々な遺伝子工学技術が登場し，今日までの生物学の本質的な進展は「DNAをもちいた生物への介入」によってもたらされてきたと言っても過言ではない。近年の遺伝学や分子生物学では，ゲノムDNAへの変異導入や外来遺伝子のノックインによる細胞や個体の形質の変化の観察，あるいは目的タンパク質と緑色蛍光タンパク質（GFP）等との融合遺伝子をプラスミドなどによって細胞内に導入し，そのタンパク質の細胞内動態を観測するなどの実験が日常的に行われている。これまでに微生物細胞や動物細胞への外来DNAの導入のために多くの手法が開発され，ゲノムDNAの改変技術としても多様なDNA組換え技術，変異導入技術が利用可能になった。また，生物学の理解のためのリバースエンジニアリングだけにとどまらず，特に代謝工学などの分野では，外来の遺伝子群を微生物などに導入し，有用物質の生産など新たな機能を持った細胞を創り出すことが可能になった。これにとどまらず，近年の合成生物学では，遺伝子発現制御機構を利用した演算や刺激に応答してその回数を数え上げることが可能な複雑な論理ゲートを持つ細胞も人工的に作られるようになった。さらに，言うまでもなく，近年急速に発展しているゲノム編集技術は，細胞のみならず動物個体の遺伝子改変を可能にし，生物学全体を加速している。

一方，DNAシークエンシング技術の向上は半導体における「ムーアの法則」を越えて上がり始めて久しい。米国立衛生研究所（NIH）の資料によると，2007年にはヒトゲノム全長（半数体で約30億塩基対）の解読に必要なコストは約10,000,000ドルであった。しかしながら，その直後にIllumina社の製品に代表されるようなシークエンシング・バイ・シンセシス（SBS）法を基礎とした超並列短鎖DNAシークエンサーが登場し，2018年現在ではヒトゲノム全長のシークエンシングに必要なコストは約1,000ドルにまで下がり，そのスループットもヒト1人分の全ゲノム配列を得るのに数日を要する程度となっている。注目すべきことは，これと対を成すように，DNA合成速度の向上も目覚ましいことである。現在では，マイクロチップ上に100～200塩基程度の短鎖DNA数十万種類を超並列に合成できるようになった。これらの高速DNAシークエンシング技術と高速DNA合成技術は細胞の機能や分子動態の解析，有用微生物細胞の開発などにかかるスピードを飛躍的に押し上げつつある。例えば，CRISPR-Cas9法によって遺伝子をノックアウトするためのgRNAをコードするDNAをマイクロチップ上で超並列に合成し，

＊1　Nozomu Yachie　東京大学　先端科学技術研究センター　准教授；
慶應義塾大学　先端生命科学研究所　特任准教授
＊2　Soh Ishiguro　慶應義塾大学　政策・メディア研究科；
東京大学　先端科学技術研究センター　研究交流生

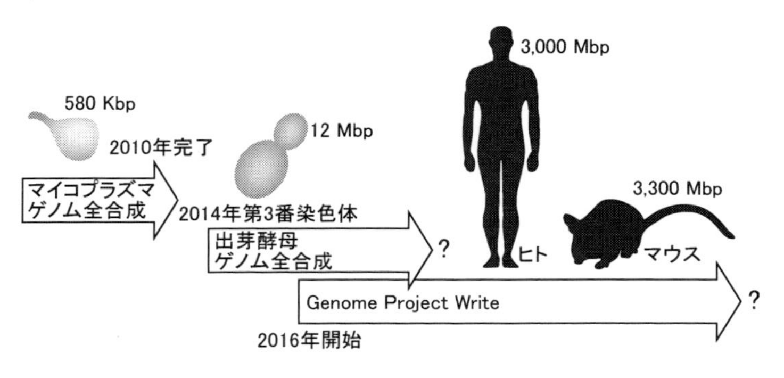

図1　全ゲノム合成プロジェクト

レンチウィルスをもちいてこれらを一斉に細胞に導入後，超並列DNAシークエンシングによってgRNA配列を解析すると，それぞれの遺伝子が破壊された細胞の生育を一斉に計測できる[1)]。また，DNAバーコードと超並列シークエンシングによって一斉にタンパク質間の相互作用を計測することも可能になった[2)]。さらに，A，C，G，Tの四文字の配列から成り，デジタルデータとしても扱えるDNAは，DNA合成（データ書込み）およびDNAシークエンシング（データ読出し）の高速化によって 大容量データストレージデバイスとしての期待が高まり，米国を中心にマイクロソフト社などが研究開発を進めている[3,4)]。

このようななか，生物学あるいは生物工学では，生物のゲノムの一部を改変するというアプローチだけでなく，ゲノムをまるごと合成することによって，大規模な細胞機能の解析や創出が可能であると考えられるようになってきた。ヒト全ゲノム解読の立役者となったCraig Venterは2006年に合成生物学研究のためにJ Craig Venter研究所（JCVI）を設立し，2010年にはJCVIのDaniel Gibsonを中心とする研究チームが，化学合成された短鎖DNAを連結する技術として有効なものをいくつか開発し（後述），これによって原核生物（マイコプラズマ）ゲノムの完全人工合成と細胞への移植を成功させた（図1）[5)]。これは事実上，世界ではじめての「生物学的な意味に極めて則した」人工生物となった。

その後，2014年にはJohns Hopkins大学のJef Boekeらが真核生物である出芽酵母の第三番染色体の人工合成を達成し，その後現在に至るまで出芽酵母の人工染色体合成を率いている[6)]。さらに2016年には，Jef BoekeとHarvard大学のGeorge ChurchらがGenome Project Writeを立ち上げ，哺乳動物を視野に入れた様々な生物の染色体を人工合成する動きを加速させている[7)]。

4.2　DNAアセンブリ技術群

このようにゲノムレベルの長鎖DNA合成の重要性が増す一方で，そもそもDNAの化学合成はその合成長に限界がある。DNAの化学合成には固相重合，液相重合などがあり，マイクロチップやマイクロリアクターをもちいて超並列化する手法もあるが，塩基毎の重合プロセスには一分子あたり一定頻度でエラーが生じ，目的のDNA配列が得られる確率は目的合成長が長くなればなるほど，冪乗的に低くなる。例えば1塩基あたりの伸長エラーが1％のときに300塩基のDNAを合成した場合，その成功確率は約5％（0.99の300乗）であり，どのような精製手法をもちいたとしても，これを超えるDNA長の合成は精製後の収量が極端に少なくなることが分かる。一方で，細胞にはDNAの品質を一定に保ちつつ，その伸長や組換えを実現する機構があり，一旦化学合成された短鎖DNA群を酵素反応あるいは細胞をもちいて連結（アセンブリ）することが今日長鎖DNAを合成する上で現実的なアプローチである。

酵素反応をもちいて試験管内で短鎖DNA多断片を一気にアセンブリする手法で，今日最も広くもちいられている手法はJCVIのDaniel Gibsonが2009年に発表したGibson Assembly（図2）[8]である。本手法は，2010年にJCVIが成功させた人工マイコプラズマ細胞の誕生の基礎技術になった。Gibson Assemblyでは連結するための短鎖二本鎖DNA断片が互いに20～30塩基オーバーラップする配列を持つように設計する。これらを等モルで混合し，T5エキソヌクレアーゼ，Phusion DNAポリメラーゼ，Taq DNAリガーゼの酵素カクテルと50℃で1時間反応させる。50℃は全ての酵素活性の至適温度とはならないが，エキソヌクレアーゼ活性によってDNA末端が5'→3'方向に削られ，短鎖DNA断片それぞれの末端が一本鎖になる。DNA配列間は互いにオーバーラップ配列を持つため，剥き出しになった一本鎖間のアニーリングによって二本鎖が形成される。アニーリングが形成されたDNA間では一本鎖部分がポリメラーゼ活性に

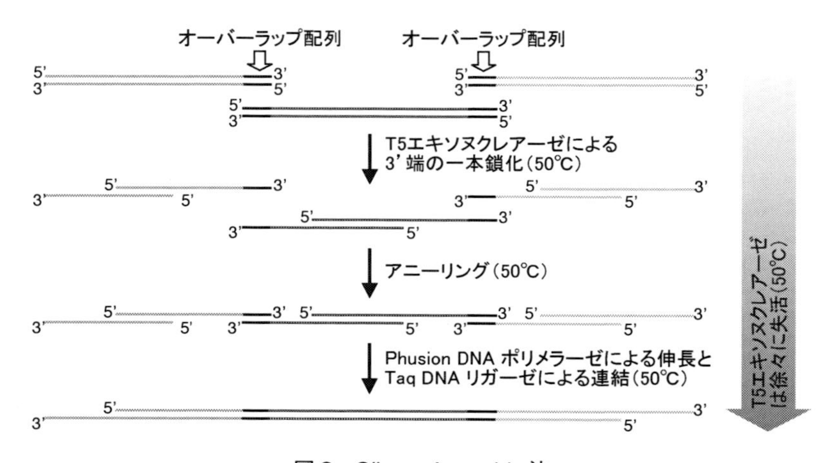

図2　Gibson Assembly法

20～30塩基オーバーラップする短鎖二本鎖DNAをT5エキソヌクレアーゼ，Phusion DNAポリメラーゼ，Taq DNAリガーゼの酵素カクテルと混合し，50℃で1時間反応させる。エキソヌクレアーゼ活性によってDNA末端が5'→3'方向に削られ，剥き出しになった一本鎖間がアニーリングする。アニーリングが形成されたDNA間はポリメラーゼ活性によって埋められ，リガーゼ活性によって連結される。エキソヌクレアーゼは50℃においては時間経過とともに失活するため安定なアセンブリが達成される。

よって埋められ，最終的にリガーゼ活性によって連結される。当然この反応は酵素カクテルの中で生じるため，説明したように順序立って各酵素が働くものではなく，例えばDNA鎖のエキソヌクレアーゼによる5'→3'短縮とポリメラーゼによる5'→3'伸長は競合関係にあると考えられるが，50℃においてエキソヌクレアーゼは徐々に失活し，一旦リガーゼによって連結されたものは安定になる。Gibsonらは数十断片の短い二重鎖DNAが本手法によって効率的に連結できることを示し，これが分子生物学の現場において，（通常6～8塩基と）配列的特異性の低い制限酵素によるDNAの切断とリガーゼ反応による複雑なプラスミドクローニングを置き換えるものとして急速に利用が広まった。Gibson Assemblyと類似するが原理が近い手法として，バクテリアの細胞溶解液をもちいるSLiCE法の他，SLIC法，CPEC法などがあり，市販のものとしてはタカラ社が販売しているIn-Fusion法がある（Gibson Assemblyより登場が早かったが，機構は知られていなかった）。

Gibsonらは Gibson Assemblyを開発した同時期に出芽酵母細胞をもちいたより長鎖のDNAアセンブリを最適化した。それまでも出芽酵母では，互いにオーバーラップ配列を持つDNA断片を混合してトランスフォーメーションすると細胞内で末端相同性DNA組換えによって連結産物が得られることが知られており，Gap Repair Cloning（GRC）法としてプラスミドクローニングなどにもちいられていた。Gibsonらはこの反応を検討し，出芽酵母細胞内で数十断片を一斉に連結できることを示し，Gibson Assemblyによって得た産物を出芽酵母内でさらにアセンブルする操作を2階層繰り返すことで酵母細胞内にマイクロプラズマゲノム全長を合成することに成功した。これは出芽酵母の相同性組換え能が極めて高いことを利用したものであり，Jef Boekeらによる出芽酵母染色体の人工合成も，天然の染色体を人工合成したDNA断片で部分的かつ段階的に置き換えることで進んでいる。翻って考えてみると，哺乳動物ではDNA断片の染色体へのノックインはオーバーラップ配列を500～1000塩基程度準備してもごく低い成功確率であり（DNA非相同末端結合の活性が高く，相同性組換え効率が低い），Genome Project Writeにおいても，どのように哺乳動物細胞内に人工染色体を構築できるのかは明確でない。鳥取大学の押村や香月らが示した様に[9]，哺乳動物細胞内に構築された染色体は，微小核を経る核の融合による染色体移入技術によって可能になるが，試験管内や出芽酵母細胞内で構築された人工染色体を哺乳動物細胞に移植する手法は開発されていない。

この他の課題としては，オーバーラップ配列を利用したDNA断片のアセンブリは互いに特異的なオーバーラップ配列を頼りにDNA断片間の連結を実現するため，いずれも高度にリピート配列をもつ長鎖DNAの合成には向かないという点が挙げられる。特定のDNA配列に作用するTALENやZNFといったリピート配列を持つゲノム編集ツール遺伝子のクローニングのために，Golden Gate法[10]が開発されており，これはある程度のリピート配列の合成に有効であるが，テロメアなどの10塩基未満の配列が数十回以上反復するような配列は未だに合成が難しい。いずれにしても，依然として幾つかの技術的な課題がある一方で，様々な新しいDNAアセンブリ技術によって，少なくとも原核生物や出芽酵母においては全ゲノム合成による大規模な細胞機能の改変が極めて現実的なレベルに達している。出芽酵母を用いた手法の他にも，我が国では慶應義塾大学の板谷，柘植らによって枯草菌を利用した長鎖DNAアセンブリ技術Ordered Gene Assembly in Bacillus subtilis（OGAB）法[11]が誕生している。

4.3 次世代のDNAアセンブリ

生物工学において，ゲノムデザイン，ゲノム合成，微生物へのゲノム移植，評価とフィードバックというサイクルから成る有用微生物創出のためのプラットフォームを考えた場合，プロセスの最適化のための教師データとして圧倒的な数のゲノム合成が必要である。このため，これを全て人手で達成することは想定できず，少なくともゲノムデザインから人工ゲノムをもつ微生物の作出までのプロセスは自動化される必要がある。既に米国西海岸を中心に様々な研究開発が進んでおり，先に挙げたJCVIが開発したGibson Assemblyは既に自動化装置が商品化されている。加えて，2017年にはJCVIからスピンオフしたSynthetic Genomics社のKent BolesらがDNA，RNA，タンパク質，ウィルスを人間の介入なしにデジタルデータから全自動合成するDigital-to-Biological Converter（DBC）のプロトタイプを発表した（図3）[12]。DBCでは塩基配列やアミノ酸配列が入力されると全自動でそれをアセンブリするための短鎖DNA群が設計され，オリゴ合成，アセンブリ，酵素反応による配列エラーの修正プロセスが実行され，アセンブリされたDNAが得られる。さらにここから無細胞合成系によってRNAやタンパク質を合成するプロセスやファージなどのウィルスを作出するプロセスも自動化されている。

マイクロチップ上で数十万種類のDNAを超並列した場合，その産物はプールとして得られ，これをそのまま長鎖DNAアセンブリに利用することは難しい。Jef BoekeとともにGenome Project Writeを率いるHarvard大学のGeorge Churchの研究チームにいたSriram Kosuriは，2010年に，目的長鎖DNAそれぞれについて短鎖DNA配列群を設計後，それらの配列群を目的長鎖DNA特異的な共通の（制限酵素サイトを含む）PCR用アダプター配列で挟み，全ての目的長鎖DNAについて同様のものを一斉にマイクロチップ上で超並列合成した（図4）[13]。任意の目的長鎖DNAを得るためには，アダプター配列に対応するPCRプライマーでDNAプール

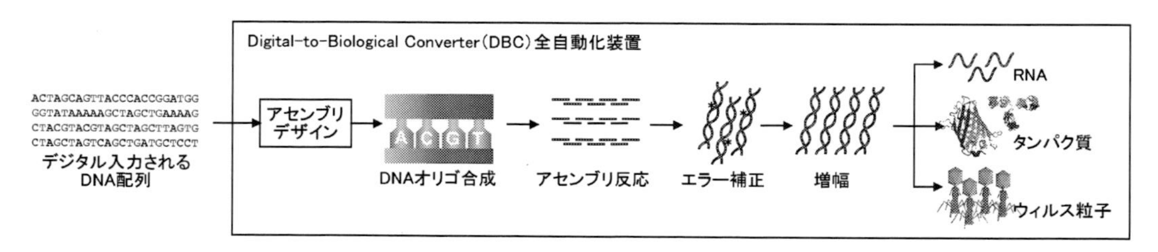

図3　Digital-to-Biological Converter（DBC）の概念図
入力された塩基配列やアミノ酸配列を元に，DNAアセンブリのための短鎖DNA配列を設計，合成，アセンブリ，エラー修正するプロセスが自動化されており，合成されたDNAからRNA，タンパク質，ウィルスを作成するプロセスも自動化されている。

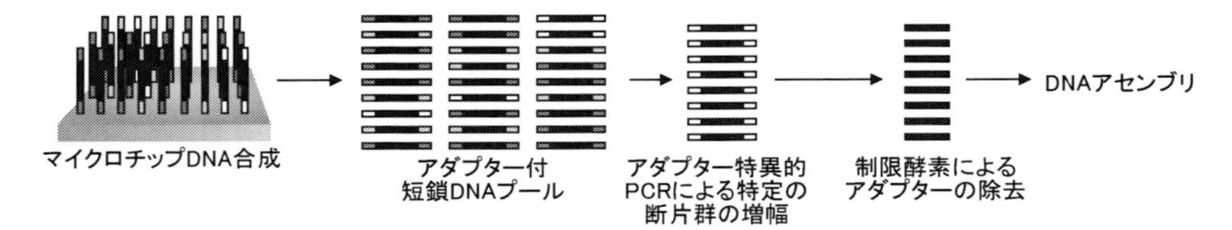

図4　マイクロチップによる超並列DNA合成とDNAアセンブリ
マイクロチップ上で超並列に合成されたDNAプールから特定のアダプター配列で挟まれた短鎖DNAセットをPCRで増幅後，アダプター配列を除去し，アセンブリにもちいる。

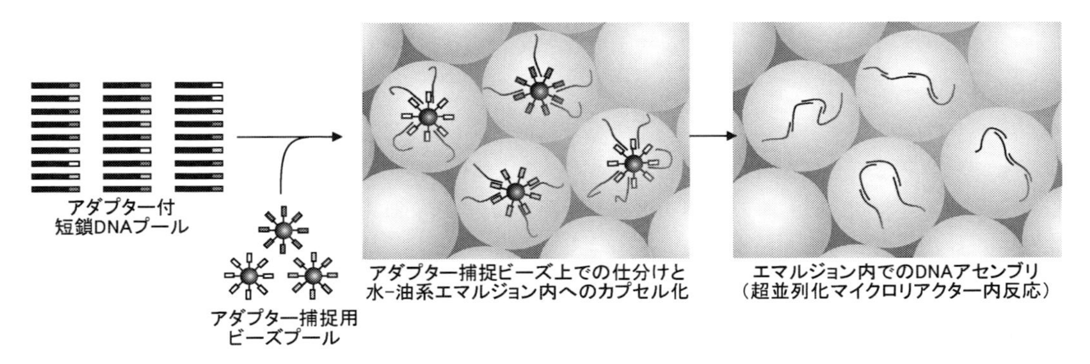

図5　DropSynth法
マイクロチップ上で超並列に合成されたDNAプールをアダプター特異的な捕捉プローブを持つビーズ上で仕分け，ビーズを水-油系エマルジョン内にそれぞれカプセル化後，エマルジョン内でDNAアセンブリを超並列に行う。

から短鎖DNA断片群を増幅後，アダプター配列を制限酵素によって切断，アセンブルするというパイプラインを樹立した。

さらにKosuriはカルフォルニア大学ロス・アンジェルス校に移った後，2018年に本手法を拡張して水-油系エマルジョン内でDNAアセンブリが可能なDropSynth法を開発した（図5）[14]。DropSynth法では，はじめに目的長鎖DNA毎にアダプター捕捉用オリゴプライマーがそれぞれ固相化されたビーズプールが大量に準備され，DNAプール内の短鎖DNAはそれぞれ対応するビーズ上に捕捉される。次に，対応する短鎖DNAを捕捉したビーズ群はそれぞれ水-油系エマルジョン内にカプセル化され，エマルジョン内でアセンブリ反応が行われる。このように，それぞれのアセンブリ反応は目的の短鎖DNA群のみがエマルジョンによって物理的に遮断されたマイクロリアクター内で進むため，並列に大量のDNAがアセンブリできる。KosuriらはDropSynth法によって7000遺伝子以上を同時並列で合成することに成功した。しかしながら，現段階で本手法の実証実験は500塩基程度の遺伝子合成に限られており，長鎖DNAのアセンブリにはさらなる研究開発が必要であると考えられる。

4.4 共通の課題

DNA 合成技術とともにDNA アセンブリ技術が目覚ましい発展を遂げている一方で，高速な長鎖DNA アセンブリに向けて未だに解決されていないボトルネックの一つに目的アセンブリ産物のクローン化が挙げられる。つまり，如何に高度な長鎖DNA アセンブリ技術が開発されたところで，完全な技術はあり得ず，アセンブリ反応産物内には目的アセンブリ産物の他にミスアセンブリ産物が必ず含まれることになる。特に高リピート配列など困難なDNA アセンブリにおいては反応産物内に目的アセンブリ産物が含まれる確率は極端に低い。このため，例えばGibson Assembly 後には反応産物をもちいて大腸菌の形質転換を行い，形質転換体のコロニーを複数得て，これらから再び得たDNA が目的のアセンブリ産物であるかサンガーシークエンシングなどによって確認する必要がある。この品質管理は枯草菌や出芽酵母細胞をもちいたDNA アセンブリであっても同様であり，何らかの手法によってアセンブリ産物群をクローン化して評価することが求められる。素早い長鎖DNA のデザイン，合成，移植，評価の考えたとき，このプロセスは最も時間と労力の必要な操作となってしまう。アセンブリ産物のクローン化とDNA シークエンシングによる評価プロセスが並列化された自動装置は研究開発が世界的に進んでいるが，どのような自動化であっても費用といった側面においてこのプロセスを本質的にスケールすることができない。したがって，目的アセンブリ産物のクローン化という点において新たな方策，あるいはDNA アセンブリの戦略から根本的な見直しが必要である。しかしながら，このことは全ゲノム合成時代においては須らく皆が直面する問題であり，今後大きな転換をもたらす技術の登場が期待される。私達の研究チームもまた，この課題に向けて答えを見つけつつある。

文　　献

1) O. Shalem *et al.*, *Science*, **343**, 84-87 (2014)
2) N. Yachie *et al.*, *Mol. Syst. Biol.*, **12**, 863 (2016)
3) Y. Erlich & D. Zielinski, *Science*, **355**, 950-954 (2017)
4) L. Organick *et al.*, *Nat. Biotechnol.*, **36**, 242-248 (2018)
5) D. G. Gibson *et al.*, *Science*, **329**, 52-56 (2010)
6) S. M. Richardson *et al.*, *Science*, **355**, 1040-1044 (2017)
7) J. D. Boeke *et al.*, *Science*, **353**, 126-127 (2016)
8) D. G. Gibson *et al.*, *Nat. Methods*, **6**, 343-345 (2009)
9) Y. Kazuki *et al.*, *Gene Ther.*, **18**, 384-393 (2011)
10) A. Casini *et al.*, *Nat. Rev. Mol. Cell. Biol.*, **16**, 568-576 (2015)
11) K. Tsuge *et al.*, *Sci. Rep.*, **5**, 10655 (2015)
12) K. S. Boles *et al.*, *Nat. Biotechnol.*, **35**, 672-675 (2017)
13) S. Kosuri *et al.*, *Nat. Biotechnol.*, **28**, 1295-1299 (2010)
14) C. Plesa *et al.*, *Science*, **359**, 343-347 (2018)

第2章　ハイスループット微生物構築・評価技術

1　微生物を用いた物質生産とハイスループット微生物構築技術

石井　純[*1]，西　晶子[*2]，北野美保[*3]，中村朋美[*4]，
庄司信一郎[*5]，秀瀬涼太[*6]，蓮沼誠久[*7]，近藤昭彦[*8]

1.1　はじめに

微生物を用いた物質生産は，味噌や醤油，酒などをつくるために古くから行われている伝統的な技法である。我が国日本が誇る調味料である“味の素”は，昆布出汁の旨味成分がグルタミン酸であることを見出した東京帝国大学（現 東京大学）の池田菊苗教授がそのナトリウム塩の製造特許を1908年に取得したことから生まれた製品であり，昆布など天然から抽出することで大量に生産することが可能となった明治時代の近代化を象徴するような画期的な発明である[1)]。その後，サトウキビなどに含まれる糖を原料とした微生物発酵による製造法が開発されたことから低コストかつ安定な供給が可能となり，1960年より味の素㈱において発酵法によるグルタミン酸ナトリウムの製造が行われている[2)]。このように，微生物発酵による物質生産は我が国の得意とする分野の一つであり，様々な製品が生み出されてきた。

こうした食品分野に限らず，化学品や医薬品の原料を製造するためにも微生物による物質生産系は利用されており，アメリカやブラジルで実生産が行われている酵母によるバイオエタノール生産の例が有名である。化学品等の生産では遺伝子組換え技術の利用が可能なケースも多く，例えば米国デュポン社は代謝経路の遺伝子を大幅に改変した大腸菌を利用して，植物由来の製品として1,3-プロパンジオールの商業生産を行っている[3,4)]。このように，微生物の代謝経路を最適化して物質生産能力を向上させる分野を代謝工学（Metabolic Engineering）と呼び，宿主のゲノムや遺伝子を組み換えることで改変微生物を構築・評価して生産性を向上させるデザインや技術の考案が大きな研究対象となっている。

さらに近年では，遺伝子などの生物を構成する単位を部品（パーツ）として捉えてこれらを最適に設計（デザイン）して組み上げることで機能の新創出や高性能化を実現する合成生物学（Synthetic Biology）という分野が急速に隆起してきており，微生物を用いた物質生産において

＊1～8　神戸大学　大学院科学技術イノベーション研究科
＊1　Jun Ishii　准教授，＊2　Akiko Nishi　研究員，＊3　Miho Kitano　研究員
＊4　Tomomi Nakamura　研究員，＊5　Shinichiro Shoji　学術研究員，
＊6　Ryota Hidese　特命准教授，＊7　Tomohisa Hasunuma　教授，
＊8　Akihiko Kondo　教授

も代謝工学との融合による変革が進んでいる。2編で後述される情報解析を利用したコンピューター支援型の代謝経路や遺伝子（タンパク質）のデザインツールは，スマートセルインダストリーを実現する上で極めて重要な役割を担う。一方，こうしたデザインの検証や情報解析ツールの高度化には，遺伝子組換えによる微生物の構築・評価や大量のデータ取得が必要となり，これらを高速かつ並列に処理できるハイスループット技術が必要となる。また，従来通り人間が考えたアイデアを具現化して代謝フラックスや遺伝子発現を最適化した菌株を構築する上でも，ハイスループットな微生物構築技術や評価技術は有用な手段となる。本稿では，微生物による化学品の物質生産の成功例とハイスループット微生物構築技術に焦点を当てて解説する。

1.2　微生物によるバイオ化学品の発酵生産

物質生産用の微生物菌株開発で有名な企業として，米国AmyrisやZymergen，Ginkgo Bioworksなどのバイオベンチャーが挙げられる。これらの中でも黎明期からの草分け的存在であるAmyris社はカリフォルニア大学バークレー校のJay Keasling教授らにより設立され，合成生物学を基盤としたバイオベンチャーの雄とも言える。Amyris社は，米国食品医薬品局（FDA）による安全基準合格証GRAS（Generally Recognized As Safe）を取得している安全な酵母を宿主とした物質生産株の開発技術を強みとしており，植物由来のアルテミシニン（抗マラリア薬）の供給が不安定であることに注目して，その前駆体であるアルテミシン酸を発酵法により大量に生産する代謝経路改変を施した遺伝子組換え酵母株を開発し，アルテミシン酸をアルテミシニンに効率的に化学変換する方法と組み合わせ，アルテミシニンを安価に大量製造してマラリアで苦しむアフリカなどの地域への安定提供を実現している[5,6]。

また，化粧品などに使われるスクアレンはサメの肝臓からの抽出により生産されてきたが，Amyris社では前駆体となるファルネセンを大量に生産する遺伝子組換え酵母でサトウキビを原料として発酵法により生産し，化学変換によりファルネセンを二量化することでシュガースクアレンも製造している[5,7,8]。このように，Amyris社は遺伝子組換え酵母による前駆体の発酵生産と化学変換をうまく組み合わせることで高付加価値化学品の安価かつ安定な大量製造方法を独自に開発しており，まだ成功例が少ないバイオ化学品分野の先駆的な存在となりつつある。

1.3　微生物構築の自動化システム―AmyrisやZymergenを例に―

Amyris社ではこれらの遺伝子組換え酵母を自動かつ高速に作出するために，ロボティクスやソフトウェアなどのシステム開発にも力を入れている。同時に多数のDNAパーツ（複数の遺伝子とプロモーターやターミネーター）を連結するロボティクスに対応したアセンブル技術やAutodesk社との共同開発で発現遺伝子の構成を書き換えるDNA編集ソフトを独自に開発しており，膨大な数のDNAパーツのライブラリから組み合わせをデザインして複数の遺伝子を同時に発現できるDNAカセットを導入した約10万種類の酵母菌株（1ヶ月あたり）を自動で作出することができる[5,9]。さらに，作出したこれらの菌株の性能をハイスループットに評価して次のマイクロ発酵槽を用いた生産プロセス試験へと進める菌株を選別することで，高生産性を達成できる候補デザインを絞り込んでいる[5)]。

こうした微生物構築や評価を自動化する技術は Amyris 以外にも特に米国を中心としたバイオベンチャー企業で技術開発が先行しており，これまで莫大な労力と年月をかけて開発していた事業化に用いる有用候補菌株を短期間かつ効率的に開発することが一部のベンチャーで可能になりつつある。例えばZymergen 社は，創始者の一人である Serber 氏が Amyris 社でロボティクスのシステムを立ち上げた一人ということもあり，Amyris 社同様ロボティクスによるスクリーニングを得意としている。2015 年に Zymergen 社を見学させていただく機会があり，当時の状況ではあるが，市販の自動分注装置などを独自に改良して使用しているようで，エンジニアが 3D プリンタなども活用しながらモーターや台座，プレートの形状に至るまで各種の部品の設計・改良を現場で行うことで，即座に各種のスクリーニングシステムの構築に反映しているようであった。

1.4　自動化システムを取り巻く状況

微生物構築や評価を自動化することで，工場のラインように作業的な要素の強い部分を自動化して労力や人件費を削減するだけでなく，遺伝子の種類や発現量などの重要な検討項目について体系的かつ網羅的に評価をすることが可能となり，さらに遺伝型や試験データなどの菌株情報やトレーサビリティなどの管理システムを効率化したり，ヒューマンエラーを大幅に減らす効果も期待できる。しかし，これらの自動化システムは，各社が独自に開発してインハウスで利用しているものがほとんどであり，詳細な仕様やセッティングについてはノウハウとして公開されていない部分も多い。

こうした状況から自動化システムは基本的に自前でセットアップする必要があり，詳細な作業工程やプログラムのセッティングや開発，そのメンテナンスに膨大な労力と巨額の資金がかかるため，市販で入手できるシステムがまだほとんど展開されていない現時点ではこうした自動化技術を保有できる企業は自然と限られてきている。例えば，大企業においても自前でこうした大掛かりな自動化技術を保有するケースは稀であり，最近では菌株開発自体をこうした受託会社に外注するケースが増えてきている。

1.5　おわりに

微生物構築や評価を自動化するシステムは，高性能な微生物菌株を開発する上で極めて強力なツールとなるが，上述したようにこれらの自動化システムを自前でセットアップするには相応の気概と覚悟が必要である。しかし，一部の工程のみを自動化するのであれば比較的取り組みやすいため，まずは各々の作業工程を見渡して効率化が大きく期待できてロボティクスで対応できそうな工程のみについて自動化スキームのセットアップに挑戦してみるのも選択肢の一つであるかと思う。また，完全な全自動でなくとも半自動化でも作業効率は格段に上がる場合も多く，逆に半自動の方がフレキシブルな対応が可能で使いやすい場面もある。

実際に我々も，市販の自動分注装置を使って微生物へのDNA導入（形質転換）を半自動で行う独自のメソッド開発を進めており，例えば遠心分離やバイオシェーカーに移動させる作業は人の手を介して行っている。こうした作業を自動化する場合，アーム型の搬送用ロボットや自動化に対応したバイオシェーカーなどが必要となり，コストや設置面積も大幅に増加する。また，例えば形質転換体をバイオシェーカーではなく，冷蔵庫に保管したい場合や別の実験室に持っていきたい場面などもあり，半自動化プロセスは場面や実験スペースに応じたフレキシブルな対応を取りやすい側面もある。

市販で直接利用できる自動化のシステムが限られている現状では，処理すべきサンプルが極めて多く，人の手による作業が困難なケースに直面している場合は独自に自動化のセットアップを進めるモチベーションが湧いてくるかもしれない。しかし，そこまでのスループットを必要とするかどうかは各々の研究スタイルに強く依存するのに加え，自動化システムをセットアップしたものの暫くしたら使い道に困ってしまうケースも想定されるため，その必要性は各自で判断するとともに，前述のように受託研究として外注するのも効率的な選択肢の一つと言える。こうした自動化のシステムは，例えばプラスミドの自動抽出装置のように，どの研究室でも使う工程に関してはいずれ市販で入手できるシステムが展開されることが予想され，自動化システムの開発に携わっている一個人としてはそうした時代が早く来ることを願う。

文　　献

1) うま味の発見と池田菊苗教授（大越 慎一 著）/東京大学 大学院理学系研究科 広報委員会；
https://www.s.u-tokyo.ac.jp/ja/story/newsletter/treasure/02.html
2) 味の素グループの100年史（第6章 多角化と国際化 第1節 新製法への転換）/味の素㈱ 企業情報サイト；
https://www.ajinomoto.com/jp/aboutus/history/pdf/his06_1.pdf
3) デュポン200年の軌跡（Adrian Kinnane 著）/デュポン㈱ ウェブサイト；
http://www2.dupont.com/DuPont_Home/ja_JP/history/history_09a.html
4) Nakamura CE & Whited GM. Metabolic engineering for the microbial production of 1,3-propanediol. *Curr Opin Biotechnol.* **14**, 454-459 (2003)
5) 合成生物学が糖を変容させて生命と地球を救う（Kylee Swenson 著）/Redshift 日本語版 by AUTODESK；
https://www.autodesk.co.jp/redshift/synthetic-biology/
6) Paddon CJ *et al.* High-level semi-synthetic production of the potent antimalarial artemisinin. *Nature* **496**, 528-532 (2013)
7) 日光ケミカルズが「シュガースクワラン」の販売を開始（最新油脂情報）/幸書房 ウェブサ

イト；
http://www.saiwaishobo.co.jp/yushi/?time=20110920163025JST&&fnum=2011&&cate[]=0
8) Leavell MD, McPhee DJ, Paddon CJ. Developing fermentative terpenoid production for commercial usage. *Curr Opin Biotechnol.* **37**, 114–119 (2016)
9) 2017 Annual Report－Amyris／Amyris ウェブサイト；
http://investors.amyris.com/static-files/81d5dc1b-b2e2-48b7-a7e5-4ad7ea441565

2 バイオセンサーを利用したハイスループット評価技術

木村友紀[*1]，関　貴洋[*2]，大谷悠介[*3]，
栗原健人[*4]，梅野太輔[*5]

2.1 はじめに

代謝経路に改変を加えた宿主細胞に，人工生合成経路をインストールし，有用な化学物質を効率的に生合成させる。じつに単純なミッションながら，合成生物学のプロジェクトは，無数の試行錯誤を繰り返す，コストのかかる作業である。酵素工学やデータベースサーチを駆使して，イメージする生合成経路を構成するだけでも大変な作業である。そして構想した生合成経路を構成するすべての酵素活性が遺伝子レベルで揃ったとしても，それらをただ共発現する遺伝子クラスターが，いきなり理想的なパフォーマンスを示すことは，まず有りえない。ここからが，果てしないトラブルシュートの始まりである。

合成生物学者の歩みを阻む要素は多数ある。なかでも，以下の3つのケースがとくに多いようである。

1 **部品（酵素）の性能不足**：実験室内で生み出された酵素活性は，それが新規であればあるほど，活性が低い。試験管内で働いても，宿主細胞に導入したとき，内在する代謝ネットワークに競り負けて前駆体のおこぼれに預かれないこと，しばしばである。

2 **宿主との折り合いの悪さ**：人工経路の中間体が宿主酵素の基質として消費されてしまったり，逆に，導入した人工経路の酵素が宿主の代謝ネットワークに干渉して毒性を及したりすることも多々である。

3 **人工経路内に潜む副反応**：新規な酵素活性は，天然酵素の特異性改変によって作り出されることがほとんどである。そして新規活性の多くが，酵素の特異性を低めるかたちで実現する。人工経路のステップ数が増すほど，そしてより新規な酵素活性を含めば含むほど，人工経路を一本道に保つのが困難になってくる。多くの人工生合成経路は「マトリックス経路」と呼ばれるウエブ状のかたちをとり，受け渡された前駆体を無数の副産物に分散させてしまう。

閉鎖孤立系の化学反応と異なり，既知・未知の相互作用が無数にある代謝ネットワークの中に「異物」経路を植え付けようとするわけであるから，その運転効率の改良研究は，典型的な多体問題である。計算科学はその問題解決における大きな羅針盤を与えてくれるだろうが，「これを

＊1 Yuki Kimura　千葉大学　工学部　共生応用化学科
＊2 Takahiro Seki　千葉大学　工学部　共生応用化学科
＊3 Yusuke Otani　千葉大学　工学部　共生応用化学科
＊4 Kento Kurihara　千葉大学　工学部　共生応用化学科
＊5 Daisuke Umeno　千葉大学　工学部　共生応用化学科　准教授

つくりなさい」とひとつの配列を預言してくれることはない。しぜん，合成生物学は，ライブラリを基礎とした「ものづくり」の技術体系として発展するほか無い。

幸い，質の高い遺伝型のライブラリ技術が幾つも開発され，ゲノム編集技術は日々向上している。2009年に発表されたMAGE論文[1]では，ゲノム上の24もの部位を同時にランダム化し，有限（$\sim 10^7$）細胞集団の中に，10^{10}を超える遺伝的多様性を書き込んでみせ，我々を驚かせた。あれからほぼ10年，どの研究室でも，質の高い，そして桁違いに大きな多様性が簡単につくれるようになった現在，DBTL（design-build-test-learn）サイクルのボトルネックは，「T（test）」に移りつつあるという指摘は多い[2]。よき遺伝型を高速に選抜する，あるいはバイオプロダクションに資する有用な知見を組織的に収集する技術プラットフォームの質を高めることによって，我々のDBTLサイクルを飛躍的に効率化するだろうと期待されている。

2.2　見える代謝物を見る戦略の限界

代謝物の中には，カロテノイド色素のように，それ自体がハイスループットに検出できるものもある。この希な特質を利用して，カロテノイドの生合成経路は，その特異性やタイターがどのように進化し得るか問う「モデル経路」としての役割を果たしてきた[3~5]。また，カロテノイドと前駆体を共通することを利用すれば，とくに低い活性が問題とされるテルペン酵素群の酵素活性などのハイスループットスクリーニングも可能である[6~9]。たとえば，テルペノイド，カロテノイドの前駆体供給力を高める遺伝因子の探索や効果検定にも，カロテノイド色素の蓄積は定番のツールであった[10,11]。

しかしこのような方法で「測れる」細胞の代謝状態には，あきらかな限界がある。色素の蓄積量と関連づけることができる代謝物の数は限られているし，運よくカロテノイド色素の生産量とリンク付けできた代謝物も，広いダイナミックレンジをもって見積もるのは困難である。色素量の蓄積量とコロニー色には，正の相関は認められるものの，蛍光センサーにみられるようなダイナミックレンジと適用濃度範囲をかせげた試しはほとんど無い。たとえば脂溶性が高く分子量の大きなカロテノイドの場合，細胞膜の蓄積キャパシティーを超えると，それ以上の代謝能力の向上は見ることができない。さらに，カロテノイド生合成に関わる酵素は活性が低いため，前駆体経路がある程度効率化してしまうと，プローブとなるカロテノイド生合成経路そのものが律速化してしまう。

上述のMAGE論文でも，10^{10}を超える遺伝型バリエーションを持つ高品質なライブラリの中から得られたベストパフォーマー株は，長く知られていた2つの遺伝子（dxs, idi）の転写レベルを高めただけのものであった[1]。テルペノイドの原料，IPPやDMAPPの量を高める要素を探索・解明したいのならば，やはり，それらを直接「みる」のが一番なのであろう。

2.3　代謝物センサーを用いる細胞工学

細胞は自らの代謝状態を適切に保つために，数多くの代謝物のレベルを監視している。その代謝ネットワークのセンサー素子を借用すれば，実験者が作出した宿主や人工経路，そしてそれらをなす人工酵素機能のパフォーマンスをハイスループットにスコア化できる。

仕組みは極めて簡単である。図1には，転写因子型に分類されるバイオセンサーの基本デザインを示す。まず必要なのは，標的となる代謝物に応答する転写因子である。これらは標的代謝物と直接結合し，その結合によって構造変化を起こし，DNA結合能を変化させる。その結果，代謝物レベルの高・低が，そのオペレータ下流に配置したレポータ遺伝子の転写（発現）レベルの上・下に変換される。実験者は，レポータ遺伝子（定番は蛍光タンパク質である）の出力レベルを1細胞レベルでスループット高く読み出せるわけである。マルチウェルプレートを使えば数千〜数万，セルソータを用いれば，さらに2〜3桁多くのライブラリ株を同時検定できる。

Binderらは，リジン応答性の転写因子（LysG）の下流に蛍光タンパク質遺伝子を配置して作製したバイオセンサーをコリネバクテリアに導入し，$\sim 10^7$という多様な変異株集団の中から，リジン生産性の高いproducerをみつけだした[12]。残念ながらリジン増産効果を与える新しい要素の発見は無かったが，顕微鏡観察することによって，リジン蓄積レベルの細胞間での分布が培養条件によって大きく変化するという副次的な観察結果を得ている。同様の手法で，アルギニン生合成経路における酵素（ArgB，N-アセチル-L-グルタミン酸キナーゼ）のライブラリの中から，プロダクト阻害を受けづらい変異体の迅速な取得例も報告されている[13]。

Schendzielorzらは，メチオニン応答性の転写因子の制御下に蛍光タンパク質遺伝子を配置し，その細胞あたりの蛍光値は，メチオニンのみならず，ロイシン，イソロイシンやバリンなどの分岐アミノ酸の細胞内蓄積量にほぼ比例して増加することを見いだしている。化学変異剤でランダム変異をゲノム上に蓄積させて得たコリネバクテリアの細胞群から，セルソータを使った3ラウ

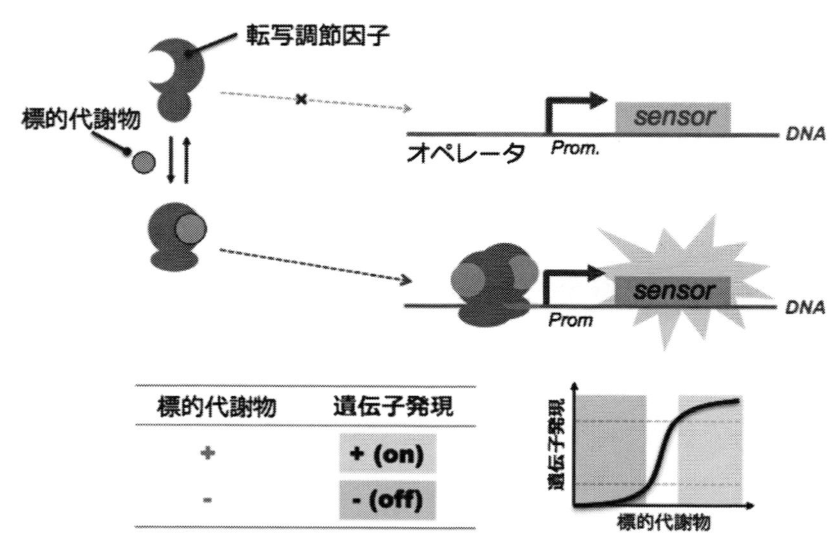

図1　TF型バイオセンサーを使ったバイオ生産株の能力検定・選抜

ンドの蛍光値選別のすえ，分岐アミノ酸蓄積が有意に増加した変異株の取得に成功している[14]。

代謝物応答型の転写因子の制御下に薬剤耐性遺伝子などを配置した場合は，ただ細胞内をモニターするだけでなく，直接改良株を選抜することが可能である。たとえばテトラサイクリン耐性遺伝子（TetA）をButanol応答性転写因子の制御下におく方式によって，テトラサイクリンを含む培地で競争増殖させ，人工経路によるブタノール合成を100倍も向上させたという報告もある[15]。

Umeyamaらは，S-アデノシルメチオニン（SAM）の細胞内レベルをモニターする転写因子型のバイオセンサーを報告した。大腸菌のもつSAM応答型転写因子metJを真核細胞プロモータのアクチベータ（B42）と融合し，その制御下に蛍光タンパク質の遺伝子を配置したところ，酵母細胞のSAMレベルと良い相関を持つバイオセンサーが得られた[16]。酵母のゲノムライブラリの中から，SAMレベルをあげる効果のある遺伝子断片を探したところ，細胞内のSAMレベルを3倍以上あげる効果をもつ遺伝子が得られた。特定されたのは，Gal11という電子メディエータ鎖のメンバーであるが，その過剰発現がなぜSAM増産に繋がるのか，合理的な説明は困難である。細胞の代謝ネットワークにおけるライブラリベースの探索の有効性，現在の代謝ネットワークについての知識の限界，そして未知の知見の集積フォーマットとしてのバイオセンサーの有効性を示す好例である。

このほかにもアシルCoA[17]，アジピン酸[15]，脂肪酸[17,18]，アルカン[2]，アクリル酸[19]など，センシングできる代謝物の数は順調に増え続けており，代謝工学や生産菌育種のキラーツールとして，さまざまな応用研究が実を結びつつある。

2.4　見えない代謝物を見る

数多くの代謝物に応答する転写因子が自然界に知られているが，大部分の代謝中間体については，それらに特異的に応答する転写因子は知られていない。これらについては，実験者自らが用意する必要がある。もちろん，非天然分子に応答する転写因子センサーとなると，自然界からセンサー素子を調達する望みはほとんど無い。

幸い，転写因子の機能は，究極には遺伝子をON/OFFすることであるから，図1のレポータ・セレクタシステムをそのまま，センサーそのものの進化デザインに流用できる。そして，転写因子が際立って高い進化能（リガンド特異性やスイッチ特性の変更の容易さ）を持つことが分かりつつある。

ヒューストン大学のCirinoらは，アラビノース応答性の転写因子AraCのリガンド結合性ドメインのアミノ酸残基を組織的に変換し，さまざまな，代謝工学ツールを作り続けている[20]。AraCはもともと，L-アラビノースに応答してpBADプロモータ下の遺伝子を亢進する優れた転写調節タンパク質であり，代謝工学者に最も愛される遺伝子誘導系のひとつである。彼らは，その結晶構造をもとに，6つのリガンド接触残基を同時にランダム化したライブラリを調製した。そのほとんどは全く機能を保持していなかったが，GFP蛍光を指標としたセルソータ選抜ラウンドを繰り返すことによって，D-アラビノース[21]，メバロン酸[22]（イソプレノイドやカロテノイドの前駆体），三酢酸ラクトン[20]（ポリケチド派生物であり，さまざまな化成品原料となる）など，もとのリガンド分子とはほとんど無関係の分子に対する転写因子を得ることに成功している。この転写因子の高い進化能を利用すれば，天然・非天然にこだわらず，様々な分子へのバイオセンサーがオンデマンド制作できるだろう。

一方，FACSを使わずとも，分子遺伝学が育んできた数多くのネガティブ・ポジティブ選択系をうまく利用すれば，ほしい機能をもつ転写因子を機能選抜できる。なかでも，液体操作のみで選抜操作を行える系は，数多くのセンサーの同時開発を可能とする点で，そして，その全操作の自動化を可能とする点で，とくに重要である[23,24]。

センサー開発のスループットを決めるもう一つの要素として，一度の選抜サイクルに要する時間がある。提案される多くの選抜手法に使われるセレクション原理は，抗生物質耐性や栄養要求性など，いわゆる増殖速度差に基づくものが多いため，選抜操作毎に，最低一晩の培養時間が要求される。私たちは，ポジティブ選択を殺菌操作に対する耐性遺伝子，ネガティブ選択には殺菌的な自殺機構をそれぞれ開発し，ON/OFF 選抜のどちらも，数分～数十分で終了できる超高速な選抜系を完成させている[25~27]。これらは，コリン類のセンサー[27]などに遣われたほか，ホモセリンラクトンセンサーの入力・出力応答特性の迅速な多様化（図2）などによって，その戦闘力は十分に確認済である。

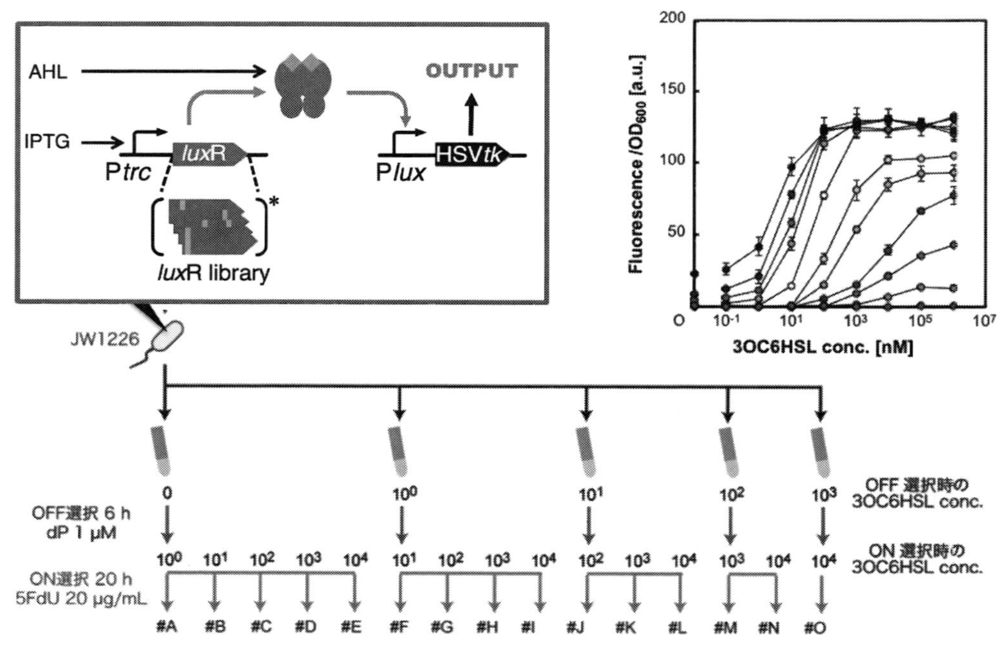

図2　代謝物センサーの応答特性の多様化スキーム

2.5　展望

多くの代謝物は無色であり，不安定であり，そして低濃度である。最新のメタボロミクス技術の目覚ましい発展をみれば，これらすべてを同時に「見る」ことも夢ではないかもしれない。その一方，蛍光型バイオセンサーは，幾つかの選ばれた代謝物に照準をしぼり，膨大な検体に対して一気並列に測定・比較が可能である。遺伝子発現を介する転写因子型センサーは，経時変化追跡における時間解像度でやや難があるが，ダイナミックレンジも数桁はかせげ，さらには機能選抜などができる利点もある。次世代シーケンサ解析などと組み合わせることによって，質の高い知見を大量に生み出すことができる。

代謝工学は，そもそも代謝ネットワークの合理的デザインを志向した学問であるが，現在はライブラリベースのデザイン学に落ち着きつつある。まだまだ，はるかに多くの記述が必要なのである。今日現在は，ただ標的代謝物レベルの高い株を選抜する目的でバイオセンサーが使われているが，シグナルの高低に関わらず，すべてをコンピュータに丸飲みさせて，質の高い予測をしてもらう応用が始まったときこそ，バイオセンサーの真の価値は発揮されるにちがいない。どのような標準フォーマットのセンサー形式が採用されるべきか，どのようなライブラリデザインが最もコンピュータの学習速度を高めるか，専門家による突っ込んだ議論が求められている。

文　　献

1) Wang, H. H., *et al. Nature* **460**, 894 (2009)
2) Rogers, J. K., N. D. Taylor, and G. M. Church. *Curr. Opin. Biotechnol.* **42**, 84 (2016)
3) Furubayashi, M., *et al. Nat. Commun.* **6**, 7534 (2015)
4) Umeno, D., A. V. Tobias, and F. H. Arnold. *Microbiol. Mol. Biol. Rev.* **69**, (2005)
5) Schmidt-Dannert, C., D. Umeno, and F. H. Arnold. *Nat. Biotechnol.* **18**, 750 (2000)
6) Furubayashi, M., L. Li, A. Katabami, K. Saito, and D. Umeno. *FEBS Lett.* **588**, 3375 (2014)
7) Furubayashi, M., *et al. PLoS One* **9**, (2014)
8) Furubayashi, M., and D. Umeno. *Methods in Molecular Biology* **892** (2012).
9) Tashiro, M., *et al. ACS Synth. Biol.* **5** (2016)
10) Alper, H., Y. S. Jin, J. F. Moxley, and G. Stephanopoulos. *Metab. Eng.* **7**, 155 (2005)
11) Alper, H., K. Miyaoku, and G. Stephanopoulos. *Nat. Biotechnol.* **23**, 612 (2005)
12) Binder, S., *et al. Genome Biol.* **13**, (2012)
13) Schendzielorz, G., *et al. ACS Synth Biol* **3**, 21 (2014)
14) Mustafi, N., A. Grünberger, D. Kohlheyer, M. Bott, and J. Frunzke. *Metab. Eng.* **14**, 449 (2012)
15) Dietrich, J. A., D. L. Shis, A. Alikhani, and J. D. Keasling. *ACS Synth. Biol.* **2**, 47 (2013)
16) Umeyama, T., S. Okada, and T. Ito. *ACS Synth. Biol.* **2**, 425 (2013)

17) Zhang, F., J. M. Carothers, and J. D. Keasling. *Nat. Biotechnol.* **30**, 354 (2012)
18) Mukherjee, K., S. Bhattacharyya, and P. Peralta-Yahya. *ACS Synth. Biol.* **4**, 1261 (2015)
19) Rogers, J. K., *et al. Nucleic Acids Res.* **43**, 7648 (2015)
20) Frei, C. S., *et al. Protein Sci.* **25**, 804 (2016)
21) Tang, S. Y., H. Fazelinia, and P. C. Cirino. *J. Am. Chem. Soc.* **130**, 5267 (2008)
22) Tang, S. Y., and P. C. Cirino. *Angew. Chemie-Int. Ed.* **50**, 1084 (2011)
23) Tashiro, Y., H. Fukutomi, K. Terakubo, K. Saito, and D. Umeno. *Nucleic Acids Res.* **39** (2011)
24) Muranaka, N., V. Sharma, Y. Nomura, and Y. Yokobayashi. *Nucleic Acids Res.* **37** (2009)
25) Tominaga, M., K. Ike, S. Kawai-Noma, K. Saito, and D. Umeno. *PLoS One* **10** (2015)
26) Ike, K., and D. Umeno. *Methods Mol. Biol.* **1111**, 141 (2014)
27) Saeki, K., M. Tominaga, S. Kawai-Noma, K. Saito, and D. Umeno. *ACS Synth. Biol.* **5** (2016)

3 非破壊イメージングによるハイスループット評価技術

八幡　穣[*1]，野村暢彦[*2]

3.1 はじめに

今，様々な分野で細胞の育種あるいは人工作製が行われている。グリーンバイオ分野では，化石燃料以外の資源からエネルギーまた有用物質を得るために微生物・植物の育種が盛んに進められており，その育種においては遺伝子導入が必須な技術である。また，分化した細胞に遺伝子導入するiPS細胞作製技術は，再生医療分野において最も期待されている細胞作製技術である。このような社会的要請から，微生物，植物，動物の全種類の細胞で，育種あるいは人工作製技術の進展は日進月歩である。一方で，育種あるいは人工作製された細胞の評価技術は，非常に重要でありながら本質的な進歩が少なく，革新の余地が大きい。微生物細胞の育種の評価は，遺伝子導入後の細胞を単離培養した後，導入遺伝子の確認および目的の活性の確認により行われるのがトラディショナルな方法である。例えば，目的物質高生産菌の取得には，育種（形質転換等）を施した形質転換体を単離し96穴プレートなどで培養し，代謝産物を定量分析する。こうした多数の候補株のハンドリングと培養には煩雑な機器操作と多くの時間が必要である。

ハイスループットスクリーニング（HTS）は，この問題に対する対処として米国を中心に発展し，現在ではロボット工学を取り入れた自動化システムが広く用いられている。しかし，端的に言えば現在のHTSは従前の培養～代謝物解析などの一連の流れを半自動化したものであり，“良い細胞” 自体を見抜く方法が革新された訳ではない。つまり，細胞を培養し，その表現系や代謝産物の生産量をアッセイすることで選択していることに変わりはなく，結局は細胞培養の時間が律速となっている。

また近年では，微生物集団内における細胞性質の不均一性が明らかになり，基礎のみならず応用面からも注目されている。微生物細胞も増殖に伴い，一部に種々の形質の異なった細胞が出現してくることが明らかになってきた[1]。培養された細胞集団を一単位として扱う従来のスクリーニング手法や評価技術では，こうした集団内の不均一性などを捉えることはできない。

このような背景から，細胞の培養を必要としない1細胞での非破壊系解析技術は，飛躍的な解析時間の短縮を可能にするだけではなく，例えば様々な応用分野において“細胞の全数品質管理”という新しい概念の実現にも大きく寄与することが期待されている。顕微鏡などを用いたイメージング解析技術は，こうした1細胞の非破壊解析を実現する有用なツールである。しかし，多くのイメージング解析では，細胞の染色あるいは遺伝子組換えによる蛍光タンパク発現などが解析のために必要であることから，目的の細胞を無処理あるいは非遺伝子組換えで得ることができず，これがスクリーニングなどへの応用には障壁となってきた面がある。我々はこれまでに微生

＊1　Yutaka Yawata　筑波大学　生命環境系　助教
＊2　Nobuhiko Nomura　筑波大学　生命環境系　教授

物の非破壊解析技術に取り組んでおり，これにより非破壊イメージングを用いた革新的にシンプルなスクリーニング系が実現される可能性が高まってきた。以下に我々の技術のベースである非破壊可視化法と，さらに最近開発された非破壊細胞解析技術の概要を紹介する。

3. 2　細胞形態や空間配置の非破壊・低侵襲3次元評価技術

これまで，細胞の立体構造つまり輪郭の解析には，電子顕微鏡解析の他，染色あるいはGFPなどの蛍光タンパク質を用いた共焦点レーザー走査型顕微鏡（CLSM：confocal laser scanning microscope）によるイメージング解析が盛んに行われている。しかし，電子顕微鏡技術や染色は非常に有用であるが，これらの手法では観察資料に対して不可逆的な処理を施すために，微生物細胞がintactな状態での解析には適していない。また，GFPなどの蛍光タンパク質を利用した解析も，細胞輪郭の解析には不向きな側面がある。

そこで，我々は染色法や蛍光タンパク質にたよらずに，バイオフィルムを非破壊・非侵襲的に解析できる技術の開発を行い成功した。それが共焦点反射顕微鏡法をベースとしたContinuous-optimizing confocal reflection microscopy（COCRM）である[2,3] COCRMが蛍光タンパク質や染色剤を用いる従来の方法と大きく異なる点は，物体（微生物細胞や付着基質）からの反射光つまり回折散乱光をシグナルとして利用する点である（図1）。よって，反射されて戻って来る励起波長を検出することで，蛍光に依存しない観察が可能となり，微生物の形質転換や破壊・侵襲的な染色処理を経ずに，微生物1細胞の輪郭から複合微生物バイオフィルムの立体構造までを可視化できるようになった。

さらに，共焦点プラットフォームを利用する本法は，細胞が作る立体的集合体や組織，例えば微生物バイオフィルムの内部まで解析することができるだけでなく，画像解析によりバイオフィ

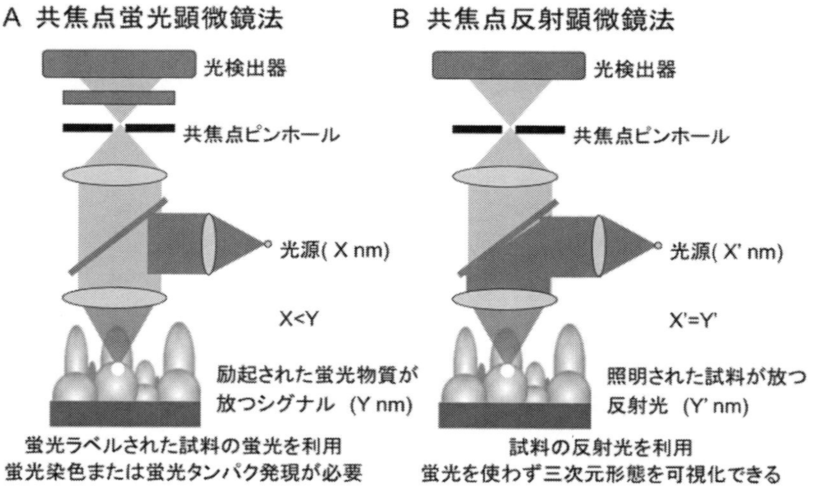

図1　共焦点レーザー蛍光顕微鏡法（左）と共焦点反射顕微鏡法（右）の原理の比較

ルムなどの体積や形態的特徴を定量化することもできる。このように反射光を利用したCOCRMの大きな特徴は，1細胞から複合微生物バイオフィルムを非破壊的かつ経時な解析を可能にするところである。

整理すると，本法によりサンプルの細胞を無処理で，細胞の輪郭つまり三次元構造の情報を得ることが可能になり，さらに細胞の位置情報も取得することが可能となった。本法は次に述べる細胞の種類や代謝状態の非破壊評価技術の重要な要素技術となっている。

3.3　細胞の種類や代謝状態の非破壊評価技術

細胞の種類や生理状態の分析と評価は，細胞の育種や合成生物学的手法による人工作成の根幹を成す操作でありながら，しばしば多くの時間と手間を必要とする。そこで我々は最近，これまでの非破壊観察技術を発展させ，細胞の位置や動きだけでなく細胞の種類や代謝状態についての情報までも非破壊で取得する革新的1細胞評価技術であるNon Invasive Meta-Imaging（NIMI）法を開発した。

この方法が特別で強力なのは，細胞を識別したり代謝状態を推測したりする指標として細胞の“自家蛍光パターン”を使うことに由来する。細胞内のタンパクや代謝産物は様々な種類・強弱の自家蛍光を発しており，それらを総合した自家蛍光パターンは細胞の種類を表現する“指紋”として機能する（図2）。自家蛍光パターンに潜在する細胞ごとの特徴を人間が認識することは難しいが，機械学習（畳み込みニューラルネット）を用いることで高精度の識別が可能とした。これまでの実験では脂質の生産性が変化した酵母細胞について99％以上の正答率での識別が可

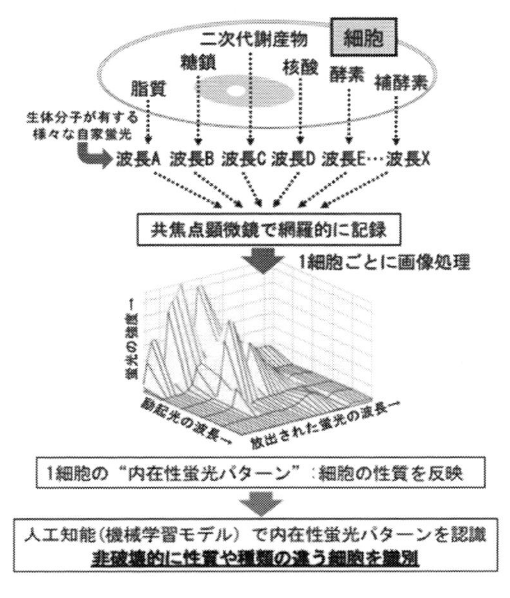

図2　Non Invasive Meta-Imaging（NIMI）法の概念図

能であった（未発表データ）。

細胞の“指紋”―ほぼ無限のバリエーションがある―を識別するこの方法では，数十種類（原理的には数百種類でも）の細胞種や代謝状態が識別できる可能性がある。細胞に備わる自家蛍光を利用するため，蛍光タンパク質発現遺伝子の導入や染色といった特別な処理は必要ない。つまり生きたままのintactな細胞の性質を分析できる。従来の蛍光タンパク質標識を用いた手法では，特定の細胞の追跡や遺伝子発現のモニタリングには煩雑な遺伝子操作が必要であったのに対し，目的の性質を持った細胞を非常にシンプルに見分けることができる可能性がある。さらに本手法の特色として，共焦点プラットフォームを用いることで，3次元空間の解析に対応しており，3次元的な細胞集団から目的の細胞を探すこともできる。

先述のように本技術は一細胞解析技術であり，画像処理アルゴリズムによって視野内の各細胞を認識し，一細胞ごとの内在性蛍光パターンを取得している。これを可能にしているのは，前段で紹介した共焦点反射顕微鏡法（COCRM法：[2,3]）である。COCRM法で可視化された画像に基づいて細胞の輪郭を認識し，その内部の内在性蛍光パターンを記録して細胞ごとにカタログ化する画像処理アルゴリズムを用いている。

3.4　おわりに

細胞の評価技術は再生医療をはじめ様々な分野で育種や人工株作成を加速させる鍵となる技術である。その背景には，生物学が進むにつれ，モノクローナルな細胞も増殖をともない不均一な遺伝子発現などを伴い不均一な細胞集団であるとことが明らかになってきたことがある。それは，微生物のみならず動物・植物の細胞も同様である。つまり，不均一な細胞集団から目的の細胞を見つける評価技術が重要になる。また，見つけた細胞をさらに分取し利用する場合には，細胞を無処理かつ低侵襲で評価できる技術が必須となる。我々が開発したイメージング技術は，それを満たすものである。そして，この1細胞の評価技術は，これまで，目的の細胞を評価するために，培養を介して代謝産物などを定量するごとに煩雑な機器操作と時間がかかっていたものを一気に解決する革新的評価技術になりえる。

今後は，それをより高速に行うための改良が期待されるとともに，革新的な高感度光検出器の開発が待たれる。高感度光検出器により，自家蛍光シグナルの励起光強度が飛躍的に低減されれば，より低侵襲の評価技術が可能となり，例えば細胞へのダメージが残ることが許されない再生医療分野などにも大きく貢献することが期待できる（細胞を分化・増殖させ，その中から目的の細胞を非破壊・無標識で識別・分離し必要な臓器や器官にまで成長させ，さらにそれを評価することが可能となれば，再生医療の質の管理に大きく寄与できる）。そのためには，顕微鏡メーカーのみならず，光検出をはじめとする機器開発メーカーの協力体制が必須となる。日本の顕微鏡そして光検出などの各種機器開発は，個々には世界をリードするものが多く存在しており，それらを結集して世界の追随をゆるさない当該技術を完成させ，細胞育種そして再生医療などの細胞評価が関わる全ての分野で確固たる地位を築くことを期待したい。

文　　献

1) M. B. Elowitz *et al.*, *Science*, **297**, 5584 (2002)
2) Y. Yawata *et al.*, *Appl. Environ. Microbiol.*, **74**, 5429 (2008)
3) Y. Yawata *et al.*, *J. Biosci. Bioeng.*, **110**, 377 (2010)

第3章　オミクス解析技術

1　トランスクリプトーム解析技術

三谷恭雄[*1]，野田尚宏[*2]，菅野　学[*3]

次世代シーケンサー（NGS）が登場してからのこの十数年の間に，単純なゲノムDNAの解析のみならず，鋳型調製法を工夫することで多くの生物学的情報を網羅的に解析することが可能となった。その中でも，RNA分子を網羅的に読み取ってゲノムワイドに発現情報を取得するRNA-seqは，単一ターゲットの測定を行うqRT-PCRや多数ターゲットの相対量を測定するマイクロアレイといった従来の遺伝子発現解析と比べてターゲット遺伝子を定める必要がなく，微生物学研究の分野において不可欠な解析技術となりつつある。本稿では，微生物のトランスクリプトを対象としたRNA-seqのサンプル調製の概略を，①Total RNAの抽出，②鋳型の調製，③品質評価に分けてまず紹介し，次に，RNA標準物質を用いたRNA-seqの品質管理に向けた筆者らの取り組みを紹介する。最後に，スマートセルインダストリーの時代に求められる技術展望について触れたい。

1.1　RNA-seqのサンプル調製の概要

1.1.1　Total RNAの抽出

RNA-seqにより信頼度の高い検体間・遺伝子間の比較解析を実現するためには，プロジェクト内で統一された適切な方法で，解析に問題のない量・質のtotal RNAを準備することが極めて重要となる。Total RNA抽出の操作は，試料の固定，細胞の破砕，RNAの精製の工程に分けられる。試料の固定は，液体窒素やドライアイスを用いた菌体ペレットの瞬間凍結や，RNAlater（フナコシ）やRNAprotect Bacteria Reagent（キアゲン）といった市販の核酸保護剤を用いた後に−80℃で保管する。微生物細胞からのtotal RNAの抽出には様々な市販キットが存在し，細胞破砕のステップの原理は，酵素溶解（リゾチームなど），化合物処理（フェノール・クロロホルム抽出など），物理的破砕（ビーズ破砕など）に大別できる。筆者らの検討においては，真

＊1　Yasuo Mitani　(国研)産業技術総合研究所　生物プロセス研究部門
環境生物機能開発研究グループ　グループリーダー
＊2　Naohiro Noda　(国研)産業技術総合研究所　バイオメディカル研究部門
バイオアナリティカル研究グループ　グループリーダー
＊3　Manabu Kanno　(国研)産業技術総合研究所　生物プロセス研究部門
生物資源情報基盤研究グループ　主任研究員

核微生物やグラム陰性細菌，グラム陽性細菌など細胞壁構造が各々異なる多様な微生物に対して，ビーズ破砕は比較的優れた汎用性を示すことが示唆されているが，対象微生物種や解析の目的に応じて最適な細胞破砕法を選定することが望ましい。RNA の精製方法は大きく分けて，RNeasy Kit（キアゲン）や NucleoSpin Kit（タカラ）などのシリカメンブレン法と，Trizol Reagent（サーモフィッシャー）や ISOGEN（ニッポンジーン）などのイソプロパノール沈殿法の2種類の方法がある。前者は比較的簡便で短時間でできるが，カラム吸着方式では一般的に 200 塩基以下の RNA は取り除かれてしまうため，マイクロ RNA（miRNA）のような小サイズの RNA の解析には後者が適するなど，mRNA，ノンコーディング RNA（ncRNA），miRNA のどの種類の RNA を解析するかによって，適切な精製方法を選択する必要がある。RNase-free な実験環境にて分解の進んでいないクオリティの高い total RNA を調製した後，凍結融解を繰り返さないように－80℃で保管する。筆者らの検討の一例を図1に示す。大腸菌，放線菌等複数の菌株に対して検討を行った結果，多くの場合に，いずれの組み合わせでも良好な状態の RNA が精製できている。また，収量に関しても，図1に類する結果となっており，キットの使い方次第で収量の改善等が可能であると考えられる。

1.1.2　鋳型の調製

真核微生物の mRNA-seq 用のライブラリー調製においては，オリゴ dT ビーズを用いた mRNA の濃縮やポリ dT プライマーを用いた逆転写による cDNA 合成が採用されることが多い。一方で，分解が進んでポリ A テイルを喪失した mRNA やポリ A テイルを持たない細菌の mRNA，同じくポリ A テイルを持たない ncRNA を解析したい場合には，Total RNA 中の大部分を占めるリボソーム RNA（rRNA）の除去による目的 RNA の濃縮が必要となる。Ribo-Zero

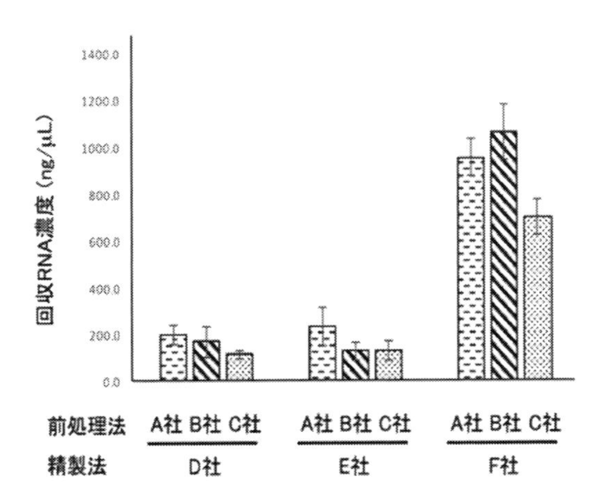

図1　前処理法及び精製法の異なる組み合わせによる回収 RNA 濃度の検討結果の一例。便宜上 A～F 社としているが，前処理と精製で同一社の製品を利用している結果も含まれる。

（イルミナ）や RiboMinus（サーモフィッシャー）は，rRNA に対して相補的配列を持つ磁気ビーズとハイブリダイズさせて rRNA を除去することができるキットとして市販されているが，ライブラリー調製に十分な量を確保するためにはおよそ 1 μg 以上の total RNA が必要である点や，一部の微生物種には rRNA の配列が対応していない点に注意されたい。

1. 1. 3　RNA のクオリティコントロール（QC）

RNA やライブラリーの QC には，ゲルによる分離と蛍光による検出を組み合わせた方法により測定を行うバイオアナライザやテープステーション（アジレント）がよく用いられる。前者は 1 度に最大 12 サンプル，後者は最大 96 サンプルの自動測定が可能である。total RNA の品質は rRNA の分解度で一般に評価される。バイオアナライザ及びテープステーションにおいて，rRNA とその分解物が現れるサイズ領域の泳動パターンから，RIN（RNA integrity number）または RIN と高い相関を示す RINe がそれぞれ算出される。Total RNA のクオリティが低いと発現パターンの結果に影響が出ることが知られており[1]，イルミナ社の RNA-seq 用キットでは RIN が 8 以上のサンプルの利用が推奨されている。

1. 2　RNA-seq データの品質管理

RNA-seq データの品質管理を行う目的はデータの日間差や測定者間での誤差・バラツキを評価または補正することである。また，原理の異なる次世代シークエンサーのプラットフォーム間でのデータ互換性評価などを行うことも目的の一つとなりうる。一般的に RNA-seq データの精度管理を行う上では外部コントロールと内部コントロールの利用が鍵となる。原核生物の RNA-seq においては，Total RNA の抽出，鋳型の調製，得られた鋳型の品質評価，シークエンサーの前処理反応，シークエンス反応，データ解析と多くのステップを経た上でようやく意味のあるデータを入手することができる。これらのステップを網羅的に評価し，データ間でのバラツキを評価する上では内部コントロールの利用が効果的である。

産業技術総合研究所はこのような RNA-seq のデータ品質管理のためのスパイクイン用内部コントロールとして利用できる RNA 認証標準物質（NMIJ CRM 6204-b）を頒布している。この RNA 認証標準物質は特定の遺伝子をコードしない 5 種類の異なる塩基配列の RNA 溶液であり，3 種類は 533 塩基，2 種類は 1033 塩基の鎖長で構成されている。この標準物質を抽出した Total RNA に一定量添加することで鋳型の調製からデータ解析のステップまでの品質管理を一気通貫で行うことができる。また，この標準物質は質量濃度（ng/μl）が認証値として付与されていることから，5 種類の配列を利用することで RNA-seq データの定量的解析の品質管理も可能となる。すでに，内部コントロールとしてこのような RNA 標準物質を添加してデータの品質管理を行う技術は DNA チップなどで利用されてきている[2]。近年ではこの技術が RNA-seq データの品質管理に利用されつつある[3]。図 2 は大腸菌から抽出した Total RNA に 5 種類の RNA 標準物質の濃度を変えて添加した後に，RNA-seq を行ったときの RPKM に関するデータである。添加した RNA 標準物質の濃度と RPKM は高い相関性のあることがわかった。さらに，今回の

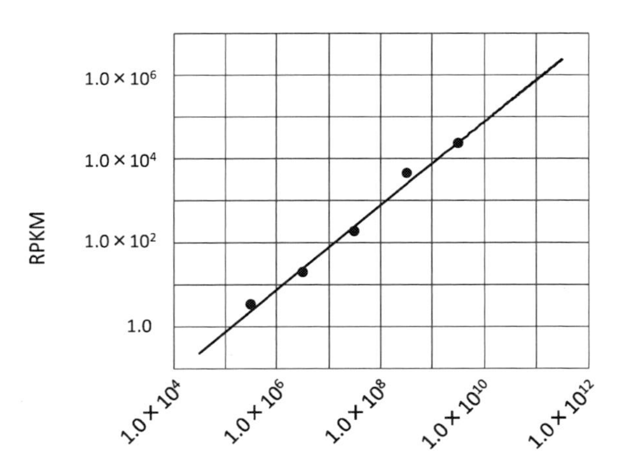

図２　大腸菌 RNA に添加した RNA 標準物質の添加量と RPKM の関係

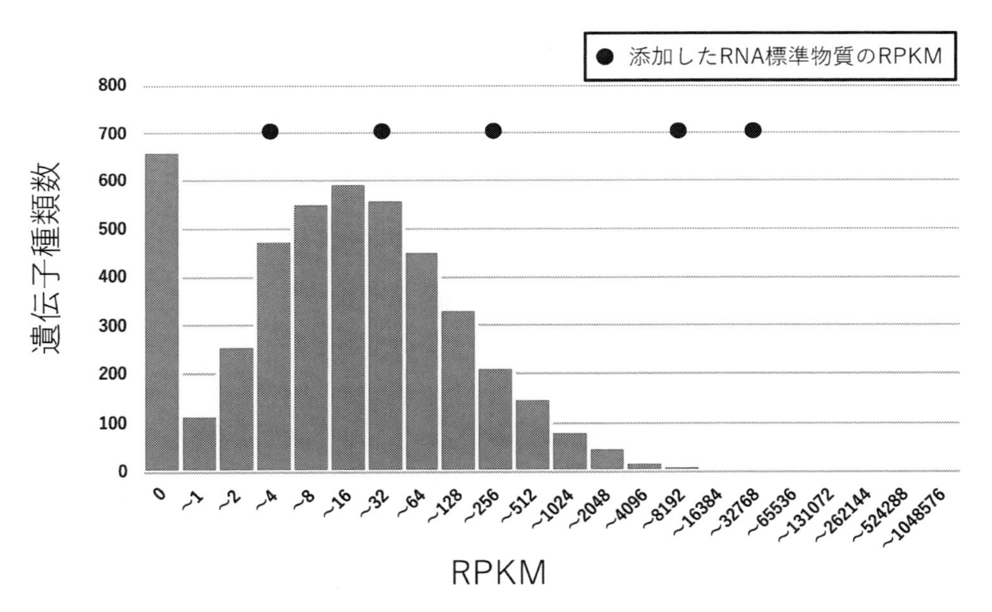

図３　大腸菌で発現している遺伝子の RPKM と添加した標準物質の濃度のヒストグラム

RNA-seq ではリボソーム RNA を除去する工程を行っていることから，用いた RNA 標準物質のうち，特定の配列がリボソーム RNA を除去する工程において取り除かれるようなバイアスが起こらないこともわかった。

また，大腸菌で発現している遺伝子の RPKM をヒストグラムにしたものが図３である。図３

の上部にはこのときに添加したRNA標準物質のRPKMも示している。

今回の実験では添加した内部コントロールRNAはTotal RNAにたいして0.01％添加しており，カバーしたRPKMの範囲はおおよそ4から32000程度であった。この添加量と5種類の標準物質の比率を調整することでカバーできるRPKMの範囲を制御することができる。すでに述べた通り，RNA標準物質はその質量濃度（ng/μl）が認証値として決まっていることから，発現している遺伝子についてRPKMの値から質量濃度（ng/μl）へと変換することも原理上は可能となっている。また，ここでは詳細を示さないが，RNA標準物質のシークエンスエラー率を算出することで，シークエンスデータの質的品質管理も行うことが可能となる。

1.3 スマートセルの遺伝子発現情報の取得の際に求められる技術展望

複雑な代謝経路の組立て等により有用物質の高効率なバイオものづくりが実現可能な合成生物学の時代にあって，代謝システムの高度デザインと開発微生物の迅速な評価に資する，信頼度の高いトランスクリプトーム解析データの取得が望まれている。そのためには，下記の2つの取組みが期待される。

1.3.1 RNA-seqのデータ品質管理の高度化

遺伝子発現量のサンプル間・遺伝子間の正確な比較を再現よく行うためには，量・質が一定のRNA及びライブラリーを解析していることを示す何らかの客観的指標が必要となる。既存のRNA-seqにおいてはRINがそれに当たるが，微生物種によってはRINがどうしても低く算出されるものがあるため，汎用性に限界がある。また，微生物は生育段階によってrRNAのターンオーバーが変わるため，異なる生育段階の微生物抽出RNAを画一的に評価することは困難である。例えば，優れた物質生産を示す生育後期（定常期）の微生物細胞では，バイオアナライザの測定において，あたかもRNA分解が進んだような泳動パターンとなりRINが一様に低く算出される現象がよく見られる（図4）。筆者らは，前項1.2で紹介したようにRINの適用範囲外の条件においてもRNA-seqデータの品質（遺伝子発現量の算出値の精度）を担保する新たな指標物質の作製と頒布に向けた取組みを進めている。また，ショートリードのプラットフォームか

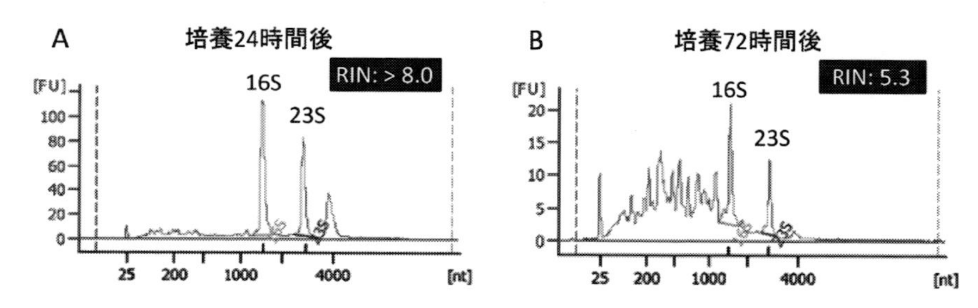

図4 バイオアナライザによるtotal RNAの測定結果の例。放線菌*Streptomyces coelicolor*のA）RIN値の高い対数期のtotal RNA，B）RIN値の低い定常期のtotal RNA。ともにRNA 6000 Nanoキットで測定。

ら将来的に到来すると予想されるロングリードの1分子リアルタイムシーケンサーの普及に対応しうる長鎖の核酸標準物質の開発などが求められると考えている。

1.3.2　原理の異なるNGSや解析手法の活用による取得情報の拡大化

既存のRNA-seqに頻用されるHiseq（イルミナ）は，リード数に優れるために一般的な発現量解析に適したNGS機種である。1リード長が数百塩基以下と短いために，トランスクリプト情報のみでは遺伝子同定が不可能でゲノム配列へのマッピングが必須であったが，近年にTrinityなどの優れたde novoアセンブラーが開発されたことで，ゲノム情報が未知の微生物であっても完全長mRNAの配列決定が可能となっている[4]。一方，最近のトレンドとして，ロングリードの1分子リアルタイムシーケンサーをRNA-seqに適用する試みが注目を集めている。例えば，今年（2018年）になって，平均10 kb超のリード長を誇るPacBioを用いることで，これまでに不可能であった数kbから数十kbの細菌のオペロンの発現全長の情報を取得できる可能性が示唆された[5]。これは，高物質生産を指向するスマートセル細菌株の開発において設計図通りの転写単位で発現しているかを確認する際に有用な技術と期待される。同じく今年（2018年）に，リード長が平均5 kb超のMinION（ナノポア）のDirect RNA sequencingによる酵母のトランスクリプトーム解析が報告されている[6]。既存のRNA-seqのライブラリー調製時には避けられなかった逆転写バイアスやPCRバイアスの回避が可能なため，より発現実態に近づいた信頼度の高い解析と期待される。NGS機器の性能向上や解析ソフトウェアの開発は今なお目覚ましい進展が続いており，NGSを汎用計測機器として用いるRNA-seqは，ゲノム，プロテオーム，メタボロームなどの各階層のオミクス情報を統合するうえで，益々重要な位置を占める解析技術となっていくであろう。

文　献

1）I. G. Romero *et al.*, *BMC Biol.*, **12**, 42 (2014)；H. Akiyama *et al.*, *Anal. Biochem.*, **472**, 75 (2015)
2）H. Akiyama *et al.*, *Anal. Biochem.*, **472**, 75 (2015)
3）S. A. Hardwick *et al.*, *Nat. Rev. Genet.*, **18**, 473 (2017)
4）M. G. Grabherr *et al.*, *Nature Biotechnol.*, **29**, 644 (2011)
5）B. Yan *et al.*, *bioRxiv*, preprint (2018)
6）D. R. Garalde *et al.*, *Nature Methods*, **15**, 201 (2018)

2　スマートセル設計に資するメタボローム解析

蓮沼誠久*

2.1　はじめに

微生物は特定の生育環境下で栄養を摂取して細胞内でエネルギーを生み出し，細胞の形態形成や増殖に利用している。その過程で1000種類以上の低分子化合物（代謝物質）を生合成し，一部の代謝物質は細胞外に排出される。アルコール，ガス，有機酸等が排出されれば，我々人類は燃料や化学品，高分子素材の原料として利用することができる。それ以外にも，微生物が産生するアミノ酸，核酸，脂質，ビタミン，抗生物質等は，農業，食品，医薬品，酵素産業，化成品，エネルギー等，多岐にわたる産業で利用されている。

代謝物質の多くは酵素による変換反応で生み出され，細胞外に分泌される場合もあれば，さらなる反応を受けて構造の異なる別の代謝物質になる場合もある。連続的な変換反応は代謝経路を構成するが，各反応で基質と酵素は一対一で対応しているとは限らない。つまり，特定の基質を認識する酵素は一種類とは限らず，酵素が認識する基質も一種類とは限らない。したがって，代謝経路にはさまざまな分岐点が存在し，複雑なネットワーク構造を形成している。

従来，特定の化合物の生産性向上を目的として，変異育種や遺伝子工学による代謝経路改変が試みられてきた。変異育種では，紫外線照射や薬剤処理等により微生物ゲノムにランダムに変異を導入し，目的の形質を有する細胞株をスクリーニングする。ハイスループットで絞り込みの容易なスクリーニング系を開発できれば高生産株を取得できるが，確率論的な手法であり，時間もかかる。有効変異だけを蓄積する確率は極めて低く，生産性に対して正の変異とそれ以外の変異を組合せた変異株を単離することがほとんどである。したがって，生産性の向上には限界があり，生産性が向上したメカニズムを突き止めることも容易ではない。

遺伝子工学の場合，過去の知見に基づいて，特定の遺伝子を宿主に導入して過剰発現させたり，内在性遺伝子の発現を抑制・破壊したりすることで代謝経路を改変する。近年，様々な微生物で遺伝子組換えが可能になってきていることから有効な手段であるが，過去の知見は効果的な代謝改変の戦略構築に必ずしも十分でなく，成功例は限定的である。

簡単には，①生産の目的物質を生合成する酵素の量的増強，②目的物質を別の化合物に変換する酵素の低減や欠損，③前駆体化合物の利用で競合する酵素の低減や欠損，が思いつくが，必ずしもうまくいかない。前駆体が細胞内で十分供給されていなければ，どんなに優れた酵素を大量に発現させていても目的物質の生産量は伸びないし，補酵素やヌクレオチドを必要とする酵素の場合，これらの供給も酵素反応の律速要因になる。代謝経路はエネルギー収支や酸化還元バランスの観点からもシステマティックに制御されている。したがって，局所的な酵素の質的・量的改変では期待する物質生産性の向上を達成できないことが多い。

効果的な代謝改変を施すためには，多様な代謝物質の量的情報を得るメタボローム解析が有効

---

*　Tomohisa Hasunuma　神戸大学　大学院科学技術イノベーション研究科　教授

である。代謝経路全体を広く俯瞰することで，最大の効果を生む代謝反応を見いだすことができる。本稿では，メタボローム解析の概要を示し，微生物育種におけるメタボローム解析の有効性について例を挙げて概説する。最後に，本書のメインテーマである『スマートセル』の創出に向けて，メタボローム解析技術に求められる仕様を簡単に述べる。

2.2　メタボローム解析の概要

メタボローム解析は多数の代謝物の存在量を一斉に分析する手法である。一般的には，培養中の細胞から代謝物を抽出し，分画後に質量分析計や核磁気共鳴（NMR）装置にて検出する（図1）。表1には筆者らが分析の対象としている化合物を示す。

代謝物質の抽出過程では，培養中の代謝状態をより正確に観測するために，細胞の採取後，速やかに代謝反応を停止させること（クエンチング）が求められる。培地由来成分の除去も必要であるが，細胞の洗浄中に細胞内成分が細胞外へ漏出することを防ぐ必要もある。加えて，細胞からの代謝物質の抽出効率も重要である。

微生物によって細胞の構造（特に細胞壁および膜の構造）が異なれば，最良の代謝物抽出手順は異なる。出芽酵母 *Saccharomyces cerevisiae* を例にとり，水溶性代謝物の抽出手順を述べる；培養液を採取すると同時に－50℃に冷却したメタノールと混合してクエンチングを行った後，低温を維持したまま直ちに培地を除く。次に，沸騰したエタノール中で細胞を懸濁することによって代謝物質をエタノール内に溶出させる。遠心分離により，不溶性画分を沈殿として除く。上清

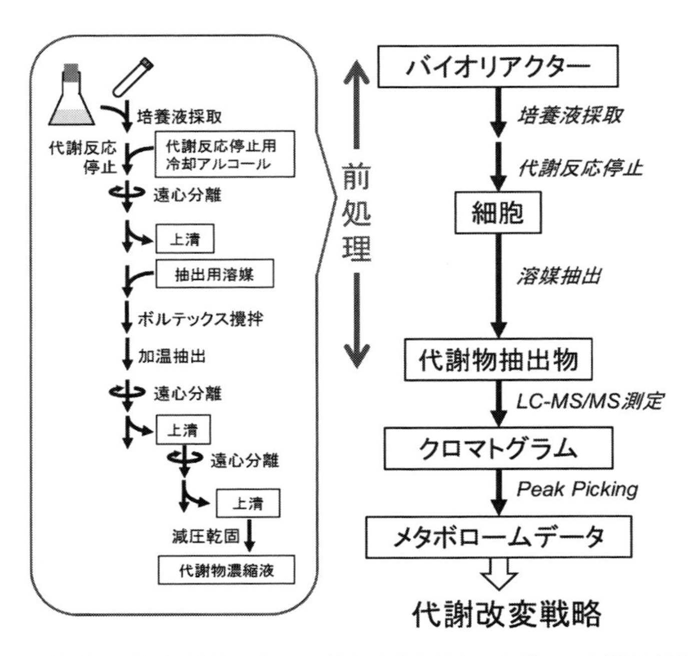

図1　代謝物の抽出（前処理）から始まる代表的なメタボローム解析の流れ

表1 メタボローム解析の対象化合物

解糖系，ペントースリン酸回路：Erythrose 4-phosphate, Fructose 1,6-bisphosphate, Fructose 6-phophate, Glucose 1-phosphate, Glucose 6-phosphate, Glyceraldehyde 3-phosphate, Glycerol 3-phosphate, Phosphoenolpyruvate, 6-Phosphogluconate, Pyruvate, Ribose 5-phosphate, Ribulose 1,5-bisphosphate, Ribulose 5-phosphate, Sedoheptulose 7-phosphate, Xylulose 5-phosphate
TCA 回路：Acetyl-CoA, cis-Aconitate, Citrate, Fumarate, Isocitrate, Malate, Oxaloacetate, Succinate, Succinyl-CoA
メバロン酸経路：Acetoacetyl-CoA, Isopentenylpyrophosphate, Dimethylallylpyrophosphate, 3-Hydroxy-3-methylglutalyl-CoA, Mevalonate, 5-Phosphomevalonate, 5-Pyrophosphomevalonate
非メバロン酸経路：Deoxyxylulose 5-phosphate, 1-Hydroxy-2-methyl-2-butenyl-4-phosphate, Methylerithritol 4-phosphate, 2-*C*-Methylerythritol 2,4-cyclopyrophosphate
シキミ酸経路：Chorismate, 3-Dehydroquinate, 3-Dehydroshikimate, 4-Hydroxyphenylpyruvate, Phenylpyruvate, Shikimate, Shikimate 3-phosphate
アミノ酸類：Acetylcarnitine, Alanine, 2-Aminobutyric acid, 4-Aminobutyric acid, Arginine, Arginosuccinic acid, Asparagine, Aspartic acid, Carnosine, Citrulline, Cystathionine, Cysteine, Dimethylarginine (Asymmetric/Symmetric), Dimethylglycine, Glutamate, Glutamine, 5-Glutamylcysteine, Glutathione (Reduced/Oxidized), Glycine, Histidine, Homocysteine, Homocystine, 4-Hydroxyprorine, Isoleucine, Kynurenine, Leucine, Lysine, Methionine, Methionine sulfoxide, Ophthalmic acid, Phenylalanine, Proline, Serine, Tryptophan, Tyrosine, Threonine, Valine
ヌクレオチド・補酵素類：ADP, AMP, ATP, cAMP, CDP, CMP, CTP, cCMP, FAD, FMN, GDP, GMP, GTP, cGMP, NAD, NADH, NADPH, NADP, Niacinamide, Nicotinic acid, Pantothenic acid, *S*-adenosylhomocysteine, *S*-adenosylmethionine, TMP
その他：Acetylcholine, Adenine, Adenosine, Adenylsuccinic acid, ADP-glucose, Allantoin, Carnitine, Cholic acid, Choline, Citicoline, Creatine, Creatinine, Cytidine, Cytosine, Dopa, Dopamine, Ephinephrine, Guanine, Guanosine, Histamine, Hypoxanthine, Inosine, Lactate, Malonyl-CoA, Norepinephrine, Orotic acid, Serotonin, Taurocholic acid, Thymidine, Uracil, Uric acid, Uridine, Xanthine

を代謝物抽出液として回収し，分析に供する[1]。

本書では検出感度の観点から質量分析法に焦点をあて，NMR 法については他書を参照されたい[2]。メタボローム解析は，近年の質量分析計の高感度化，高解像度化に伴って大きく展開したと言える。一方で，代謝物質の極性や分子量，細胞内の存在量は多様であり，極微量な物質も含めて網羅的に解析するのは困難である。そこで，測定対象物質の物性に合わせて適切な分離システムを選択することが有効である[3]。

ガスクロマトグラフィー質量分析（GC-MS）を用いる場合，揮発性を上げるためにシリル化やオキシム化等の誘導体化を施した後に分析を行う。一般に，化合物の分離能が高く，検出されるピークはシャープで，数多くの化合物を検出できる。特に糖類，糖アルコール類の分離・検出に優れる。また，クロマトグラフィーの再現性も高い。一方で，誘導体化の工程や熱に対して不安定な代謝物の分析には適さない。

液体クロマトグラフィー質量分析（LC-MS）を用いると，カラムを選択することで化合物の特性に対応した分離が可能である。イオン化法についても ESI 法や APCI 法等，選択肢が広が

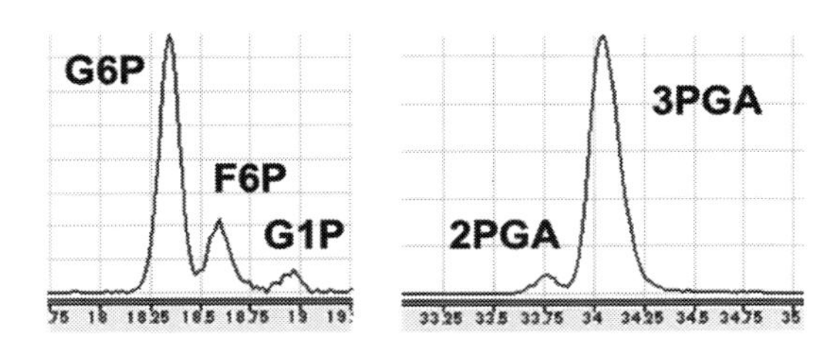

図2　ラン藻 *Synechcocystis* sp. PCC6803の代謝物抽出液をCE-TOFMSに供した際のエレクトロフェログラム。縦軸はイオン強度，横軸はマイグレーションタイムを表す。G6P, Glucose 6-phosphate; F6P, Fructose 6-phosphate; G1P, Glucose 1-phosphate; 2PGA, 2-phosphoglycerate; 3PGA, 3-phosphoglycerate

る。一方，リン酸基を複数有するような超高極性化合物（ATP，フルクトースビスリン酸，イソペンテニル二リン酸等）をカラム内に保持することが難しい。移動相にイオンペア剤を入れて保持力を高める手もあるが，一度使うと流路に残存し続け，別の条件で分析したい場合に分析対象化合物のイオン化を抑制してしまう。イオン化抑制は，試料中の化合物濃度が高い時にも起こり，イオンペア剤の添加に関わらずLC-MS特有の問題である。

キャピラリ電気泳動質量分析（CE-MS）は，高極性化合物の分析に適している。技術的な詳細は他書[4]を参照されたいが，糖リン酸異性体の分離，ATP，NADPH，CoA等の検出が安定している（図2）。細胞抽出液は内径50 μm，長さ1 m前後のフューズドシリカキャピラリを通って低流量で流れるため，イオン化抑制効果が低いことも利点である。一方，CEではキャピラリに一定の電圧をかけるが，キャピラリの先端形状や電解液の組成に微妙な違いがあるだけで泳動時間が変わるため，化合物の同定が大変である。分析対象化合物の泳動順やマススペクトルを基に，実験者が注意深く，同定しなくてはならない。

メタボローム解析では試料毎に多種の代謝物の同定，相対定量を行うため，クロマトグラム（CEではエレクトロフェログラム）を得た後のデータ処理の量が膨大になる。具体的にはベースライン処理を行い，ピークピッキング（クロマトグラム上で化合物に由来するピークエリアを特定する）等を行う。実験結果の解釈に影響を及ぼす重要な作業であり，ハイスループットにデータ処理をするためのアルゴリズムの開発が進められている[5]。

2.3　動的メタボロミクスの開発と微生物育種への応用

メタボローム解析に基づく微生物育種の例を紹介したい。キシロース資化性を付与した *S. cerevisiae* は，セルロース系バイオマスからエタノール（バイオ燃料）を生産する上で必要な微生物であるが，培養液中に酢酸が存在するとエタノール生産が阻害される。酢酸はバイオマスの前処理で必然的に生成するため，酢酸存在下でも高い発酵能を有する酵母の開発が必要になる。

筆者らは，発酵中のキシロース資化性酵母から代謝物質を抽出し，メタボローム解析を行ったところ，ペントースリン酸回路の中間代謝物であるセドヘプツロース7リン酸（S7P）が，酢酸濃度依存的に蓄積していることを明らかにした。S7PはトランスアルドラーゼのTAL1）の基質となって代謝されることから，TAL1反応が酢酸存在下におけるエタノール生合成の律速である仮説が導出された。そこで，TAL1遺伝子を過剰発現させたところ，40 g/Lキシロースからのエタノール生産量は，30 mM酢酸存在下で9.1 g/Lから15.6 g/Lに増大した[1]。キシロース消費速度は0.13 g-xylose/g-cells/hから0.20 g-xylose/g-cells/hに向上した。

メタボローム解析により得られる情報は，培地から細胞を採取し，クエンチングした時点での代謝物の蓄積量である。スナップショットであるため，代謝物のターンオーバーに関する情報は得られない。有効な代謝改変を行うためには，代謝経路上のボトルネック反応（律速段階）を見出すことが重要であるが，静的なメタボローム解析ではターンオーバーの遅い化合物を特定することはできない。

そこで，従来のメタボローム解析と，安定同位体炭素を用いた *in vivo* ^{13}C標識技術を組合せることにより，化合物のターンオーバーを網羅的に観測できる動的メタボロミクスが開発された[6]。^{13}Cの動態を追跡することで，各代謝経路への炭素原子の分配が明らかになり，律速段階の特定が可能になった。

同位体を取り込んだ代謝物質を検出するトレーサー実験は，代謝研究に必須の技法の一つである。元素の化学的性質は電子配置で決まり，原子量にはよらないため，同位体原子の行先を辿れば，代謝経路上の原子の動線が分かる。同位体には放射能を持ち崩壊する放射性同位体と，安定で崩壊しない安定同位体とがあるが，いずれも質量分析で検出できるため，より安全な安定同位体でトレーサー実験を行うことができる。

天然存在比が100％に近い^{12}Cに対して^{13}Cは1.1％の存在比であるため，細胞内に入ってきた^{13}Cで標識された代謝物を観測することは容易である。同位体標識された化合物の質量電荷比（m/z）は分子内に取り込まれた安定同位体の数だけ増加する。同位体を含まない主分子イオンと同位体を含む同位体イオンの強度比を観測することにより安定同位体標識率を算出することができる[6]。

酸素発生型光合成細菌であるシアノバクテリアの動的メタボロミクスを例に挙げて説明したい。シアノバクテリア *Synechocystis* sp. PCC6803は嫌気環境下に置くと細胞内のグリコーゲンを分解し，解糖系，補充経路，TCA回路を経てコハク酸，リンゴ酸等の有機酸を生産する（図3）。*Synechocystis* はグルコースを取り込むと即座にリン酸化して解糖系の初発物質であるグルコース6-リン酸を生成する。

そこで，^{13}C-グルコースを添加して動的メタボロミクスを行った[7]。代謝経路の上流に位置する糖リン酸やピルビン酸は発酵開始数分で^{13}C標識率が最高値に達したのに対し，TCA回路に位置する有機酸は^{13}C標識速度が遅いことが明らかになった（図3）。この結果は，解糖系とTCA回路の間に律速段階があることを示唆している。アセチルCoAの標識率が低いことから，この間はホスホエノールピルビン酸カルボキシラーゼ（Ppc）が繋いでいる。Ppc遺伝子を過剰

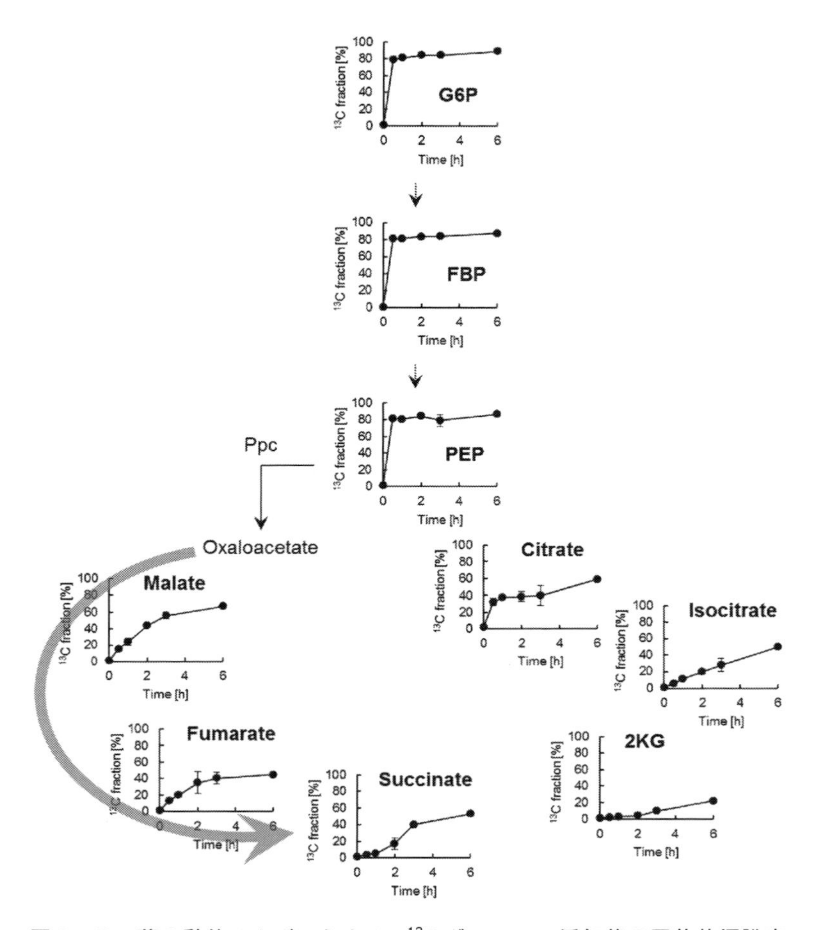

図3　ラン藻の動的メタボロミクス。^{13}C グルコース添加後の同位体標識率(^{13}C fraction)の経時変化を表す。G6P, Glucose 6-phosphate; FBP, Fructose 1,6-bisphosphate; PEP, phosphoenolpyruvate; 2KG, 2-Ketoglutarate

発現させたところ，コハク酸生産量を1.3倍増大させることに成功した。2-ケトグルタル酸の^{13}C標識率が他の有機酸と比べて低いことから，コハク酸はフマル酸を経由して還元的TCA回路で生合成されていることも示唆された（図3）。次の代謝改変戦略が見えてきたと言える。

2.4　スマートセル設計に資するメタボローム解析

メタボローム解析で細胞の代謝状態を俯瞰すると代謝経路改変の標的遺伝子を絞り込むことができる。一方で，従来，実験データを取得してから標的遺伝子の絞り込みを行うまでの作業は実験研究者に委ねられ，煩雑なデータ処理と解析，思考が必要であった。有用情報を抽出するためには背景知識も必要であり，文献検索情報等の収集や整理にも工夫や時間を要していた。

近年は，莫大な生物情報を利用して有用情報を抽出する情報解析技術の進展，ゲノム編集に代表される遺伝子工学ツールの開発，組換え微生物構築・評価プロセスへのロボティクスやLIMSの実装によるラボオートメーションが進み，微生物の育種スピードが高速化してきた。今後，実験データ取得後のワークフローは情報解析の進展や知識ベースの整備によりスピードアップできる可能性がある。

ラボオートメーションにおける微生物の評価は今のところ分光学的な手法が主流であるが，特定の生産物を作るために必要な情報が取捨選択された『スマートセル』を設計するためには，メタボローム解析による代謝メカニズムの理解が必要である。しかしながら，現状のメタボローム解析は必ずしもハイスループットとは言えない。また，スループットを優先してデータの精度を落とすこともできない。

そこで，まずは煩雑で時間のかかる代謝物抽出工程を自動化できることが望ましい。自動化はスループット性だけでなく，操作の再現性をも向上させる。また，バーコードを利用するなどして実験試料とデータの紐付を行えば，膨大な数の細胞試料の管理を容易にする。このような前処理では，水溶性代謝物を分析する際に夾雑する脂質やタンパク質の除去も求められる。より厳密に夾雑物を除去する手法を開発することにより，イオン化抑制現象を緩和し，高精度な実験データの取得を実現できる。また，分析に必要な細胞数を減らすことにつながり，将来的な微量細胞分析への展開も可能になるであろう。

分析においては多様な代謝物を対象とすることが求められるが，標的化合物の中には細胞内存在量が低く，構造が不安定な代謝物も多い。夾雑物の除去に加えて，前処理と分離分析を連続的に行うオンラインシステムがあると実験操作中の代謝物の劣化を回避することもできるだろう。

高精度かつハイスループットなメタボローム解析技術の開発は，微生物育種戦略の立案に要する時間を短縮し，代謝メカニズムを反映した現実性の高いスマートセルの設計図の構築に寄与することが期待されている。

文　献

1) T. Hasunuma *et al.*, *Microb. Cell Fact.* **10**, 2 (2011)
2) G, A. Nagana Gowda *et al.*, *Anal. Chem.* **89**, 490 (2017)
3) J. M. Büscher *et al.*, *Anal. Chem.* **81**, 2135-2143 (2009)
4) T. Soga *et al.*, *Anal. Chem.* **74**, 6224-6229 (2002)
5) B. B. Misra, *Electrophoresis* doi: 10.1002/elps.201700441 (2018)
6) T. Hasunuma *et al.*, *J. Exp. Bot.* **61**, 1041 (2010)
7) T. Hasunuma *et al.*, *Metab. Eng. Commun.* **3**, 130-141 (2016)

3　高精度定量ターゲットプロテオーム解析技術

松田史生*

3.1　はじめに

有用物質生産微生物の分子育種では代謝経路の合理的な改変が求められる。代謝経路の改変とは，宿主微生物のゲノムを人為的に書き換え，①新規酵素タンパク質を発現させて，細胞内に新たな代謝経路を構築する，②遺伝子破壊で不要な経路を除く，③酵素タンパク質量を増減させて，各反応の触媒活性を調節する，作業であるといえる。

近年の代謝設計技術の進展により，目的物生産に最適な代謝経路の設計が可能となり，それを実現するためのゲノム編集技術や長鎖DNA合成技術が実用化されつつある。また，設計通りにスマートセルを構築できたのか評価する手法として，発酵試験による目的物生産収率，比速度の測定に加えて，メタボローム解析による細胞内代謝中間体含量の一斉定量などが広く用いられてきた。

3.2　スマートセル評価におけるタンパク質定量技術の必要性

一方，上記した代謝経路の改変とは，酵素タンパク質存在量の人為的な増減と言い換えることもできる。細胞内のタンパク質量には，転写，翻訳，タンパク質分解などの様々な要因が関わるため，導入したタンパク質が期待通りの発現量を示さないことはよく起きる事態である。また，同一遺伝子由来のmRNAとタンパク質の発現量は相関する場合としない場合があるらしい。したがって，mRNAの発現量から酵素タンパク質量を推定するよりも，タンパク質量を直接かつ迅速に定量する計測手法を用いることで，よりダイレクトな評価が可能になる。また，代謝経路の改変は宿主微生物にとっても不自然な状態であり，微生物自身が持つ代謝調節機能を通じて，中心代謝系全体の酵素発現量を調整し，適応していると考えられている。宿主微生物の中心代謝経路に関わる100種程度の酵素タンパク質量を測定できれば，設計時点では予期することが困難な副作用についても評価が可能になると期待される。また，数ステップの代謝経路を構築するために，複数の酵素遺伝子の導入が行われている。その中でタンパク質発現量が極端に少ないものがあれば，さらなる強化の候補となるだろう。その評価には，2種以上のタンパク質量を比較可能な定量分析法が必要となる。

3.3　ターゲットプロテオミクス法の有用性

このように，酵素タンパク質の細胞内存在量の測定は，スマートセルの評価に重要な役割を果たすと期待される。ウェスタンブロッティングは古典的なタンパク質存在量の測定法として，現在でも広く用いられている。目的タンパク存在量を高感度に評価できるが，抗体作成の必要性，

＊　Fumio Matsuda　大阪大学　大学院情報科学研究科　バイオ情報工学専攻　教授

- ターゲットタンパクのトリプシン消化ペプチドをナノLC-MS/MSで定量する。
- 従来法（二次元電気泳動）より高い**選択性、定量精度、スループット**
- 各宿主、各酵素タンパク質毎に**MRMメソッドの作成**が必要

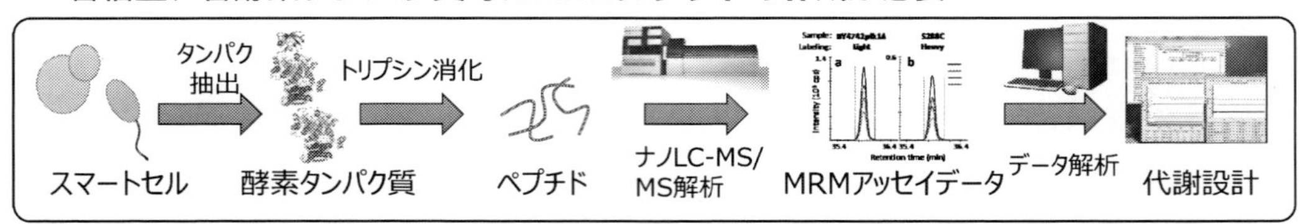

図1　定量プロテオミクス法の概要

網羅性，スループットなどの課題も多い。また，プロテオミクス分野では2次元電気泳動法の感度，網羅性，再現性などの課題を解決すべく，発見型プロテオミクス法が開発された。粗タンパク質抽出物から調製したトリプシン消化ペプチド混合物を，液体クロマトグラフ―タンデム型質量分析装置（LC-MS/MS）に供し，自動取得したプロダクトイオンスペクトルデータをもとにペプチド同定を行い，サンプル中に含まれるタンパク質の網羅的なカタログ化を目指している。一方，スマートセルの評価では，あらかじめ決定した測定対象タンパク質の存在量を定量したい。そこで，LC-MS/MSの検出器を，より定量性に優れたトリプル四重極型質量分析装置に変更すれば，選択反応モニタリングモード（MRM）を用いることで，数十種のタンパク質をより確実に高感度で一斉定量することが可能となる（図1）。このターゲット（定量）プロテオミクス法が，スマートセルの評価に最適であることに注目し，筆者らは島津製作所と共同で純国産ターゲットプロテオミクス分析システムの開発を進めてきた。

3.4　ターゲットプロテオミクスの実際1：サンプル前処理とデータ取得

ターゲットプロテオミクス法の要点は，サンプル前処理法と定量用分析メソッド（MRMアッセイメソッド）の構築にある。サンプル前処理の出発点は，50 μgのトータルタンパク質を含む100 μL程度の粗タンパク質抽出液である。これを還元アルキル化後，トリプシン消化を一晩行い，得られたトリプシン消化ペプチドを固相抽出法を用いて脱塩する。トリプシン消化および固相抽出法はヒトプロテオームプロジェクトで非常に優れた方法が開発されている[1]。また，質量分析装置と互換性のある膜タンパク質可溶化法として，デオキシコール酸ナトリウムおよびラウロイルサルコシン酸ナトリウムと液液分配を組み合わせた方法が報告された[2]。いずれも，出芽酵母，大腸菌などの微生物でも良好な結果を示している[3]。サンプル前処理の課題は，手作業で行うと丸2日以上かかる労働集約的な工程である点である。これらについても，作業手順の簡略化，ロボット化がすでに検討されており，将来的に自動化することも可能であると考えられる。

データ取得にはナノLC-MS/MS（島津製作所LCMS-8040）を利用している。本システムは後述のように，1秒あたりのMRMチャンネル数を最大500まで増やすことが可能であり，定量プロテオーム解析用に適した性能を持つ。スループットと感度と網羅性はバーターの関係にあ

り，現在のシステムでは感度を重視して，ナノLCを採用し，1分析当たりの所要時間を1.5 h に設定することで，一般的な20－30サンプル程度の分析プロジェクトを2日程度で終了できるスループットを実現した。

3.5　ターゲットプロテオミクスの実際2：MRMアッセイメソッドの構築

測定対象タンパク質をトリプシン消化すると，リシンとアルギニン残基のC末端側で切断され，多数のトリプシン消化ペプチドが生成する。この中から，長さが8-20残基で，LC-MSで高感度に検出可能な定量ペプチドを選抜する必要がある。また，1ペプチドからはエレクトロスプレーイオン化法で，プロトンが2個あるいは3個付加したプリカーサーイオンが主に生成する。さらに，トリプル四重極型質量分析装置では，衝突誘起乖離で生成したフラグメントイオンを検出するが，ペプチドには2つの主要なフラグメント化メカニズム（b系列，y系列）がある。このため，各定量ペプチドごとに，高感度に検出可能なプリカーサーイオンとフラグメントイオンの質量電荷比（m/z）の組み合わせ（MRM系列）を決定する作業が必要である。例えばアミノ酸残基数15のトリプシン消化ペプチドが15個生成する仮想タンパク質のMRMアッセイメソッドを作成するには，ターゲットタンパク質のトリプシン消化ペプチドをLC-MSで実測し，15ペプチド×2プリカーサー×14フラグメント×2系列＝840通りのMRM系列から，高感度高選択性なものを選抜する。現在の質量分析装置では1回の分析（1.5 h）で250～500通りの組み合わせを調べることができるので，すべての組み合わせを調べるには2～4回の分析（3～6 h）が必要となる。得られたデータから，高感度に検出可能な定量ペプチドを4つ程度選び，各ペプチドに最適なMRM系列を4つ程度選抜したものを，MRMアッセイメソッドと呼ぶ。

メタボローム解析が測定対象とする，中心代謝中間代謝物や補酵素は生物種間で同一なため，生物種ごとに分析メソッドを作り直す必要がない。一方，同じ反応を触媒する酵素でも生物種ごとにアミノ酸配列が異なるため，プロテオーム解析では生物種ごとにMRMアッセイメソッドを作成する必要がある。バイオプロダクションでは，有用物質生産の宿主として様々な微生物が活用されると考えられ，その評価には，MRMアッセイメソッドを生物種ごとにどんどん作成していく作業を実施することになる。また，異種タンパク質を発現する場合にも各タンパク毎にMRMアッセイメソッドを作成する必要があるだろう。上述のように，1タンパク質のMRMメソッド作成に要する時間は，抗体作成に比べると迅速であるが，解糖系の酵素タンパク100種のMRMアッセイメソッドを作成するには2-4週間程度のマシンタイムが必要とされ，さらなる高速化が求められる。

一方，いったん作成したMRMアッセイメソッドは質量分析装置のメーカーが異なっても互換性があることが知られている。そこで，筆者らの研究チームでは大腸菌，出芽酵母の中心代謝酵素タンパク質のMRMアッセイメソッドをデータベース化し，必要に応じてカスタマイズできる基盤の構築を進めている（図2）。

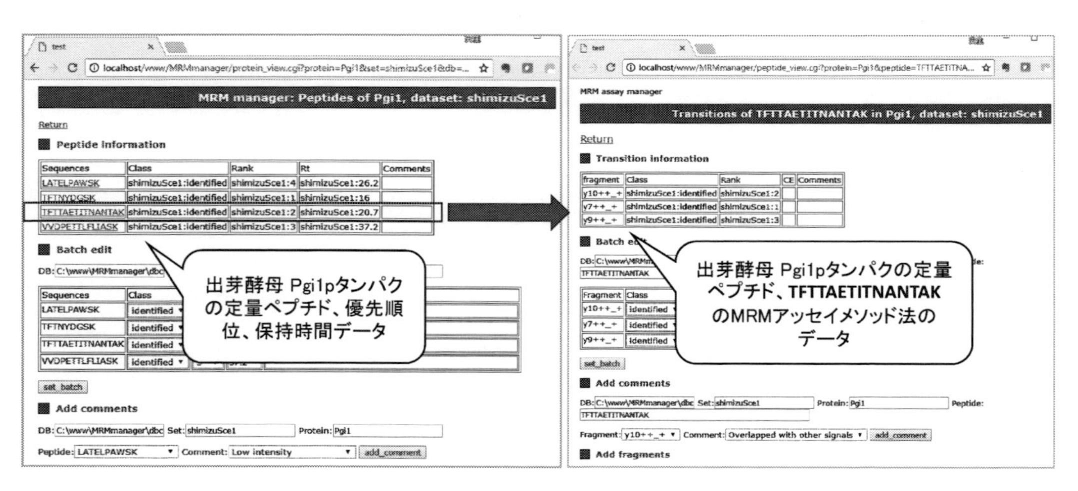

図２　MRM アッセイ法データベース
出芽酵母 Pgi1p タンパクの定量ペプチドおよびその検出のための MRM 系列に関するデータの表示例。

3. 6　MRM アッセイメソッド構築の高速化に向けて

MRM アッセイメソッド構築を効率化するには，探索する MRM を減らす必要がある。そこで，タンパク質のアミノ酸配列から定量に適したペプチドを予測する方法が開発されている。しかしながら予測プログラムの結果と，実際の結果を比較すると，MRM アッセイメソッドに採用されうる良いペプチドをかなりの確率で見逃していることが明らかとなった[4]。そこで，筆者らは MRM アッセイメソッドに採用される見込みのないペプチドを探索する手法を開発した。この方法をもちいることで，良いペプチドの見逃しを最小限としたまま，全体の 3－4 割のペプチドを探索候補から除くことに成功した[4]。今後も MRM アッセイメソッド構築法の効率化を進めることが，迅速な MRM メソッドの作成ひいては迅速なスマートセル開発につながる。

3. 7　ターゲットプロテオミクスを用いた出芽酵母１遺伝子破壊株の解析

有用物質生産微生物の分子育種では，不要な経路を遮断するため，不要酵素遺伝子の破壊がよく行われる。酵素遺伝子の欠損は宿主微生物の代謝恒常性に大きく影響すると考えられるが，それを補正するための代謝制御の実態には不明な点が多い。そこで中心代謝酵素遺伝子が欠損した出芽酵母 1 遺伝子破壊株 30 株をフラスコ培養し，対数増殖期の菌体から粗酵素液を抽出して，ターゲットプロテオーム解析法で 110 個の中心代謝酵素タンパク質の存在を相対定量した[5]。得られた結果を見ると，中心代謝酵素遺伝子の欠損によって酵素発現プロファイルは大きく変動しうることが明らかとなった。たとえば，hxk2Δ 株は主要なヘキソキナーゼが欠損しているにもかかわらず野生株と同等の増殖速度を示す。ターゲットプロテオーム解析から，hxk2Δ 株では Hxk1p の発現量が 36.3 倍に増加していたことから，アイソザイムが機能補完に寄与していると考えられた。加えて，解糖系の Tdh3p，Eno2p，Fba1p の存在量低下や，トレハロース生合成経路中の Pgm2p，Ugp1p，Tps1p，Tps2p や TCA サイクルの Kgd1p，Kgd2p，Mdh1p などの発現量が増加するなど，27 酵素の発現量が有意に変化していた。出芽酵母は中心代謝酵素遺伝子の破壊に対して，大規模な発現調節を通じて代謝適応するメカニズムを持ち，スマートセルの設計時に考慮する必要があると考えられた[5)]。

3. 8　人工タンパク質を用いた定量の高精度化

ターゲットプロテオーム解析の利点の一つに，定量に用いる内部標準ペプチドを合成可能な点がある。安定同位体標識ペプチドの化学合成に加え，^{15}N 標識，^{13}C 標識培地中で培養した目的タンパク質の過剰発現大腸菌株から，安定同位体標識タンパクを調整することも可能である。さらに，DNA 合成技術を活用して作成した人工タンパク質を内部標準物質に用いる QconCAT 法などのアイデアが提案されている[6,7)]。例えば，人工代謝経路を構築するために2つの外来酵素遺伝子を発現させた微生物株を構築したとする。この2タンパク質の存在量比を評価するには，2タンパク質の定量ペプチドをつないだ人工タンパク質（QconCAT タンパク質）を設計して大腸菌内で発現させることで，安定同位体標識 QconCAT タンパク質を調整できる（図3）。QconCAT タンパク質由来の安定同位体標識定量ペプチドの存在量は同じなので，2タンパク質由来の定量ペプチドとの比率から，2タンパク質の存在量比を測定できる。図3の例では，タンパク質Bの発現量がタンパク質Aの 1/5 しかないことから，タンパク質Bの更なる過剰発現が

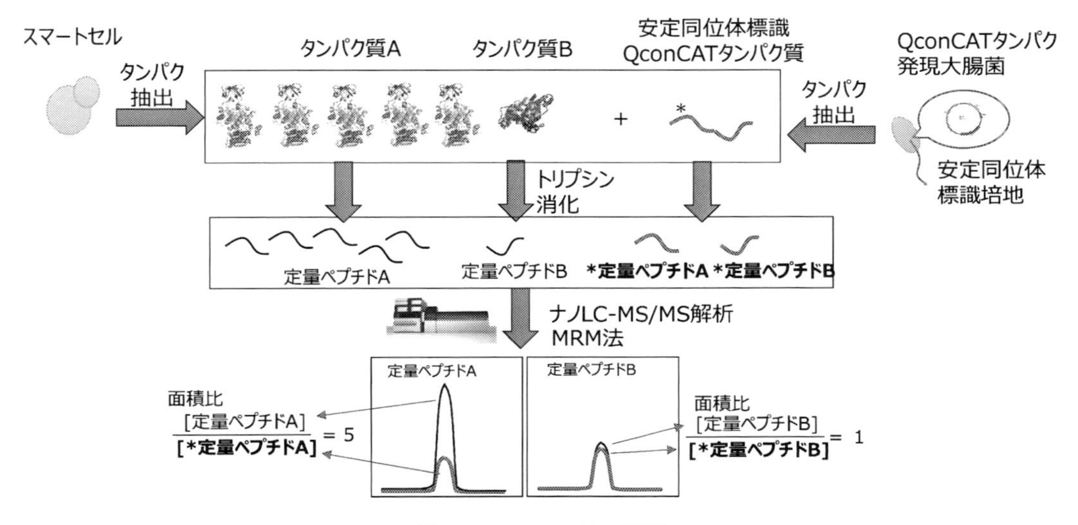

図3　QconCAT 法の概要

タンパク質 A，B の定量ペプチドをつないだ人工タンパク質（QconCAT タンパク質）を設計する。大腸菌発現系等で調整した安定同位体標識 QconCAT タンパク質を用いると，タンパク質 A，B の存在比を 5：1 と評価できる。

次の改変候補として提案できる。人工内部標準タンパク質の利用法を工夫し，定量プロテオーム技術で高精度なタンパク質定量法を確立していくことで，スマートセルの迅速な評価が可能になると期待される。

文　　献

1） Y. Uchida *et al. Fluids Barriers CNS*, **1**, 23 (2013)
2） T. Masuda *et al. J Proteomics Res*, **7**, 731 (2008)
3） F. Matsuda *et al. J. Biosci. Bioeng.* **119**, 117 (2015)
4） F. Matsuda *et al. Mass Spectrometry* (*Tokyo*), **6**, A0056 (2017)
5） F. Matsuda *et al. PLoS ONE*, **12**, e0172743 (2017)
6） K. M. Carroll *et al. Mol. Cell. Proteomics*, **10**, M111 007633 (2011).
7） R. Voges *et al. J Proteomics*, **113**, 366 (2015).

第4章　測定データのクオリティコントロール，標準化データベースの構築

光山統泰*

1　はじめに

合成生物学に限らず，ライフサイエンスにおける研究プロジェクトで，大規模解析の測定結果をデータベース化して研究結果のエビデンスとしたり，広く研究コミュニティにて再利用するため公開したりすることが，いわばルーチンと化している。スマートセルプロジェクトでも，プロジェクトから出た測定結果を逐一捕捉して，後に広く再利用可能なかたちで整理・保存することの重要性が認識され，測定データの品質を確保することと併せて研究開発課題「測定データのクオリティコントロール，標準化データベースの構築」として組み入れられた。

筆者は，本研究課題の意義について，プロジェクト提案書に次のように書いた。「研究開発項目 (1)ハイスループット合成・分析・評価手法の開発において多数の測定データを集積し，研究開発項目 (2)遺伝子配列設計システムの開発に利用する必要がある。研究開発項目(1)と(2)の橋渡しに欠かせない仕組みが，測定データの品質管理と標準化データベースの構築である。」

本プロジェクトの大きな枠組みとして3つの柱がある。測定技術の開発，情報技術の開発，実証研究である。なかでも，情報技術の開発こそが，スマートセルインダストリーを実現するために不可欠で本プロジェクトの肝である。従来，育種のためには多大な時間とコストが必要で，いわば暗中模索に近い状態であった。何をどのように改変すれば目的とする改変株が得られるかは，多数の実験と研究者の経験によって乗り越えるしかなかった。しかし人工知能技術によって，この暗中模索を，よりスマートに解決することが可能で，育種に必要な時間やコストを大幅に削減することができると考える研究者が増えている。本プロジェクトもその信念に裏打ちされていると筆者は考えている。

このような人工知能技術の開発には，高品質の測定データが大量に必要である。「高品質」や「大量」といった言葉は，あちこちの研究提案書に用いられていることと思うが，筆者が様々な研究者から話を伺ったことで気づいた点は，人工知能技術の研究者が考える「高品質」と「大量」という言葉は，実験生物学の研究者が考えるそれよりもおおまかには2桁の差があるということである。例えば，実験生物学で100条件での遺伝子発現を取得するのは，その手間やコストを考えても十分「大量」の部類であろう。しかし人工知能技術の研究者からすると，千,万の実験結果が無いならば，それは少ない部類に属することになる。

---

*　Toutai Mitsuyama　(国研)産業技術総合研究所　人工知能研究センター　研究チーム長

精度については，生物実験のプロセス全体を通じて精度を管理することは非常に難しい。ほとんどの実験に人間の手作業が介入する現状において，実現可能な「高精度」には越えがたい壁がある。この壁を越えるために，ロボット技術を応用した実験の自動化に関する研究が世界的な規模で活発になっている。

2　本研究課題の役割

スマートセルのための人工知能技術に供するべく，大量に取得された測定データを品質検査付きで格納するのが本プロジェクトのデータベースが担う役割である。具体的には，以下のような開発項目を掲げている：

(1)　測定データのクオリティコントロール

①　QC パイプラインの構築～登録データの品質検査のための情報システムを構築する。

②　品質基準の策定～品質検査の基準を設ける。基準を満たす測定データであるか否かを判別する作業も含む。

(2)　標準化データベースの構築

①　データ登録の仕組み構築～データの格納，検索，登録が可能な情報システムの開発。ゲノムブラウザをはじめとする他の情報ツールと連携できるようにする。

②　メタデータスキーマ作成～登録すべき情報の範囲を定めて，それらをどのような形式でデータベースに登録するか（スキーマ）を設計する。

③　データ登録作業～実際に測定されたデータと関連情報をデータベースに登録するための作業と情報システムとしてのデータベースの保守運用も含む。

3　本データベースの独自性

本データベースが他と異なる点は，多様な実験データを統合的にデータベース化しようとしている点である。既存の公共バイオデータベースは，取り扱うデータの種類を用途に応じて限定している。限定するという点では，本データベースも違いは無い。しかし，通常の限定とは，本データベースで取り扱う範囲と比較すると，もっと限定されている。表1に本データベースで取り扱う実験データの種類を示す。通常のデータベースでは，ゲノムはゲノムデータベース，トランス

表1　本データベースで取り扱う実験データの種類

スマートセルモデル	データ
標準代謝モデル，発現制御モデル	ゲノム，トランスクリプトーム
拡張代謝モデル	化合物化学構造，酵素配列，酵素活性
個別代謝モデル	メタボローム，FBA，知識

表2　本データベースと公共データベースとの違い

項目	本データベース	公共 DB
データの種類	多種	単一
データの公開	非公開	公開
用途	モデル構築	不特定
利用者	プロジェクト内	一般
スキーマ	拡張性が重要	固定

クリプトームは発現情報データベースで，というようにデータの種別を絞り込み構築している。しかし本データベースはこれら全てを収容することを想定している。従来のデータベースの設計方法を踏襲するなら，次の2種類のアプローチが考えられる：データ種別ごとにデータベースを分け，スキーマを設計する。様々なデータ種別に対応した巨大なスキーマを設計する。統合を考えるといずれの方法も不適切である。ここでスキーマとは，データをデータベースに登録するための設計図である。データ種別に応じたメタデータを効率よく格納できるよう表形式に整理したものと考えることができる。前者では複数のデータベースを構築することになり，統合の問題を抱え続けることになる上，開発規模も大きくなる。後者では，データの格納が非効率になり，大規模化やデータベースを拡張する点で問題を抱え続けることになる。プロジェクト終了後でも継承し続けることができるような設計でなければ，プロジェクト終了後には無用の長物と化すリスクがある。一方，データ種別に応じたスキーマを，開発初期から完全に設計することは極めて困難である。開発期間を通じて，適宜改訂・改善を重ねていくことを想定しておくことが混乱を回避するため必要である。本データベースと既存の公共バイオデータベースとの違いを表2にまとめた。

一方，本データベースとは目的・性質が大きく異なるものの，「スマートセル」の将来像に近いかたちで開発されているデータベース KBase[1)]について紹介したい。KBase は米エネルギー省主導で開発されている微生物のためのシステム生物学データベースである。ゲノム情報，ゲノムスケールモデル，パスウェイ，遺伝子発現情報といったデータと，解析ツールが用意されており，統合された情報プラットフォームとして利用可能である。次世代シークエンスからのゲノムアセンブル，タンパク質機能情報解析，微生物代謝モデル構築といったシステム生物学の解析をサポートしてくれる。ユーザーは自前の情報ツールを KBase と連携させることができることから，システムとしてもオープンなアーキテクチャを実現している。まだまだ開発途中なためシステムとしては不安定ではあるが，技術的にも構想的にも今後注目する価値がある。

4　測定データのクオリティコントロール

スマートセルプロジェクトは公的資金により実施される研究プロジェクトであることから，データベースの用途も公共性の高いものが想定されている。とはいえ，プロジェクト終了後は一律一般公開という単純なものではない。データの公開方針については，今後のプロジェクト運営にて定まるものであるから，ここではデータの再利用価値について述べたい。データベースの価値は，データの価値である。データの価値は，希少性＝他では得られないこと，信頼性＝間違いの無いこと，網羅性＝必要な項目をカバーしていること，で定まると考えている。プロジェクトで測定されるデータは，これらの条件を備えていると信じているが，客観的に評価できるのであればそれに越したことは無い。希少性，網羅性についての客観評価は容易ではないが，信頼性については，次世代シークエンサーによるリード配列の品質検査という意味で，データベース構築の立場から貢献できると考えている。本データベースでは，データベースへのデータ登録時に，次世代シークエンサーによるリード配列であれば，品質検査ツールFastQC[2]でゲノムマッピング前の品質検査を実施し，さらにイルミナ社製シークエンサーによるリード配列であればゲノムマッピング後の項目も考慮した品質検査（csDAI）を実施する。品質検査結果は，生データに付随する情報としてデータベースに併せて登録される。csDAI特有の品質検査指標を以下に列挙する：

- Tile毎のread数と完全一致paired-end read削除後のinsert数
- Tile毎の各塩基の割合（左縦軸：N，右縦軸：A，T，G，C）
- Tile毎の塩基種毎の平均Q-value
- STARでsoft clip及びhard clip無しでマップされたreadのcycle毎の塩基種毎のミスマッチの割合
- STARでsoft clip及びhard clip無しでマップされたreadのtile毎の塩基種毎のミスマッチの割合
- Tile毎のsoft clip及びhard clip無しでマップされたread数（左縦軸）及びsoft clip及びhard clip有りでマップされたread数（右縦軸）の割合
- STARによるinsert lengthの分布

5　標準化データベースの構築

標準化データベースの構築において最も大きな課題がメタデータスキーマ作成である。前述したように，多種実験データを格納することからスキーマがカバーする領域は膨大で，開発初期から完璧なスキーマを用意することは不可能に近い。したがって，スキーマを柔軟に拡張可能な状況に保ちつつ，登録・検索などデータベースとしての基本機能を実現する方法を考える必要がある。そこで，一度スキーマを定めると修正が難しい表形式とはせず，柔軟なkey-valueストアを採用した。図1に表形式とkey-valueストアの比較を示す。階層構造はkey-valueストアではそのまま表現可能であるが，表形式では複数の表を連携させて表現する。階層構造が深くなると連携が複雑になり論理エラーのリスクが高まることから，スキーマの拡張が頻繁に生じるケースに対応することは難しい。

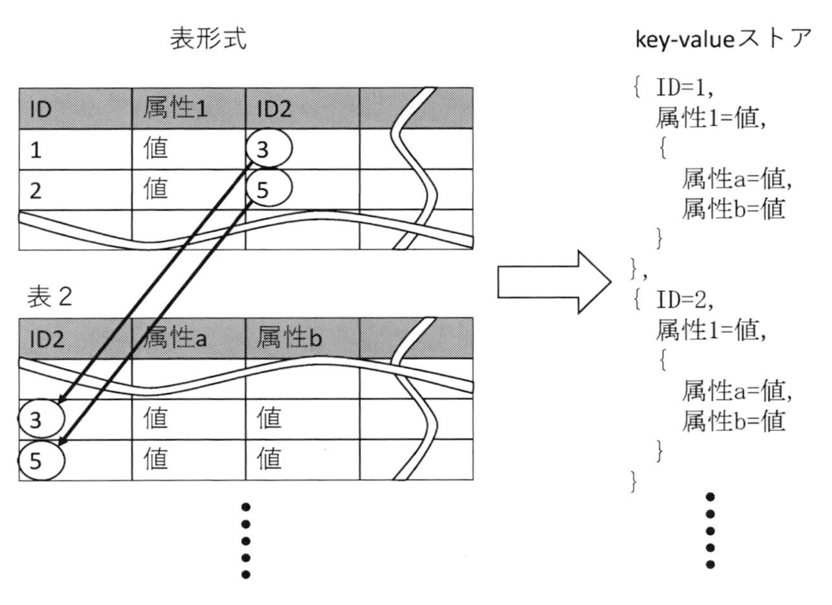

図1　表形式と key-value ストア

Key-value ストアによるメタデータ構造を実際のデータベースに実装するのに，我々はオープンソースデータベースとして実績のある PostgreSQL[3] を用いることにした。PostgreSQL は関係データベースに分類され，表形式データを主に扱う。表形式は高速な検索に向いている。一方，key-value ストアに特化したデータベースで実績のあるものは，あまり知られていない。当初は KBase で使用されている MongoDB[4] を想定したが，まだ開発途上のシステムであることから採用を見送った経緯がある。一方，PostgreSQL は，近年 key-value ストア形式にも対応しており，実用的なデータベースとしては申し分ない選択肢である。PostgreSQL の key-value ストアは，JSON（JavaScript Object Notation）形式のデータによってサポートされる。JSON はデータ構造を記述するのによく用いられる。図1に示す key-value の関係を JSON 形式で記述し，データベースに格納するだけで，key-value ストアが実現する。よって，本データベースは検索の高速性が求められる機能は表形式を使い，拡張性が求められる機能は key-value ストアを使うことで，最大限の機能性実現を目指す。

メタデータスキーマ設計において，最終的には JSON にてスキーマを記述することを想定していたが，スキーマの規模が大きくなるにつれ JSON では解決できない問題が生じてきた。問題点は2つある。ひとつは，スキーマの JSON ファイルが巨大になっても，複数の JSON ファイルに分割できない点，もうひとつは，既に定義されたデータ構造を継承することができない点である。いずれも，スキーマの規模が大きい場合に問題となる。最近，JSON のこれらの問題を解決するために Google が Jsonnet[5] を開発した。Jsonnet では，前者の問題には import 機能を，後者の問題には継承機能を提供していることから，本データベースのスキーマ設計の解決策となりうる。スキーマ設計はJsonnetで，実際のkey-valueストアはJSONで行うことになる。

6 スマートセルデータベースの将来像

本プロジェクトの先には育種の自動化，スマート化がある。これを実現する一つの方法として，仮説を自動的に導くデータベースを思い浮かべたい。育種における仮説とは，どの制御因子を上げ下げするかということである。現在，既知のパスウェイデータベースから制御因子を推定する作業を人手で行っている。新しい測定結果が得られれば，それに応じてパスウェイデータベースを更新したいところだが，この作業を担う情報システムが存在しない。本データベースの更新作業も手作業によるものがほとんどである。これらを自動化するためには，情報システムが新しく測定されたデータとパスウェイデータベースとの関連性や意味を把握できるよう高度化される必要がある。これを実現するのがセマンティック技術である。具体的には，情報システムを連携させるのに，情報システムが互いの入出力の意味を把握できるようにして，自動で連携できるようにする技術である。セマンティックな連携を可能にするためには，各情報システムのメタデータが必要である。ここでのメタデータは，本データベースで扱うメタデータと本質的に同じものである。すなわち，本データベースで仔細に登録しようとしているメタデータは，情報システムのセマンティックな連携において大きな役割を持ち，それは育種の自動化，スマート化のための有効な手段である。

7 最後に

データベースの設計概念についてはプロジェクトの中でもあまり話す機会が無いため，本章をお借りして簡単ではあるが概説を試みた。開発中のデータベースが開発者の努力に見合ったものになり，スマートセルプロジェクトに貢献できるよう頑張りたい。

文　献

1) The Department of Energy Systems Biology Knowledgebase (KBase) https://kbase.us/new-to-kbase/
2) FastQC https://www.bioinformatics.babraham.ac.uk/projects/fastqc/
3) PostgreSQL https://www.postgresql.org/
4) MongoDB https://www.mongodb.com/jp
5) Jsonnet https://github.com/google/jsonnet

第２編
情報解析技術

第1章　代謝系を設計する情報解析技術

1　新規代謝経路の設計

荒木通啓[*1]，白井智量[*2]

1.1　はじめに

近年の合成生物学・代謝工学技術の進展に伴い，アルテミシニン前駆体（Amyris），1,4-ブタンジオール（Genomatica）に代表されるように，様々な化合物に関して，バイオ生産性向上を目的とした新規代謝パスウェイが開発されてきている。一般に，新規代謝パスウェイの開発は，属人的発想をもとにした試行錯誤プロセスであり，今後さらに成功率を向上させていくためには，Computer Aided Design（CAD）活用のように，予め情報解析技術を利用した代謝パスウェイの設計ニーズが高まってきている。実際に，KEGG・BRENDA 等の各種データベースには，代謝パスウェイに関する豊富な知識が蓄積されてきており，上述の先行事例においても生物・化学情報解析による知識抽出が重要な役割を果たしてきている。

代謝パスウェイの生物・化学情報解析には，ゲノム情報解析・代謝フラックス解析など，利用データとその目的に応じて実に様々なアプローチが提案されてきている。我々の研究では，新規の代謝パスウェイを設計し，既知の代謝パスウェイ知識を拡張していくために，化学情報（ケモインフォマティクス）解析を中心とした新規の代謝パスウェイの設計基盤を開発している。一般に，代謝パスウェイ情報のように膨大なデータの情報解析においては，計算効率と実効性の観点から情報の取捨選択が必要であるが，本稿では実効性のある代謝パスウェイの設計基盤として，我々が開発している M-path（荒木）と BioProV（白井）を中心に紹介したい。

1.2　代謝経路設計ツール(1)：M-path

情報解析による新規の代謝パスウェイの設計基盤を構築していくためには，予め代謝パスウェイ情報から必要とされる情報を整理し，独自のデータベースを構築しておく必要がある。代謝パスウェイ情報は，化学・反応情報と酵素・遺伝子情報の各データベースから構成されており，各情報の関係性の記述に関しては，それぞれのデータベースエントリ中に記述されている。また，KEGG 代謝マップに見られるように，ネットワーク形式で可視化できるように工夫がなされているが，代謝パスウェイの生物・化学情報解析においては，化学・反応と酵素・遺伝子の各デー

＊1　Michihiro Araki　京都大学大学院　医学研究科　特定教授；
神戸大学　大学院科学技術イノベーション研究科　客員教授
＊2　Tomokazu Shirai　(国研)理化学研究所　環境資源科学研究センター
細胞生産研究チーム　副チームリーダー

タベースから必要な情報を抽出していく作業が必要となる。我々が取組んでいる化学情報（ケモインフォマティクス）解析を中心とした新規の代謝パスウェイの設計では，化学反応に関する化学構情報として KEGG・PubChem データベースから情報抽出を中心に行い，酵素・遺伝子情報（KEGG・BRENDA データベース）に含まれる酵素（EC）番号・反応情報・生物種・配列情報等は副次的に利用している。特に，PubChem データベースには 1 億超の化合物が収載されており，新規の代謝パスウェイ設計の観点から，従来の代謝関連データベースには存在しない化学情報を付加していくことが期待できる。

化学情報解析による代謝パスウェイ設計の成否は化学・反応情報の定義とそれに伴う設計アルゴリズムの選択に大きく依存する。一般に，化学情報データベースには，構造データとして MOL・SMILES・InChI などの各データフォーマットがサポートされているが，こうしたデータ形式をもとに独自の化学構造の表現方法を開発している。具体的には，代謝パスウェイ設計に必要と考えられる情報の取捨選択を行い，各化学構造について MOL_Code をもとにした特徴ベクトルの形式に変換し，反応に関わる化合物ペアの構上の差を差分ベクトルとして表現することで，計算機上で効率的に扱いやすい化学・反応情報へと変換している（図 1）。

KEGG 代謝マップでは，既知情報を集積したリファレンスマップを提供しており，そこには様々な生物種の情報が包含されている。新規の代謝パスウェイの設計では，こうしたリファレンスマップに未知の化合物・酵素反応を付加していくイメージのもと，代謝パスウェイ知識の拡張を目的としており，問題設定としては，既知反応情報の網羅的な組合せ探索ならびに既知情報を

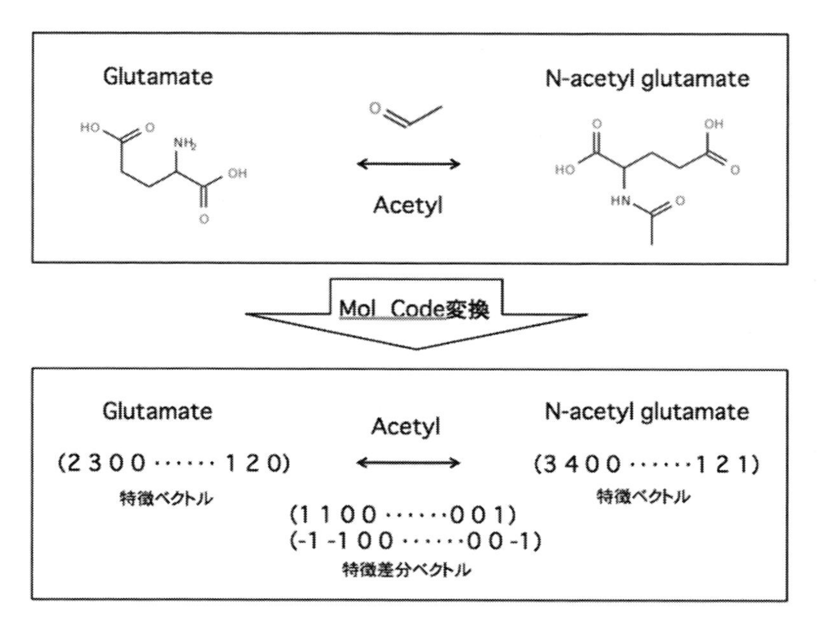

図 1　化学構造・反応情報の変換例

元にした反応推定と化合物アサインという点について検討することとした（図２）。

未知の化合物・酵素反応を含む新規の代謝パスウェイの設計には，既知の反応情報をもとに，開始化合物から目的化合物に至るまでの代謝パスウェイ候補を出力していくプロセスが必要となる。方法としては，化学・反応情報（特徴ベクトル）を利用して，逐次的に反応と化合物を出力していく従来法に加え，独自に反応組合せを計算し，効率的に代謝パスウェイを出力する方法を開発した。

上述の代謝パスウェイの設計技術をもとに，汎用的に利用できる設計ツールを開発している。当ツールでは，出発化合物と目的化合物を入力するなどの簡単な操作で，代謝パスウェイの探索

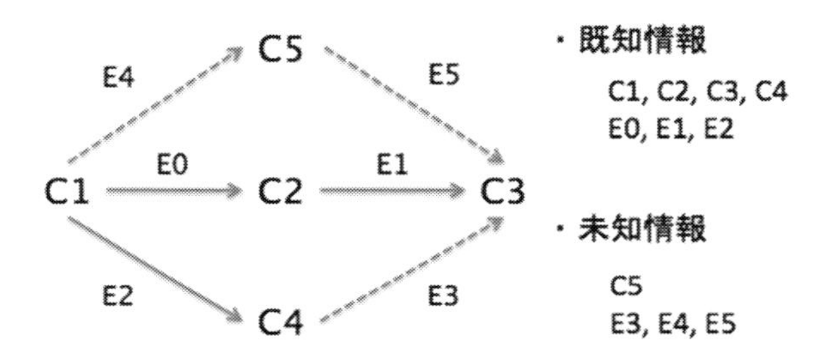

ルート(C1_C2_C3)：既知ルート

ルート(C1_C4_C3)：酵素(反応)未知ルート

ルート(C1_C5_C3)：化合物、酵素(反応)未知ルート

図２　代謝設計バリエーション

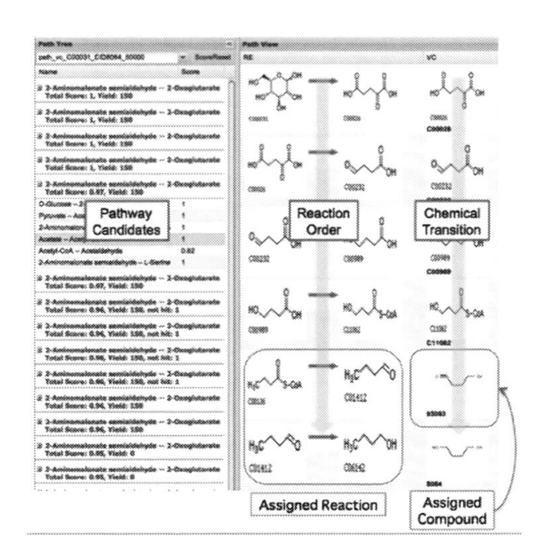

図３　代謝設計ツール：M-path

を開始することができ，結果画面上には，計算機上で構築された代謝パスウェイの候補リストが，ランキング指標とともに表示される。また，別カラムにはパスウェイ中に出現する化合物の化学構造が表示され，一目でパスウェイの流れ，すなわち化合物の化学構変化が理解できる。これにより，直感的な操作で候補パスウェイ評価と効率的なパスウェイ選択が可能となっている。

1.3　代謝経路設計ツール(2)：BioProV

本ツールの概要は以下の通りである（図4）。

(1)　KEGG（http://www.genome.jp/kegg/）や BRENADA（http://www.brenda-enzymes.org/）といった代謝反応・酵素反応が格納されているデータベースから，個々の酵素という概念を外し，化学反応パターンだけを記述した。そして，同様の化学反応パターンをひとつの化学反応として再分類化し，コンピュータに学習させた（図4(a)）。

(2)　学習の方法としては，各反応において，前駆体と生成物をSMILESという表記方法で記述し，その反応メカニズムをSMIRKSという方法で全て記述した（図4(b)）。

(3)　実際のシミュレーションにおいては，目的化合物をSMILESで記述し，インプットデータとする。そして，それをもとにランダムにかつ網羅的に前駆体を逆合成していく。その逆合成された前駆体の中に，生体内での存在が既知の化合物が出てくるとシミュレーションが成功となる。つまり，その既知の生体化合物を出発物質として，設計された人工代謝反応を実現する

(a) 約3,000の既知の酵素反応(i.e., EC number)を反応パターンに注目して400種類の反応に再分類化

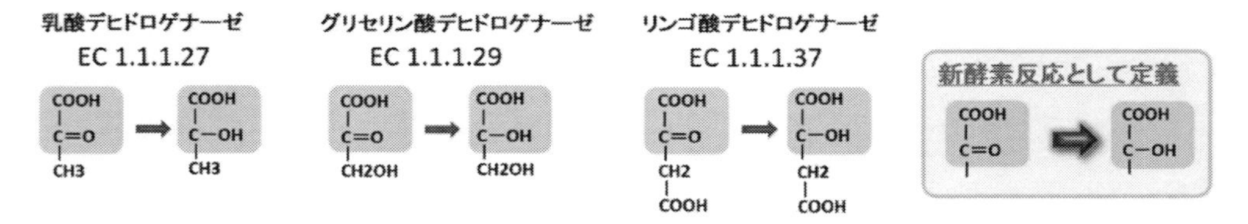

(b) 化合物と反応の定義・記述

化合物と反応の例

SMILES: 代謝化合物の記述

SMIRKS: 反応パターンの定義

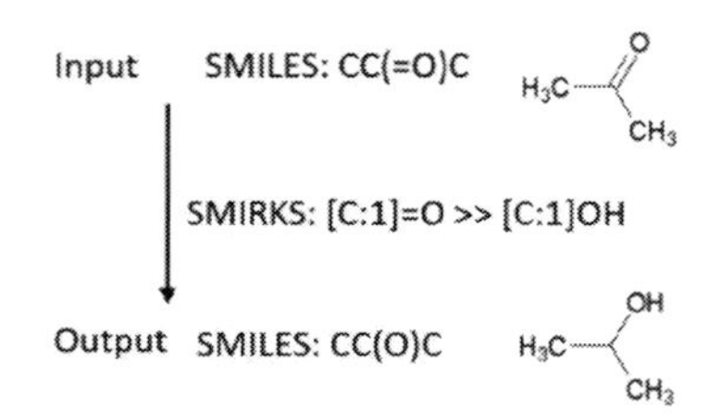

(c) 経路探索アルゴリズム

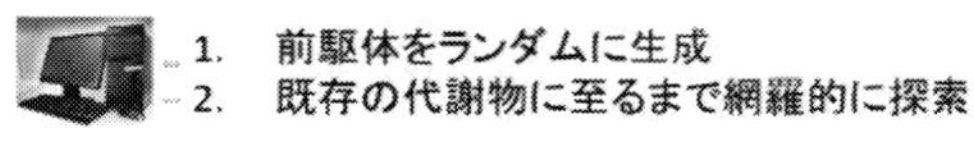

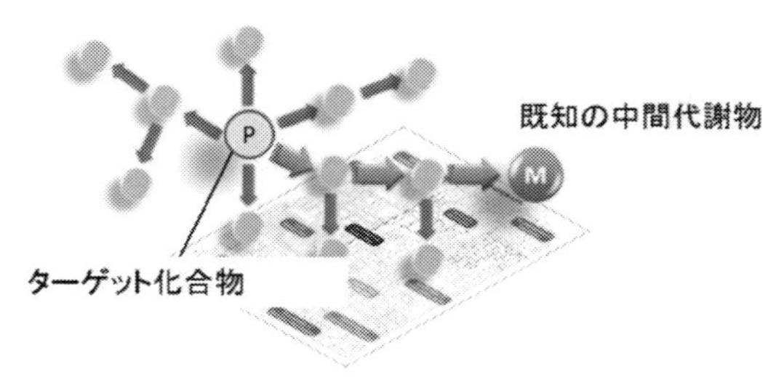

図4　人工代謝経路設計ツール（BioProV）の実装内容

ことができれば，目的の化合物が生合成できる（図4(c))。

得られた代謝経路構築に必要な酵素を創製していくには，大腸菌や酵母由来の雛型となる酵素を利用することができる。酵素の機能改変にはランダム変異などの確率論的なアプローチはあるが，酵素の構造に着目した合理的な設計技術が導入できる。基本的には酵素の以下の4つの部分に注目し，アミノ酸置換により，目的の酵素を合理的に設計・作成する。

① 基質の酵素内での通り道の変化
② 基質を酵素内で固定する部分の変化
③ 基質ポケットの変化
④ 活性中心の変化

酵素のそれぞれの部位に対してアミノ酸置換を施し，目的化合物の生成量を実際に検出したり，染色やUV検出可能なスクリーニング系を構築したりすることによって，各変異酵素の性能を評価することができる。評価の基準は次の2つである。(1)元の基質に対する活性が落ちていること。(2)目的の基質(M)に対する活性が高くなっていること。

このようにコンピュータシミュレーションによる人工反応の探索と人工酵素の合理的設計の有効性を示すことによって，それぞれの知見を積み重ねることで，さまざまな人工代謝反応の実現に向けて加速度的に応用していくことができる。

1.4　おわりに

冒頭でも述べたように，微生物細胞を用いて有用化合物を効率的に生産させるには，コンピュータ計算による細胞内の最適な代謝経路の設計は必要不可欠である。本稿では，新規代謝経路の設計ツールであるM-pathとBioProVについて紹介した。近年の代謝反応データの集積ならびに情報解析技術の進展により，こうした代謝設計ツールは世界中でも開発されてきており，代謝設計支援といった側面で一定の成果は出てきているものの，実際に物質生産への応用を考慮すると，より実用的な代謝設計，ランキング手法，新規反応推定といった観点からは，課題も山積といった状況である。今後さらに新規代謝経路設計で優位性を発揮していくためには，KEGG・BRENDAといった既存データベースから得られる以上の知識抽出と新規の酵素反応予測手法を開発していく必要があり，現在取り組んでいる状況である。

文　献

1） M. Araki *et al.*, *Bioinformatics*, **31**, 905-911 (2015)
2） S. Noda *et al.*, *Metab. Eng.*, **33**, 119-29 (2016)

2 代謝モデル構築と代謝経路設計

厨 祐喜[*1]，白井智量[*2]，荒木通啓[*3]

2.1 はじめに

代謝モデルを用いたシミュレーションは細胞内代謝の理解や有用物質生産の改善に資する菌株デザインにおいて有用なツールであることが知られている。中でもフラックスバランス解析（FBA）を用いたシミュレーションは，酵素濃度，反応速度論，制御関係などの情報を割愛し，化学量・物質収支をベースに細胞内の代謝物濃度は一定との定常状態の仮定を置くことで，より簡便に大規模な代謝系のシミュレーションを実行可能にした手法である。FBA で使用される代謝モデルの規模は徐々に拡大し，現在ではゲノムスケールモデル（GSM）と呼ばれる微生物の代謝の大部分を占める規模のモデルが提案されている。これにより，細胞内の炭素の流れだけでなく，エネルギーの生産・消費や酸化還元のバランスをも含めた代謝を最適に設計することも可能である。

特に最近では，ゲノムシーケンス技術と情報処理技術の革新により，ゲノムスケールレベルで全代謝反応をコンピュータ上に記述できるようになり，ある環境での微生物細胞の代謝の振る舞いを予測する技術が確立されている（ゲノムスケールモデル：GSM）[1)]。現在では，GSM を用いた細胞の代謝設計から，実際の実験による検証までをシステマティックに行い，ハイスループットに目的化合物の生産性を向上させる研究が盛んである。しかしながら，既存の GSM は，その構築にマニュアルキュレーションを必要としており，多大な時間と労力を要する上に，非天然化合物の生合成経路を予測・設計することはできない。また，宿主細胞以外が持つ代謝反応を利用した設計が困難でもある。本稿では，我々が開発している情報解析技術とその実施例について述べる。

2.2 代謝モデル構築

有用物質生産のための宿主の選択や代謝デザインの探索・提案には，複数の宿主候補で様々な菌株デザインについての代謝シミュレーションを実施する必要がある。代謝モデルを用いたハイスループットな菌株デザインの探索・提案には，まずベースとなる様々な宿主候補の代謝モデルを迅速かつ十分な予測精度を持つ状態で構築する必要がある。そこでそのためのツールとして，代謝モデルの自動構築ツール（GSM generator）を開発している。このツールは宿主微生物の名前，

＊1 Yuki Kuriya 神戸大学 大学院科学技術イノベーション研究科 学術研究員
＊2 Tomokazu Shirai （国研）理化学研究所 環境資源科学研究センター 細胞生産研究チーム 副チームリーダー
＊3 Michihiro Araki 京都大学大学院 医学研究科 特定教授；神戸大学 大学院科学技術イノベーション研究科 客員教授

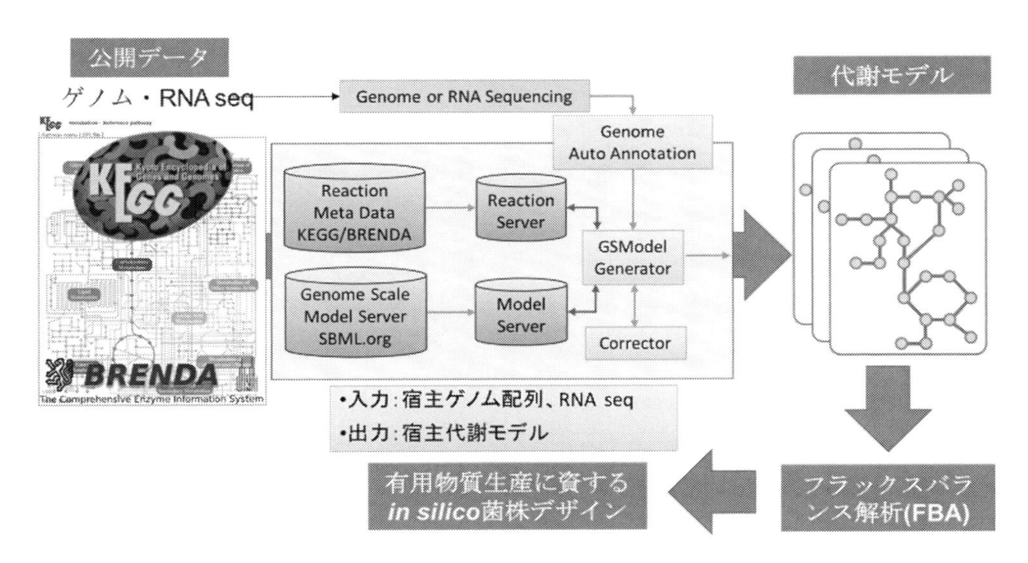

図1　代謝モデルの自動構築とその利用

ゲノム配列やRNA配列データなどを入力することで，自動アノテーションののち，KEGGなどの反応データベースを用いて宿主の持つ代謝反応を収集し，シミュレーションに利用可能な宿主の代謝モデルを出力することを目的としている（図1）。

現在のところ，反応データベースから収集して構築したラフな代謝モデルに必要な修正方策を施す形でシミュレーションに利用可能な代謝モデルを出力している。この際に用いた修正方策は先行代謝モデルや実験的知見が豊富な大腸菌の代謝モデル構築をケーススタディとして見出された。修正方策は以下の通りである。①生体高分子の重合・分解反応のように反応式の両辺に同じ化合物が存在する反応（例：dATP＋DNA－＞DNA）の一方の化合物を削除，②菌体増殖用のバイオマス合成の仮想反応の追加，③代謝物の輸送反応や菌体構成成分の生合成に必要な経路のギャップ（断絶）の補完，④熱力学的知見などを用いた代謝ネットワーク中の不適切なループ構造の解消。

そして，上記の修正方策をラフな代謝モデルに施すことで，これまでに大腸菌 *Escherichia coli* の他に有用物質生産によく用いられる宿主バクテリアであるコリネ型細菌 *Corynebacterium glutamicum*，放線菌 *Streptomyces lividans* で，シミュレーションに利用可能な代謝モデルを構築した。構築した代謝モデルを用いたシミュレーション結果は先行研究のGSMを用いたシミュレーション結果や実験データとの比較から概ね近い結果を出力していた。そのため，本ツールおよび使用した修正方策は代謝モデルの構築に有用と考えている。

代謝モデルの自動構築ツールについては，先行モデルや実験的知見が利用可能な様々な宿主候補の代謝モデルを構築し，モデルの構築手法としての妥当性・汎用性の検証を行いつつ，物質生産に向けた代謝設計を提案しているところである。また，培養プロファイルやオミクスデータを利用した代謝モデルの改善に着手しつつあり，このワークフローをうまく代謝モデルの自動構築ツールに組み込むことで，より有用物質生産の改善に資する代謝モデル構築が可能なツールとして期待できる。

2.3　代謝経路設計：HyMeP

既存のGSMでは，宿主細胞が持つ代謝反応の範囲内でしか代謝設計はできない。そこで，宿主細胞以外の生物が持つ代謝反応を網羅的に付加し，目的の化合物を効率良く生産するためのハイブリッドな代謝設計ができるツールを開発した[2)]。このツールの概要は以下の通りである。

(1)　KEGGデータベース（http://www.genome.jp/kegg/）にある全生物種の代謝反応から，利用する宿主細胞が持つ代謝反応を除いたものをデータベースとして格納する。

(2)　作成したデータベースから宿主細胞のGSMに接続する反応経路を選び出し，ハイブリッドな代謝経路（HyMeP）を構築する。

(3)　構築したHyMePを使って目的化合物を最大生産することのできる効率の良い代謝経路を設計する。

今回は，このHyMePをシアノバクテリアのモデルである *Synechocystis* sp. PCC6803に適用した（図2(a)）。この細胞のグリコーゲン代謝時のコハク酸生産収率は，1.0 mol/mol-glycogenである。しかし，HyMePを適用するとコハク酸の生産収率を約33％上昇させることができる。つまり，*Escherichia coli* などが保有しているisocitrate lyaseを導入することによって，本来ならTCAサイクルでCO_2としてロスしてしまう炭素を，上手くコハク酸生産につなげることができる。また，宿主を大腸菌にして上記HyMePを適用し，様々な有用化合物の理論収率を向上さ

(a)

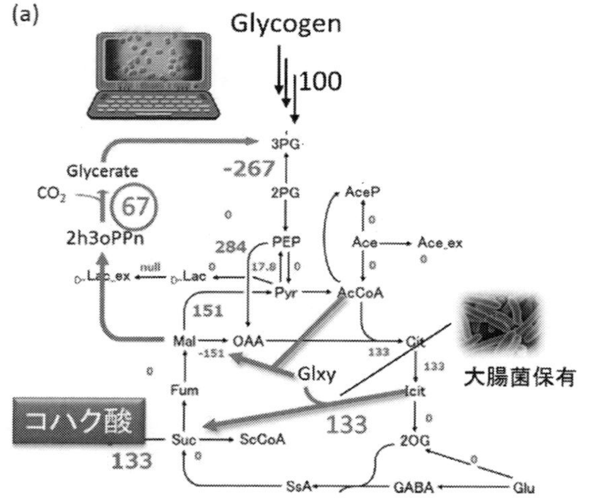

(b)

	理論収率 (g/g-Glc)		上昇割合 (%)
化合物	GSM	HyMeP	
2-プロパノール	0.33	0.49	48
メタクリル酸	0.48	0.55	14
イソブタノール	0.41	0.41	0
イソプレン	0.25	0.33	32
コハク酸	0.43	0.65	51
フマル酸	0.64	0.84	31

図2　HyMePの適用例 (a) *Synechocystis* sp. PCC6803のコハク酸生産における代謝設計，(b)大腸菌における各有用化合物のGSMとHyMePの収率比較

せる代謝設計ができることが明らかになった（図2(b)）。HyMePによる理想的な代謝設計図を描いた後には，既存のOptForce[3]やMOMA[4]などの，増殖および目的化合物への代謝を共に考慮したアルゴリズムを導入することで，より合理的な代謝設計が可能になる。さらに，実際の株の構築において，増殖のための代謝から目的化合物の生産に向けた代謝の変化を人為的に起こさせるような，代謝スイッチシステムの技術確立が望まれる[5]。

2.4　今後の課題

本稿では，代謝モデルの自動構築ツール：GSM generatorと，ハイブリッドな代謝設計により有用化合物の効率的な生産を可能にするツール：HyMePを紹介した。また，第2編1章1節の新規代謝経路設計ツール（M-path, HyMep）と併用していくことで，例えば石油由来の非天然の有用化合物を微生物細胞に生産させるための最適な代謝経路の設計が可能になる。しかし，現在これらのような代謝設計を行うツールは世界中で開発されており，もはやインシリコによる代謝設計だけでは研究開発においては優位に立てなくなってきている。今後は，目的物質に応じた宿主選択と代謝経路設計，設計された代謝経路を実現する酵素遺伝子探索と改変，遺伝子制御関係の改変等を含めた代謝デザインのトータルプロセスを設計するシステムの開発が必要であり，現在その開発に向けて取り組んでいる状況である。

文　　献

1）J. S. Edwards *et al.*, *Nat. Biotechnol.*, **19**, 125-130 (2001)
2）T. Shirai *et al.*, *Microb. Cell Fact.*, **15**(1): 13 (2016)
3）S. Ranganathan *et al.*, *PLoS Comput Biol.*, **6**: e1000744 (2010)
4）D. Segrè *et al.*, *Proc. Natl. Acad. Sci. USA.*, **99**. 15112-15117 (2002)
5）Y. Soma *et al.*, *Metab. Eng.*, **23**, 175-184 (2014)

3　微生物資源の有効活用

川﨑浩子*1，細山　哲*2，
寺尾拓馬*3，白井智量*4

地球上には，一兆種もの微生物が存在しているという予測が発表されている[1)]。人類がその存在を認識しているのは0.001％にしかすぎず，99.999％の新規の微生物が存在するということになる。既知とされている0.001％のうち，どれくらいの生物遺伝資源が利用されているだろうか。利用という面では，ほとんどが対象になっていないのが現実である。その理由には，それら生物種の入手が困難であったり，培養が困難であるという課題があり，応用研究の最初の段階であるスクリーニングの対象から外される場合がほとんどである。

一方，近い将来，バイオ技術とIT・AI技術の融合により，生命現象を解明し，生物機能を最大限活用することができるようになると期待されている。その一つが，スマートセル産業によるバイオ産業のイノベーションの実現である。スマートセル産業とはCRISPR/Cas9などに代表されるようなゲノム編集技術とそれをサポートする次世代シーケンス技術，オミックス技術，情報解析技術により，高度に機能がデザインされ，機能の発現が制御された生物細胞を用いた産業のことである。

現在，ゲノム情報の解析技術の進歩により，微生物ゲノム情報が充実しつつある。それを後押しするかのように，微生物分類学においても，新規微生物種を発見し命名する場合は，全ゲノム情報解析を推奨する動きがでている[2)]。生命現象の設計図はゲノム上に書かれていることを考えると，新規微生物を記載する際，全ゲノムの塩基配列情報を付帯する動きは，当然と言えば当然である。また，アメリカや中国を中心として，多様な微生物のゲノム解析の大型プロジェクトが進んでいる[3)]。世界的にも，今後益々微生物ゲノム情報が増大する状況にあり，多様な微生物のゲノム情報の利用が加速すると予想される。

このような背景から，我々の考えるスマートセルの構築に向けた取り組みの例を図1に示す。本稿では，この一連の系を補強するための生物資源の活用の可能性について紹介する。

＊1　Hiroko Kawasaki　㈱製品評価技術基盤機構　バイオテクノロジーセンター
産業連携推進課　課長
＊2　Akira Hosoyama　㈱製品評価技術基盤機構　バイオテクノロジーセンター
産業連携推進課　専門官
＊3　Takuma Terao　㈱製品評価技術基盤機構　バイオテクノロジーセンター
産業連携推進課
＊4　Tomokazu Shirai　（国研）理化学研究所　環境資源科学研究センター
細胞生産研究チーム　副チームリーダー

3.1　スマートセル構築のための生物資源の活用概略

基本的な考え方として，まずは製造したい物質（化合物）の生合成経路を予測するところから始まる（①代謝経路設計，図1参照）。既知の代謝経路を用いる場合は，遺伝子工学的手法を用いて，宿主となる微生物に代謝反応に必要な酵素をコードする遺伝子を導入し，生物工学的に生産性を高めていく。複数の遺伝子を導入したり，導入する遺伝子の塩基配列を改変しながら，最も高い生産性を示すものを作り込んでいく。我々が現在アプローチしている方法は，基質となる物質から目的とする化合物までの一連の代謝経路が見いだされていないものに対するアプローチである。まず，人工代謝経路の設計ツールであるM-Path[4]やBioProV[5]を用いて，ゲノム情報や代謝情報から，目的とする化合物への代謝経路予測を行う。M-Pathは，PubChemとChEBI（Chemical Entities of Biological Interest）から情報を取得したアミノ酸とケト酸様化合物について，計算により適切な合成系を推定したデータベースである。アミノ酸とケト酸様化合物の構造，組成，分子量と予測される代謝経路，その確からしさを示すスコアが収録されており，また，関連のある化合物の代謝経路を予測することができる。BioProVも同様に，公共データベース上の情報を用いて，非天然化合物を生合成できる人工代謝経路設計ツールである。例えば，基質Aから目的化合物Xまでの代謝経路に関して，既知反応として，A→B→C→Xという反応が

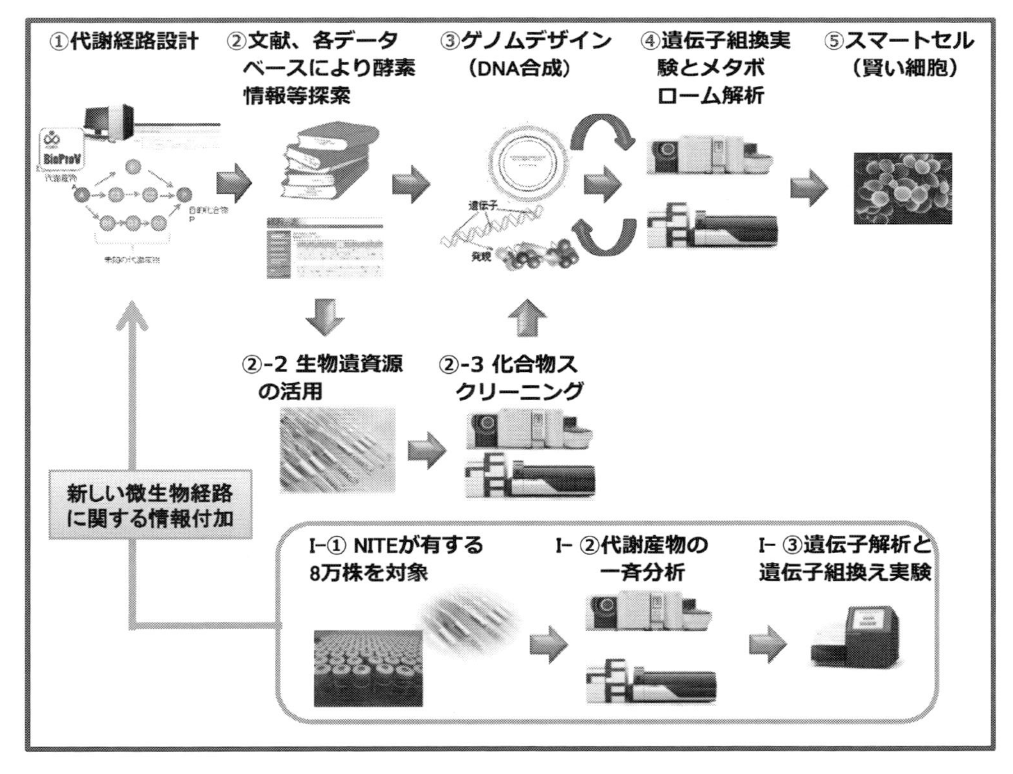

図1　スマートセル構築のための生物資源の活用

知られているとしよう。これらツールを用いることにより，A→D→E→Xとか，A→F→G→H→Xというような複数の新しい人工代謝経路を予測することができる。例えば，A→D→E→Xという人工代謝経路に対し，化合物AからD，DからE，EからXの反応を，それぞれ酵素ad，酵素de，酵素exが関与することが予測される。それぞれの人工代謝経路設計ツールの予測方法が異なっているため，導き出される代謝経路は完全には一致せず，異なる代謝経路が予測される場合もある。従って，複数のツールを用いることによって，より予測の幅が広がると考えられる。

次に，予測された生合成経路のひとつひとつの反応（例：酵素ad，酵素de，酵素ex）に注目し，文献調査に加え，酵素データベースBRENDA（BRaunschweig ENzyme Database）〈http://www.brenda-enzymes.org/index.php〉[6]，KEGG（Kyoto Encyclopedia of Genes and Genomes）〈https://www.kegg.jp/〉，MetaCycs[7]，EAWAG-BBD[8]，UniProt（UniProt, Consourtium）[9]を用いて酵素情報を検索する（②酵素情報等探索，図1）。必要に応じて特許情報の検索も実施している。予測された酵素反応について，どのような生物がどんな酵素遺伝子を有しているかを検索する。収集したアミノ酸配列情報から，InterPro（protein sequence analysis and classification）〈https://www.ebi.ac.uk/interpro/about.html〉を用いて，タンパク質のモチーフ構造を確認し，さらにその反応を司る新規の遺伝子候補を絞っていく。得られた酵素遺伝子のアミノ酸配列情報に対し，相同性検索を行い類縁のアミノ酸配列情報を収集し，分子系統解析を行いながら，目的の候補遺伝子を絞り込む。ある程度の数に絞り込みができれば，そのアミノ酸配列からDNA塩基配列をデザインしてDNA合成し，発現系ベクターに導入した後，宿主細胞に形質転換を行い，酵素活性を確認する。次に，関連する物質も含めた化合物の代謝を質量分析計等を用いて確認し，スマートセルを構築する（③，④，⑤，図1）。活性が認められた複数の候補遺伝子配列については，アミノ酸変異を加えるなどして，より活性が強いものや，導入遺伝子の組み合わせについて，質量分析計を用いたメタボローム解析の結果を見ながら，スマートセルの最適化を図っていく。

②酵素情報等探索で絞り込みが難しい場合，すなわち，該当する酵素の候補遺伝子や生物種が多すぎる，または目的酵素の活性が不確かである場合は，②酵素情報等探索から③ゲノムデザインの間に，生物資源（微生物株など）を活用する系を追加している（②-2/②-3，図1）。標的のアミノ酸配列情報を用いて，多様な微生物のゲノム情報からオーソログ遺伝子を有すると推定された微生物種について，実際に微生物を培養し（生物資源の活用），基質と反応させ，質量分析計を用いて活性の確認を行い，反応が確認できた微生物種を選抜し，そのゲノム塩基配列上から目的酵素をコードすると思われる遺伝子配列を取得し，遺伝子組換え実験により発現解析を行う。高い活性が認められた複数の候補遺伝子配列が，スマートセル構築の素材となる。生物資源の活用には，㈱製品評価技術基盤機構バイオテクノロジーセンター（NBRC）が保有する約8万株から選抜して使用している。

3.2　人工代謝経路設計ツールの機能向上への生物資源の活用

人工代謝経路を設計するツールであるM-PathやBioProVは，基本的には，公知の化合物情報，酵素情報，代謝情報を用いて，基質Aから目的化合物Xまでの新規代謝経路を推定することができる。すなわち，酵素情報がわからない全く新しい代謝反応経路については，予測するのが困難である。現在，すべての既知微生物の代謝情報が明らかになってはおらず，全ゲノム塩基配列が解読されても，すべての遺伝子についてアノテーションができているわけではない。さらに毎年多くの新種の生物が発見されていることを考えると，新規な種，すなわち新規の代謝反応が存在する可能性が大いに考えられる。もし，自然界に新規代謝経路が存在するのであれば，それら代謝情報（生物種，化合物，酵素，代謝経路等）は，ツールの設計材料となり，機能性向上に寄与できると考えている。

そこで，我々は，NBRCが保有する多様な微生物に対し，特に揮発性化合物に注目して，新規代謝経路の可能性について調査しているところである。調査対象は，水素，メタン，エチレンなどの低分子化合物からプロピレン，ブタジエン，プロパノール，ブタノールなど，計78種類（表1）の揮発性化合物である。微生物をバイアル瓶を用いて至適条件下で培養し，気相部分についてヘッドスペースガスクロマトグラフィー質量分析計（HS-GC/MS）を用いて，78種類の化合物の産生を一斉に測定している。同時に微生物を植菌していない培地のみを培養し（ブランク），微生物を加えた際の代謝産物量からブランクの代謝産物量を差し引き，明らかに産生量が増えている株を化合物産生の可能性があると判断している（I-①～③，図1）。

NBRCに保存されているNBRC株及びRD株のうち約700株について揮発性化合物の生産を調べた結果，それぞれの化合物に対し優位に産生している株を見いだすことができている。例えば，78種類のうちの酢酸の産生を見てみると，酢酸菌以外にも，*Lactobacillus*属，*Leuconostoc*属，*Enterococcus*属といった乳酸菌のうち数種において酢酸を産生しているのが検出できる。産生が認められた微生物種のゲノム上に，酢酸発酵に関わる代謝経路に関与する遺伝子が存在するかを調べてみると，関連する酵素に違いはあるものの確かに関与遺伝子の存在が確認され，既知の代謝経路を有していることが推定される。一方，アセトンの産生について調べてみると，グラム陰性菌からグラム陽性菌まで幅広くその産生が検出されており，産生が認められた微生物種のゲノム上のアセトン産生に必要な遺伝子を調べたところ，アセトンブタノール発酵で代表される*Clostridium butyricum*をはじめとする*Clostridium*属細菌の多くがアセトンを産生していて，生合成遺伝子もゲノム上に見出されている。一方で，乳酸菌の一種である*Leuconostoc*属，*Lactococcus*属，酢酸菌である*Acetobacter*属，*Gluconobacter*属，*Gluconacetobacter*属，バクテロイデス門の*Sphingobacterium*属，*Chryseobacterium*属もアセトンの産生が認められているが，これらのゲノム塩基配列上には，アセトン生成に関与する既知の遺伝子は全く見出されなかった（KEGG情報に基づく検索結果より）。このように，78種類の化合物産生調査において，生物種にその生合成経路が全く明らかにされていないにも関わらず，実際に微生物を培養して分析してみると，その化合物生産が確認される事例が数多く見いだされている。すなわち，これら

表1　HS-GC/MS 分析対象化合物名

No.	化合物名	No.	化合物名	No.	化合物名	No.	化合物名
1	Hydorogen	21	Acetone	41	n-Hexane	61	Prenol
2	Methane	22	Ethanethiol	42	Dimethylvinymethanol	62	Prenal
3	Ethylene	23	Dimethyl sulfide	43	n-Butanol	63	1-Pentanol
4	Acetylene	24	Carbon disulfide	44	Isopropyl ether	64	Toluene
5	Ethane	25	Isopropylethylene	45	Cyclohexane	65	Methyl isobutyl ketone
6	Hydrogen sulfide	26	2-Propanol	46	Methyl thiolacetate	66	Ethyl isobutyrate
7	Carbonyl sulfide	27	Isoprene	47	Isovaleraldehyde	67	3-Methyl-2-Pentanon
8	Propene	28	2-Methyl-2-butene	48	2-Methyl-butanal	68	Ethyl butyrate
9	Propane	29	1-Propanol	49	2,5-Dimethylfuran	69	Butylacetate
10	Propyne	30	Cyclopentane	50	2-Pentanone	70	Prenylthiol
11	Methanol	31	3-Pentanol	51	3-Pentanone	71	Isohexanol
12	Acetaldehyde	32	Isobutyraldehyde	52	Propyl acetate	72	Isoprenylacetate
13	Methanethiol	33	3-Methylfuran	53	Acetoin	73	Butyl isobutylate
14	Isobutane	34	Diacetyl	54	Dimethyl disulfide	74	Butyl butyllate
15	Isobutene	35	2-Butanone	55	1,1,3-Trimethylbutadiene	75	Isobutyl isovalerate
16	1-Butene	36	2-Methylfuran	56	Isovalericacid	76	Butyl isovalerate
17	1,3-Butadiene	37	Chloroform	57	Isoprenol	77	Isoamyl butylate
18	Butane	38	Ethyl Acetate	58	2-Methyl-1-butanol	78	Isoamyl caproate
19	Acetonitrile	39	Acetic acid	59	2MetBtOH+IsoAmOH		
20	Furan	40	Isobutyl alcohol	60	Isoamyl alcohol		

新規の代謝経路情報を収集し利用できる形にすることにより，人工代謝経路設計ツールを用いた新規代謝経路予測の機能性向上に貢献できるものと思われる。

人類の豊かな生活と環境保全のためにも，スマートセル産業への期待は膨らむところである。地球上に存在するとされる一兆種の微生物資源は，まさに生物遺伝資源であり，スマートセル構築に利用していきたいと考えている。我々の一斉代謝解析による化合物生産スクリーニングにおいて，難培養微生物や嫌気性細菌の方が，好気性細菌よりも未知機能を有する可能性の割合が高いという結果を得ている。ゲノム情報の取得が容易となり，分析技術も進歩したことにより，難培養微生物や嫌気性細菌の利用も大いに期待できる。以上のことから，スマートセル研究の対象として，多様な生物資源の活用を望むところであり，NBRCからも利用しやすい形での微生物資源の充実と提供を図りたいと考えている。

3.3　微生物資源の入手方法

ここでは，微生物資源の入手方法について紹介する。多様な微生物資源を入手するには，自らが自然界から微生物を分離する方法と他者から提供してもらう方法がある。スマートセル構築を目的に自然界から自ら生物資源を取得するのは，かかる時間と費用のコスト面，さらに専門的知識の必要性を考えると効率が悪い。他者から提供してもらう方法としては，国内外の微生物保存機関から入手する方法が最も簡便である。多様な一般微生物を保存し提供している機関としては，㈱製品評価技術基盤機構のNBRCや，理化学研究所・バイオリソースセンター・JCMがあるので利用いただきたい。その他国内には，特徴を活かした微生物保存機関も複数あり，詳細な情報は，生物資源学会（JSCC）〈http://www.jsmrs.jp/ja/〉やナショナルバイオリソースプロジェクト（NBRP）〈http://www.nbrp.jp/〉から入手可能である。また，海外には，ドイツ細胞バンク（DSMZ），ベルギーのThe Belgian Co-ordinated Collections of Micro-organisms（BCCM），フランスのパスツール研究所，American Type Culture Collection（ATCC）など多数あり，それら世界の微生物資源センター（カルチャーコレクション）情報は，世界微生物データバンク（WDCM）〈http://www.wdcm.org/〉から入手可能である。現在，世界の大小のコレクション，752機関情報が掲載されている。

NBRCには，約8万株の微生物（細菌・放線菌・アーキア・糸状菌・酵母・微細藻類・バクテリオファージ）及び約3万のヒト完全長cDNAクローンや微生物DNAクローンが保存されている。NBRCが提供する微生物は，NBRC株とスクリーニング株（RD株）と呼ばれる2つのコレクションがあり，それぞれ異なる生物遺伝資源が登録され，管理と提供に違いがある。NBRC株（菌株番号の前にNBRCがついている株）は，一般に広く公開された微生物のコレクションで，種レベルまでの同定がされているか，性状等の情報が付与されたものである。分類学的基準株や日本工業規格（JIS）や日本薬局方などの公的試験方法に規定された株もこちらに登録されており，全ゲノム情報も付加されているものも多数ある〈https://www.nite.go.jp/nbrc/cultures/nbrc/index.html〉。スクリーニング株（RD株）は，国内外の多様な環境から収集された微生物株（主に糸状菌，酵母，細菌（放線菌含む））が登録されており，属レベルまでの同定しかなされていない。1年毎の使用権により利用するもので，スクリーニング用として一度に大量の微生物株を利用したい方に適している〈https://www.nite.go.jp/nbrc/cultures/rd/index.html〉。現在，これら微生物資源とその情報の利用促進に向け，データベースの拡大（微生物資源プラットフォーム）を検討しており，生物資源センターとしてもスマートセル産業の発展に貢献できることを願っている。

文　　献

1） Locey, KJ. and Lennon, JT., *PNAS*, **113**(21) 5970-5975 (2016).
2） Chun, J *et al.*, *Int J Syst Evol Microbiol*, **68**(1): 461-466 (2018)
3） Wu, L *et al.*, GigaScience, **7**(1), inpress (2018)
4） Araki, M *et al.*, *Bioinformatics*, **31**(6): 905-911 (2015).
5） Shirai, T. and Kondo, A., *World Academy of Science, Engineering and Technology, International Journal of Biotechnology and Bioengineering*, **11**(3), 2017
6） BRENDA, The Conprehemsive Enzyme Information System., https://www.brenda-enzymes.org/index.php
7） Caspi, R *et al.*, *Nucleic Acids Research*, **42**(1): D459-D471 (2014).
8） Gao, J *et al.*, *Nucleic Acids Research*, **38** (Database issue), D488-D491 (2010).
9） UniProt, Consortium. UniProt: a hub for protein information". Nucleic Acids Research. **43** (Database issue): D204-D212. (2015).

4　代謝設計に向けた酵素選択

荒木通啓*

4.1　はじめに

合成生物学・代謝工学の技術の成熟に伴い，新たな代謝経路の設計・構築は，医薬中間体・バイオ燃料・バイオプラスチック原料を生産していくうえにおいても，必要不可欠な要素技術の一つとなってきている。代謝経路は，要素としての化合物情報・酵素情報とそれらを有機的に結びつける酵素反応のペア情報により構成されているが（図1），新たな代謝経路の設計・構築に関する研究（図1-①）は，属人的な酵素反応知識の拡大による研究が多く，必ずしも網羅的な知識を利用した研究ではない現状がある（図1-②）。

代謝経路の設計に向けた網羅的な情報解析技術については，新規代謝経路設計の項でも紹介したとおり，現在酵素反応知識を利用して，様々な設計フレームが開発されている（図1-③）。一方で，設計された代謝経路には，未知・既知を問わず推定された酵素候補が複数出現することになり，代謝経路を実際に構築していく上で，酵素遺伝子の選択が最も重要な課題となってくる。しかしながらこの点に関しても，現在のところ各人がKEGG・BRENDAといった各酵素反応データベースに拡散した情報，文献・特許情報をマニュアルで調査し，研究者の直観による意思決定がなされている状況であり，酵素遺伝子の効率的かつ信頼性の高い選択方法の開発が強く望まれている状況である。

4.2　代謝設計ツール：M-pathの利用

新規代謝経路設計の節でも述べた代謝設計ツール：M-path[1]では，設計された各代謝経路中

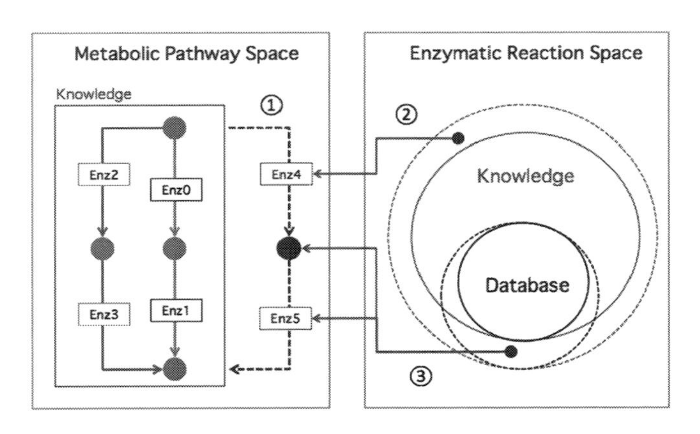

図1　代謝設計における酵素反応知識の利用

＊　Michihiro Araki　京都大学大学院　医学研究科　特定教授；
神戸大学　大学院科学技術イノベーション研究科　客員教授

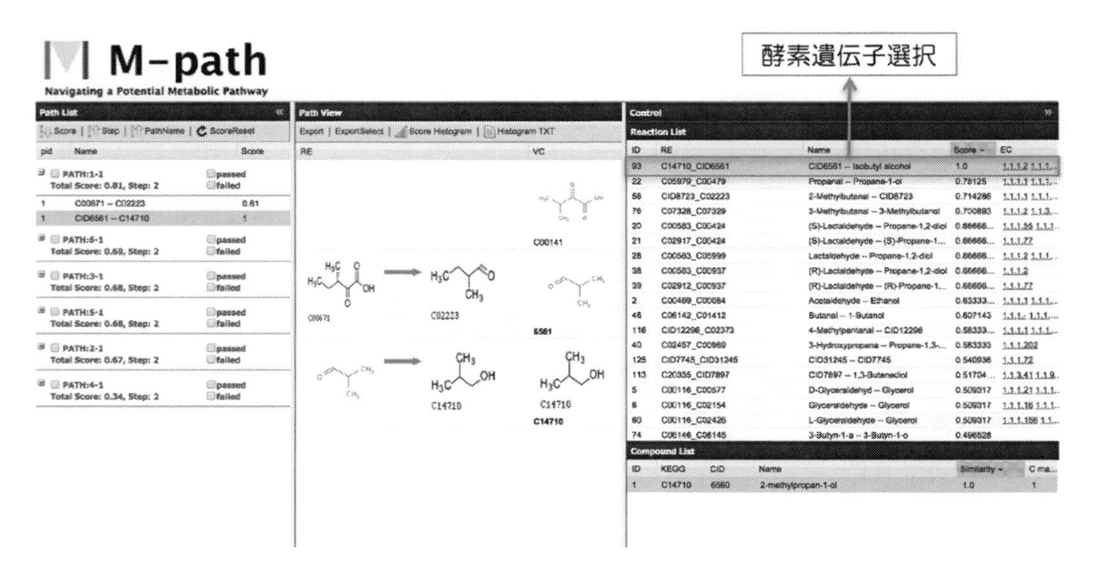

図２　M-path を利用した酵素遺伝子選択

の酵素候補遺伝子を提示するシステムとなっている。具体的には，新規代謝経路設計に必要な独自の酵素反応データベースを構築し，酵素反応情報としては，EC 番号，生物種，遺伝子情報，基質・生成物，補酵素情報，活性情報（kcat・Km），熱力学情報といった各基本情報のうち酵素遺伝子選択を行うために必要な情報を集積すると共に，データの質を確保していくための独自キュレーションを実施している。この酵素反応データベースをもとに，M-path の代謝経路設計では，アウトプットとして各代謝経路中の酵素遺伝子候補を提示することで，代謝経路を実装していく上での指針を与えている。また，この際に既知データベースに存在している反応についてはスコア表示を高く設定し，予測された反応に関しては，本来の既知基質・生成物と予測された基質・生成物の化学構造の類似度比較により，スコア設定を行っている。この場合，既知酵素の改変を前提としているが，酵素の基質特異性に依存して，そのままの配列を利用できる，といったことも想定しているが，基本的には酵素改変を前提として，その第一選択としての配列候補を挙げる，という前提である。

4.3　クラスタリング法の利用

上述の M-path のアウトプットは，基本的には酵素分類である EC 番号をもとに整理された情報を利用している。しかしながら，同様の EC 番号を有する酵素配列はその由来宿主・アイソザイムの存在に依存して，複数配列が候補となりうる。このような場合に，具体的に酵素配列を選択していくためには，さらなる情報解析が必要となる。その一例として，我々が取り組んでいるクラスタリング手法を利用した酵素遺伝子選択方法を紹介する。

図３に示すように，ある特定の EC 番号もしくは遺伝子名に対して，全く同質の酵素反応を行

酵素反応A

SUBSTRATE	PRODUCT	REACTION DIAGRAM	ORGANISM
(indol-3-yl)pyruvate	(indol-3-yl)acetaldehyde + CO2		Mycobacterium tuberculosis, Mycobacterium tuberculosis H37Rv
2-oxo-3-methylpentanoate	2-methylbutanal + CO2		Mycobacterium tuberculosis
2-oxo-3-methylvalerate	2-methylbutanal + CO2		Lactococcus lactis
2-oxo-3-phenylpropanoic acid	phenylacetaldehyde + CO2		Lactococcus lactis
2-oxobutanoic acid	propanal + CO2		Lactococcus lactis
2-oxobutanoic acid	propanal + CO2		Lactococcus lactis
2-oxobutyrate	propionaldehyde + CO2		Mycobacterium tuberculosis
2-oxoglutarate	CO2 + succinate semialdehyde		Bacillus subtilis
2-oxohexanoate	n-pentanal + CO2		Mycobacterium tuberculosis
2-oxohexanoic acid	pentanal + CO2		Lactococcus lactis
2-oxohexanoic acid	pentanal + CO2		Lactococcus lactis
2-oxoisohexanoate	CO2 + isopentanal		Bacillus subtilis
2-oxoisohexanoate	CO2 + isopentanal		Rattus norvegicus
2-oxoisohexanoate	? + CO2		Mycobacterium tuberculosis
2-oxoisopentanoate	CO2 + isobutanal		Bacillus subtilis
2-oxoisopentanoate	2-methylpropanal + CO2		Mycobacterium tuberculosis
2-oxoisovalerate	2-methylpropanal + CO2		Lactococcus lactis
2-oxopentanoate	n-butanal + CO2		Mycobacterium tuberculosis
2-oxopentanoic acid	butanal + CO2		Lactococcus lactis
2-oxopentanoic acid	butanal + CO2		Lactococcus lactis
2-oxopropanoic acid	acetaldehyde + CO2		Lactococcus lactis
3-(4-hydroxyphenyl)-2-oxopropanoic acid	(4-hydroxyphenyl)acetaldehyde + CO2		Lactococcus lactis
3-methyl-2-oxobutanoic acid	2-methylpropanal + CO2		Lactococcus lactis
3-methyl-2-oxobutanoic acid	2-methylpropanal + CO2		Lactococcus lactis
3-methyl-2-oxobutanoic acid	2-methylpropanal + CO2		Lactococcus lactis

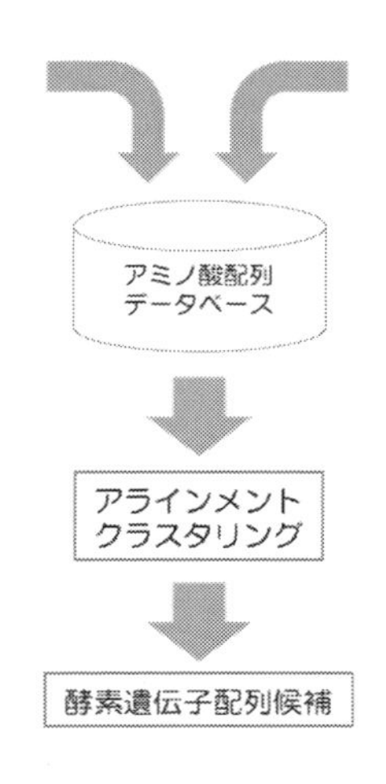

酵素反応B

SUBSTRATE	PRODUCT	REACTION DIAGRAM	ORGANISM
(+)-camphorquinoneone + NADPH	? + NADP+		Homo sapiens
(+)-camphorquinoneone + NADPH	? + NADP+		Sus scrofa
(-)-camphorquinoneone + NADPH	? + NADP+		Sus scrofa
(2E)-hex-2-enal + NADPH + H+	(3E)-2-hexen-1-ol + NADP+		Pelophylax perezi
(2E,4E)-hexa-2,4-dienal + NAD(P)H + H+	(2E,4E)-6-hydroxyhexa-2,4-dienal + NAD(P)+		Mus musculus
(2S)-methyl-1-butanol + NADP+	(2S)-methylbutanal + NADPH		Saccharomyces cerevisiae
(4-hydroxy-3-[3-methyl-3-butene-1-ynyl]benzaldehyde) + NADPH + H+	(4-hydroxy-3-[3-methyl-3-butene-1-ynyl]benzyl alcohol) + NADP+		Vigna radiata
(R)-2-butanol + NADP+	2-butanone + NADPH + H+		Pyrococcus furiosus
(S)-2-butanol + NADP+	2-butanone + NADPH + H+		Pyrococcus furiosus
1,2-cyclohexanedione + NADPH	? + NADP+		Gallus sp.
1,2-propanediol + NADP+	? + NADPH		Thermoanaerobacter ethanolicus
1,3-butanediol + NADP+	? + NADPH		Thermoanaerobacter ethanolicus
1,3-propanediol + NADP+	? + NADPH		Archaeoglobus fulgidus
1,3-propanediol + NADP+	? + NADPH		Thermococcus litoralis
1,3-propanediol + NADP+	? + NADPH		Thermoanaerobacter ethanolicus
1,3-propanediol + NADP+	?		Thermotoga hypogea
1,4-butanediol + NADP+	?		Thermotoga hypogea
1,5-pentanediol + NADP+	?		Thermotoga hypogea
1-butanol + NADP+	butanal + NADPH		Euglena gracilis
1-butanol + NADP+	butanal + NADPH		Saccharomyces cerevisiae

図3　クラスタリング法の利用

うものでも複数種類の宿主・アイソザイム由来の酵素配列候補が存在している。こうした状況のもと，代謝経路設計に必要な酵素候補遺伝子を選択していくためには，既存の知識・データベースの実績を調査し，ピンポイントに探索していく方法もあるが，新規代謝経路設計のようなケースについては，別のアプローチが必要である。また，実験検証を考慮すると，実効可能範囲の中で候補数を挙げていく必要があると同時に，ある程度の多様性を確保しつつ，代表的な配列を選択していく必要がある。このため，我々は酵素の候補アミノ酸配列を利用して，アラインメントを経て，系統樹を作成し，各配列を～数十クラスタに分類することで，その中からそれぞれの代表配列を抽出する方法を開発している。これにより，酵素アミノ酸配列の多様性を保持しつつ，実験検証に必要な任意の候補数の酵素配列を選定することができる。

4.4　機械学習法の利用

これまでに見出されている酵素反応種はEC番号で分類されているように相当数あるが，M-pathをはじめとするこれまでの代謝経路予測ツールにおいて，代謝経路ならびに酵素反応予測は，基本的には既知反応と反応様式が同じもので，基質特異性の違う酵素反応の予測に限定されている。こうしたツールでは，全く新規の反応様式を有する酵素反応について予測するのは困難である。一方で，代謝設計分野の進展により，物質生産においても比較的容易な代謝経路・酵素反応の予測については，新規性が失われつつある状況であり，新たな酵素反応の探索といった観点からの手法開発が望まれている。こうした取り組みの一例として，我々が現在取り組んでいる機械学習法について紹介する。

機械学習法は学習データをもとに，予測したいテストデータに対して判別・分類などを行う手法であり，近年のデータ量の増加，計算機性能の向上により，様々な分野で応用されている。本分野においても例外ではなく，機械学習法により，既知の酵素反応データをもとに学習を行い，新しい酵素反応を見出していくことができれば，非常に有用な方法となる。上記のクラスタリング法では，酵素配列のみを利用したアプローチであるが，我々は基質・生成物と酵素アミノ酸配列の組合せを考慮した機械学習法を開発している。

具体的には，基質・生成物の化学構造と酵素アミノ酸配列をベクトル化し，酵素反応としての正・負判別を行う判別器を作成し，新たな基質・生成物と酵素アミノ酸配列の組合せを有するテストデータに対してスコアを付して正・負判別を実施するというものである。一例として，図4に示すように，配列データのみでクラスタリングを実施したものに，機械学習法により判別された結果をマッピングすると（濃淡で表示），配列データのみを利用したものに比べて，多様な配列が選択されることが分かってきた。これにより，機械学習法を利用することにより，化学構造を考慮に入れることで，配列データのみでは分からない酵素反応の特徴を抽出することができるものと言えよう。今後，より精度の高い機械学習を行うためには，学習データの生産と質の向上が不可欠であると同時に，化学構造・酵素配列以外の情報についても加味していく必要があろう。

図4　機械学習とクラスタリング比較

4.5　おわりに

本稿では，新規代謝経路を設計・実装していくうえで，酵素配列の候補選択が重要である点とそれらをどのようにして選択していくか，について我々の取り組みを中心に紹介した。物質生産における代謝経路設計が多様化・高度化していく中，酵素改変の点からも，今後益々酵素遺伝子候補の迅速かつ簡便な選択手法が必要とされており，本稿で紹介した情報解析手法についても学習データのさらなる充実・高精度化と計算アルゴリズムの観点から開発を推進していく必要があり，現在取り組んでいる状況である。

文　　献

1)　M. Araki *et al.*, *Bioinformatics*, **31**, 905-911 (2015)

5 酵素の機能改変

亀田倫史[*1]，池部仁善[*2]

新規代謝経路の最適化を行う上で，その経路における適切な酵素候補の選択とその改変は重要なテーマの一つである。酵素選択に関しては，基質特異性（promiscuity）などを考慮した上で，多様な遺伝子リソースから候補を選択し，機能改変を実施する必要がある。酵素候補の推定・選択が容易ではないケースについては，酵素機能改変法の開発が重要となってくる。従来の手法としては，PCR法やファージディスプレイ法を利用して無作為に変異を導入する人工進化とも呼ばれる手法が広く用いられている。しかし，この手法は数多くの変異体作製・評価を行う必要があるため，目的の改変酵素を得るのに多大な時間と労力が必要となる。ハイスループットな酵素改変の手法を確立させるためには，変異を導入するべき残基を絞り込み，実際に作製・評価する改変酵素数を低減させる必要がある。

変異を導入するべき酵素の部位を理論的に絞り込む上で重要となるのが，酵素と基質が結合した立体構造（ドッキング構造）情報である。既にX線結晶解析やNMRによって目的のドッキング構造が明らかになっている場合は，酵素–基質間の相互作用に関わる残基を特定することで，機能改変を行うための変異候補を提案することができるようになる。ドッキング構造が明らかでない場合は，立体構造既知の酵素の表面上に基質の様々な立体構造配座を発生させ，その中から安定な結合配置を探索するドッキングシミュレーションを用いることで，ドッキング構造の高速な予測を行うことも可能である。しかし，上記のように酵素と基質を構造変化しない剛体として扱ったドッキング構造の解析では，酵素反応に伴う活性部位付近の立体構造の動き・構造揺らぎを考慮できず，その結合状態を正確に見積もることができない，といった問題があることが知られている（小規模の構造変化を考慮可能なドッキングシミュレーションプログラムも一部存在する）[1]。一方，酵素や基質を構成する各原子の相互作用を計算し，その動きを追跡することのできる分子動力学（MD）シミュレーションは立体構造変化を考慮することが可能な計算手法であり，構造の動的な情報を利用した酵素設計・改変が期待されていた[2]。この手法はドッキングシミュレーションと比べて大きな計算機資源と長い計算時間を必要とするため，これまでは計算機性能の面からその利用は阻まれてきたものの，近年ではMDシミュレーションを用いたタンパク質の高機能化に成功したという報告例が出始めている[3,4]。本節では，我々が行ったMDシミュレーションによる動的情報を生かした酵素改変の実行例を概説する。

シトクロームP450（以下，P450と略する）は微生物から動植物にいたるまで広く分布してい

＊1 Tomoshi Kameda （国研）産業技術総合研究所 人工知能研究センター オーミクス情報研究チーム 主任研究員
＊2 Jinzen Ikebe （国研）産業技術総合研究所 人工知能研究センター オーミクス情報研究チーム 産総研特別研究員

る一群のヘムタンパク質酵素である。P450は主にモノオキシゲナーゼ様式の酸素添加酵素活性をもち，様々な構造骨格を持つ化合物群を基質としている。具体的には，P450は脂肪酸代謝，解毒分解，薬物代謝，ステロイドホルモンの生合成などに関わっているほか，植物等から単離された複雑な化学構造を有する天然化合物の生合成に関与している重要な酵素である[5]。P450に触媒される水酸化反応は，一般的に位置選択性並びに活性の低い反応である[6]。つまり，代謝経路上にP450を導入すると，目標となる化合物以外の副産物も多く生産されてしまい，物質生産効率が低くなってしまう。そこで，立体構造がすでに解かれているP450の位置選択性や活性を向上させるための酵素改変をMDシミュレーションによる動的情報を元に行い，変異酵素の実験による実証を神戸天然物化学が行った（神戸天然物化学に関しては3編3章も参照）。

酵素P450に対する基質として，本研究ではリモネンの酸化反応をモデルとした。改変前のP450とリモネンの酵素反応を行うと，酸化反応位置の異なる複数の生成物を生じることから，リモネンの様々な部位がP450上の活性部位であるヘムと結合可能であると考えられる。しかし，P450の立体構造のポケット内部にはリモネンがヘムに接触するのを妨げるように残基側鎖が突出しているため，酵素の構造変化を考慮できないドッキングシミュレーションによるドッキング構造探索では，実験結果で見られた複数の生成物に対応するドッキング構造の多くを再現することができなかった。そこで，酵素と基質の構造変化を考慮できるMDシミュレーションを用いて，これらのリモネン-ヘムのドッキング構造を網羅的に探索した。

計算系として，酵素（P450），基質（リモネン），またそれらを取り囲む水分子をその周辺に球状に配置した系を構築し，MDシミュレーションを行った（図1）。まず，MDシミュレーションが実験結果を正しく再現できるのかを確認するため，P450のポケットにリモネンの光学異性体であるS体とR体を配置した2つのMDシミュレーションをそれぞれ実行し，計算結果と実験の比較を行った。

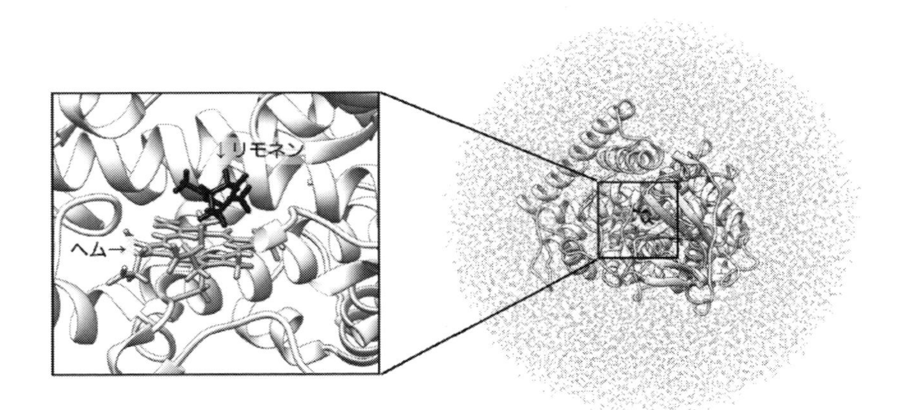

図1　分子動力学シミュレーションによる水球中のP450-リモネンドッキング構造

リモネンの S 体と R 体の両光学異性体それぞれをモデル P450 導入大腸菌にて微生物変換を行い，生成物を GC-MS を用いて分析すると，リモネンの 2，3，6，9 位が単独または複数個所が酸化された化合物が検出される。これらの酸化物でも最も特徴的なのは 3 位酸化物で，S 体では 6％なのに対して R 体では 38％検出される（図 2 左）。MD シミュレーションで R 体と S 体のリ

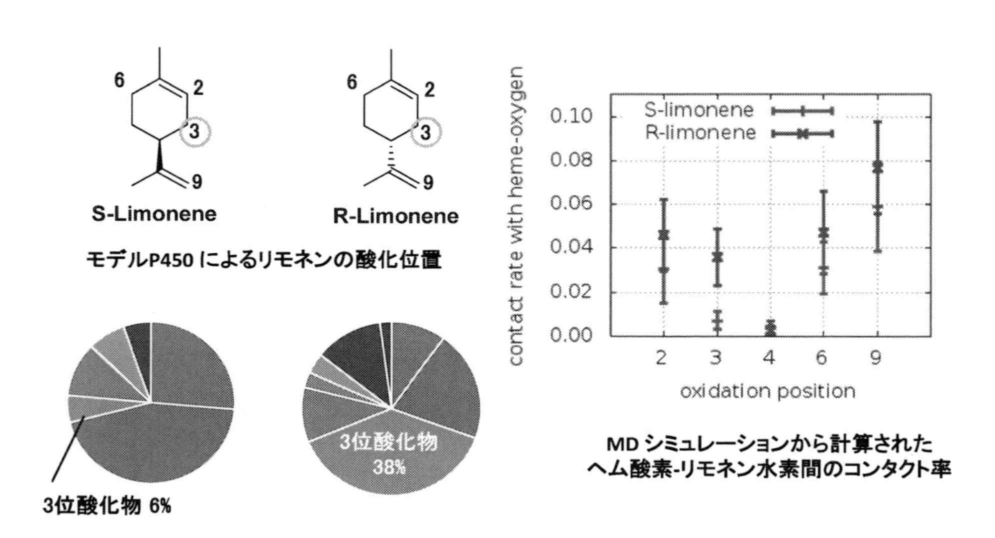

図 2　（左）モデル P450 による，S 及び R リモネン酸化物生成比，
（右）ヘム酸素－リモネン間のコンタクト率の比較

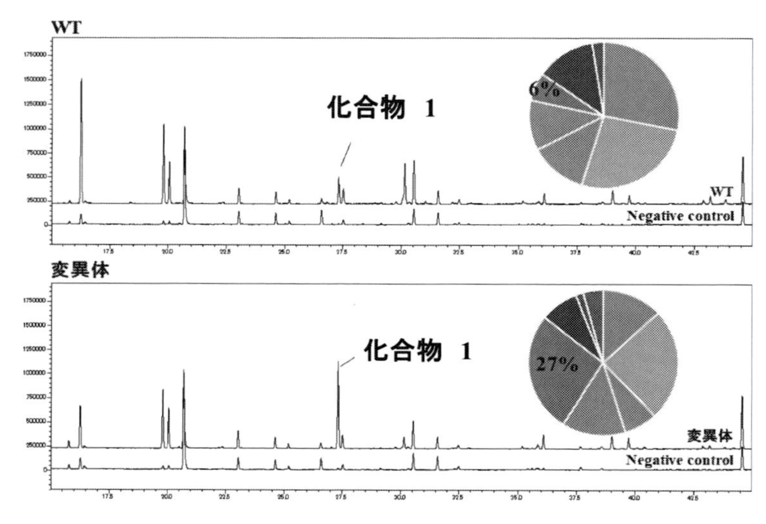

図 3　モデル P450（WT，変異体）によるリモネン酸化物生成比

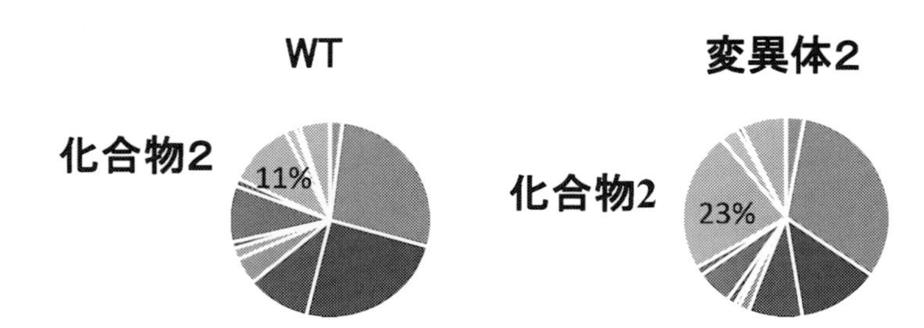

図4　モデルP450（WT，変異体2）によるリモネン酸化物生成比

モネンの酸化部位とP450の活性部位のコンタクト率について解析を行うと，実験と同様に*R*体の3位コンタクト率が*S*体に比べ有意に高い値をとることが示される（図2右）。以上の結果により，MDシミュレーションがリモネンの光学異性体の違いによる反応性の違いを正しく判別できる精度を持つことが確認された。そこで，リモネン–ヘム酸素の結合様式を元にして，P450の改変を行い実証したところ，特定の酸化物の割合や反応率が増加した変異体を取得することに成功した（図3，図4）。現在も，さらなる高機能改変P450の創出を目指し研究を進めている。また，P450以外の酵素改変にも取り組み始めている。

文　　献

1）N. S. Pagadala *et al.*, *Biophys. Rev.*, **9**, 91 (2017)
2）D. Gioia *et al.*, *Molecules*, **22** (2017)
3）H. J. Wijma *et al.*, *Angew. Chem. Int. Ed. Engl.*, **54**, 3726 (2015)
4）S. C. Dodani *et al.*, *Nat. Chem.*, **8**, 419 (2016)
5）大村恒雄ほか，P450の分子生物学（第2版）(2009)
6）M. K. Julsing *et al.*, *Curr. Opin. Chem. Biol.*, **12**, 177 (2008)

第2章　遺伝子発現制御ネットワークモデルの構築

油谷幸代*

1　はじめに

本章では，スマートセル実現のための遺伝子発現制御ネットワークモデルについて説明する。スマートセルでは，微生物における有用化合物生産能を最大化・最適化し，産業利用可能なレベルまで到達させることを一つの目標としている。そのためには，第一に物質生産時に微生物細胞内で機能している細胞内のプレーヤーを明らかにすることが必要である。さらに，それら細胞内プレーヤーがどのように協同的に働いているかを明らかにし，物質生産プロセスを一つの制御システムとして理解する必要もある。これにより，その細胞が生来持っている生体プロセスを徹底的に効率化することが可能になり，産業利用レベルまで細胞の物質生産能を最適化させることが可能になると考えている。このように，細胞の持つある機能について理論的に設計し，求める機能を保有した微生物細胞を創成することこそ，スマートセルの目指すものである。

2　遺伝子発現制御と物質生産理由

スマートセルでターゲットとしている生産物質は，①タンパク質，②化合物，の2種類に大別される。タンパク質の生産については，一般的には大腸菌等にターゲット物質（タンパク質）の遺伝子を導入して大量生産を実現することが多い。しかし，すべての物質が大腸菌で生産可能というわけではないうえに，ターゲットとするタンパク質の種類によっては，宿主微生物に単に遺伝子を導入しただけでは，目標とするタンパク質量が得られない場合も多々ある。これは，特に産業利用を目的とした物質の多くは，微生物にとっては必須のものではないことが多く，そのため，通常状態ではそのタンパク質を極端に多く生成するようなプロセスは働いていないことに起因する。そこで，このタンパク質を生産している生体内での特異的なプロセスを明らかにすることが必要となってくる。タンパク質の生産量はコードしている遺伝子の発現量と関連していることから，まずはターゲットとする遺伝子の発現制御関係をネットワークモデルとして表現することで，その生産プロセスを明らかにすることが可能になると考えられる。

ターゲットとする物質が化合物の場合は，もう少し複雑である。歴史的には，微生物による物

---

* Sachiyo Aburatani　(国研)産業技術総合研究所　生体システムビッグデータ解析オープンイノベーションラボラトリ（CBBD-OIL）創薬基盤研究部門（兼）副ラボ長

質生産能を向上させるための生合成経路の制御は実験的に数多く行われてきた。しかしながら，生合成経路を制御しただけでは目的とする収量の実現が難しいことが多い。その原因の一つとして，生体細胞における複層的な制御システムがあげられる。生合成経路を最適化するためには，第一に岐路選択によって不要経路を排除した最適なルートを探索し，さらに最適ルートでの収量バランスを最大化する必要がある。このとき，収量バランスを最大化する一つの方法として，代謝経路上の各化学反応をつかさどる酵素タンパク質の量の調節が考えられる。この時，複数の酵素タンパク質量を同時に調節する必要が生じる。そこで，複数のタンパク質の遺伝子発現制御関係を表現したネットワークモデルを構築することで，最適な酵素量バランスを実現するために必要な遺伝子操作が明らかになると考えられる。

3　遺伝子選択手法の開発

遺伝子発現制御ネットワークモデルの構築は「遺伝子選択」と「ネットワーク構造推定」の2段階から構成される。このうち，「遺伝子選択」はネットワークモデルを構築するうえで最も重要であるといっても過言ではない。先に述べたように，微生物細胞が行っているある現象をシステムとして理解し，それを最適化するためには，そのシステムを構成している因子（遺伝子）を的確に把握することが第一である。現在トランスクリプトーム測定技術の進展によりRNA-Seq等によって細胞内における遺伝子発現量は網羅的に測定可能であり，ある種の数理モデルでは，そのほとんど全てを網羅したネットワークモデルを構築することは可能である。しかし，この場合細胞の生命維持等の機能に寄与する遺伝子発現制御関係までを網羅した極めて煩雑なモデルとなってしまい，物質生産プロセスが網羅的モデルにおいてどこに位置するかが不明となってしまう。

スマートセル実現のためには，まずは目的とする機能である物質生産に寄与する遺伝子群をトランスクリプトームデータから同定する技術が必要である。そこで，基本的には集合論を元に，システマティックにデザインされた実験を実施してもらい，そこで測定されたトランスクリプトームデータから，物質生産量と相関の高い遺伝子群を選択する手法の確立を行った。これまでの結果から，トランスクリプトームデータが大量（＞100）にある場合には，

① 生産量の高低によって実験を複数の群に分類

② 多群検定によって発現に変化が見られた遺伝子群を抽出

③ それぞれの群内において，各実験における生産量の推移と遺伝子発現量の推移に相関がみられる遺伝子群を，物質生産量に寄与する遺伝子であると推定

の3段階で遺伝子選択を実施した場合，最も効率よく物質生産に寄与する遺伝子群を選択できると考えられた。

また，トランスクリプトームデータが少数（＜100）の場合には

① 遺伝子毎にデータの正規化（対数変換→Zスコア化）

② ターゲット遺伝子の積率相関算出

③ 相関係数のt検定

が，ターゲット遺伝子と相関する遺伝子群の選択に最適であることが明らかになった。

ネットワークの構造推定アルゴリズムの制約から，上記どの場合でも選択される遺伝子群は全遺伝子の1％弱にする必要がある。そこで，現在は高生産・低生産それぞれの条件下での細胞において共通して，もしくは特異的に変動している遺伝子群の抽出時に設定する数値パラメータを算出し，各サンプルからの積集合値が全遺伝子の1％弱になるように，発現変動を判断するパラメータの自動推定する手法を開発している。また，目的関数としては最終ターゲットである物質生産量，もしくはターゲット遺伝子だけを設定することで，微生物種に依存しない一般化手法となっている。

4 ネットワーク構造推定

ネットワーク構造推定とは，一言でいえば遺伝子間の因果関係をネットワークモデルとして推定していく手法である。前項で選択された遺伝子群は，ターゲットとするタンパク質の生産量と相関している可能性が高い遺伝子群であり，選択された遺伝子群とターゲット遺伝子の関係性には方向性がない。よって，選択された遺伝子群がターゲット遺伝子の発現量を制御している可能性もあるが，逆にターゲット遺伝子の発現量の変動の方が，選択された遺伝子群の発現になんらかの影響を与える可能性も十分にある。そこで，これら選択された遺伝子群のうち，どれが物質生産プロセスにおいてターゲット遺伝子の上流に位置し，ターゲット遺伝子の発現量を調節する因子となりうるかを明らかにする必要がある。

遺伝子発現は，細胞内における物質密度勾配などの情報が核内にシグナルとして伝達し，イニシエーターとなるグローバル転写因子等をコードしている遺伝子の発現が行われる。これらの遺伝子発現は，結果として核内の転写因子タンパク質濃度を上昇させることで，他の遺伝子群の発現を促す。このようにドミノ式に遺伝子発現とタンパク質翻訳が行われることで，細胞の機能発現に必要なタンパク質が生産されている。現在，遺伝子発現量とそれに伴うタンパク質量を同時に測定する実験技術は存在しないことから，実験的に測定された遺伝子発現量のみから，ドミノ式に生じる遺伝子発現の連鎖をネットワークとしてモデル化する情報技術として，数多くの数理モデル（Boolean mode, PBN, GLN, Bayesian Network, DBN, RNN, Stochastic NN, Differential Equations, Relevance Network, State Space, SEM）が開発されている。これらの数理モデルは，モデルの複雑さや計算コスト，出力形式等でそれぞれ一長一短があると同時に，数理的解法として確立されたものでもその精度等の問題から一般法として確立されているものは未だ存在しない。

本研究では，いち早く数理的に確立され，特にトランスクリプトームデータから遺伝子発現制御ネットワーク解析が多く行われてきたBayesian Networkを基盤とし，そこに産総研で開発してきたSEMによるモデル最適化を組み合わせることで，より高精度なネットワーク構造推定を行っている。具体的には，先に選択された遺伝子群にターゲット物質生産に直結するターゲット遺伝子を加えた遺伝子群のトランスクリプトームデータを元に，それらの遺伝子間の制御構造をBayesian Networkによってモデル化している。ここで，Bayesian Networkには推定アルゴリズムが多数存在することから，データの種類や数から可能な限りの推定アルゴリズムを適用したモデル構築を実施している。それぞれのモデル化手法によって構築したネットワークモデルから変数間の制御関係を２項関係として抽出し，複数の数理モデルで共通して出現した２項関係のみから制御ネットワークモデルを再構築する。これにより，２つ以上の異なる手法によって構築したモデル構造の中で重複して出現した制御関係のみで構成された，より確からしい制御ネットワークモデルを初期モデルとする。この初期モデルに対し，さらにSEMを基盤としたネットワーク構造推定手法を適用することで，測定されているデータに対して最適化された構造を推定している。SEMを基盤とするネットワーク構造推定手法は，従来のネットワーク構造推定手法と異なり，推定した構造が測定データにどれだけ適合しているかを数値的に評価する適合度指標をいくつか有している。これらの適合度指標の値を評価することによって，推定したネットワーク構造群を客観的に評価し，より確からしいネットワーク構造を推定している。

推定したネットワーク構造を元に，ターゲット遺伝子の発現量を最大化するために必要な遺伝子操作の推定を行う。単純には，ターゲット遺伝子の上流にあり，かつターゲット遺伝子を誘導/抑制している遺伝子を探索する。特に推定したネットワーク構造におけるエッジの重みから，ターゲット遺伝子への影響が大きいと推定される制御遺伝子を改変候補として提案する。

5　実証課題への適用に向けて

遺伝子発現制御ネットワークモデル技術の開発と，実際への適用可能性を検証するため，本研究は３編１章および３編２章と協同して行っている。特に，本技術を一般化したうえで実用化レベルまで拡張するために，ターゲットとするタンパク質が１つの場合（例：３編１章），２つ以上の場合（例：３編２章）で検討し，各課題に対する評価実証実験系と連携しながら，構築した理論の評価を行っている。現在，各課題におけるモデル構築の第一段階が終了し，その検証結果が得られてきたところである。ここで得られた検証結果をもとに，より高精度なネットワークモデル構築を行う理論を構築中である。本研究で開発する手法およびそれによって明らかになることは，微生物生産の制御因子である遺伝子を調節するシステムであり，代謝モデルに基づいた物質生産制御システムと組み合わせた統合モデルの基盤となる。

第3章　遺伝子配列設計技術

1　情報解析に基づく遺伝子配列改変による発現量調節

亀田倫史[*1]，齋藤　裕[*2]，田島直幸[*3]，西宮佳志[*4]，
玉野孝一[*5]，北川　航[*6]，安武義晃[*7]，田村具博[*8]

酵素や抗体などの機能性タンパク質を産業利用するには，生産量増大のための高発現化や，高機能化が重要となる。また，代謝経路を作成するためには，その経路内にある生合成酵素，転写制御因子等に対応する遺伝子を導入する必要があるが，そのタンパク質の発現量を調節することによって，代謝経路の流量（化学反応量）を考慮した改変が可能になる。本稿では，配列改変によるタンパク質発現・機能制御法開発について述べる。

これまで用いられてきた配列最適化法は，主として宿主となる微生物のコドン頻度に基づいている。リボソームは，RNA からタンパク質を翻訳する際に，3塩基（コドン）を読み取り，それに対応する1個のアミノ酸を付加していく。1種類のアミノ酸に対応するコドンはアミノ酸の種類によって1～6種類あるが，それらのコドンがまんべんなく使用されることは少なく，使用される頻度が高いコドンと低いコドンが存在する。特に使用頻度が低いコドンはレアコドンと呼ばれ，レアコドンが多く存在する遺伝子のタンパク質発現量は低下することが知られている[1)]。例えば，アルギニンに対応するコドンは6種類あるが（CGA，CGC，CGG，CGU，AGG，AGA），大腸菌でのコドン使用率は，CGC（2.2％）と CGU（2.09％）が高く，AGG（0.11％）と AGA（0.2％）は極めて低くなっている。一方で，酵母で使用率が高いコドンは AGA であり（2.11％），レアコドンは CGG（0.18％），CGC（0.26％）と大腸菌と概ね逆の傾向を示している。そこで，タンパク質発現量を上げるために，宿主とする微生物のコドン頻度に合わせて，同じアミノ酸を

＊1～3　(国研)産業技術総合研究所　人工知能研究センター　オーミクス情報研究チーム
＊1　Tomoshi Kameda　主任研究員，＊2　Yutaka Saito　研究員，
＊3　Naoyuki Tajima　産総研特別研究員
＊4　Yoshiyuki Nishimiya　(国研)産業技術総合研究所　生物プロセス研究部門
分子生物工学グループ　主任研究員
＊5～8　(国研)産業技術総合研究所　生物プロセス研究部門
応用分子微生物学研究グループ
＊5　Koichi Tamano　主任研究員，＊6　Wataru Kitagawa　主任研究員，
＊7　Yoshiaki Yasutake　主任研究員，＊8　Tomohiro Tamura　部門長

コードし，かつ，使用頻度の高いコドンへと置換する設計が行われてきたのである。

一方で，最新の翻訳制御研究によれば，コドン使用頻度に加え，mRNA の二次構造形成度[2]，翻訳に使われる tRNA の種類[3]，SD 配列が ORF 内に出現する頻度[4]，ヒストンとの結合安定性[5]なども翻訳量に寄与することが分かってきた[6]。そこで，我々は，コドン頻度以外の特徴を用いたタンパク質発現量制御法を開発し，その妥当性・他宿主への適用性の検証を行った。これまでに行ってきた手法開発を概説する。

1.1　放線菌生産データに基づく，遺伝子配列設計法の開発

これまでに，産総研・田村らは放線菌（ロドコッカス属）を宿主とするタンパク質生産を数多く行っており，その時用いた発現パラメータ（温度，培地成分など），遺伝子配列，タンパク質生産量に関する膨大なデータを所有している。このデータを翻訳量に関連すると考えられる様々な配列特徴量に対して分析し，その結果を元に配列設計法の開発を行った（図1）。

その結果，CAI（Codon Adaptation Index：コドン頻度に関連する特徴量。順位相関～0.16），同じコドンが繰り返し出現する頻度（順位相関～0.16）とともに，mRNA のうち，5'UTR と開始コドン周辺の CDS 部分が二次構造を形成する傾向が，タンパク質発現量とよく相関することが分かった（順位相関～0.27）。その中でも最も相関が高かった mRNA 二次構造形成傾向を用いて，配列設計を行った。具体的には，開始コドン周辺の CDS 部分 11 コドンのうち，対応するアミノ酸が変化しないような変異（同義置換）を入れた塩基配列を全通り計算機上で生成し，それらの二次構造形成傾向を情報解析により予測した。その中でも形成傾向が最も低いと予測された配列を実際に放線菌に導入し，タンパク質発現量がどのように変化するか調べた。すると，概ね 50％の確率で，タンパク質発現量が増大し，元々の発現量が少ない場合では 60％の確率で増大することが分かった。（図2左）。特に，天然の遺伝子配列ではタンパク質発現量がほとんどないような場合でも，改変配列を用いることで，発現量を大幅に上げることに成功した例が多く見ら

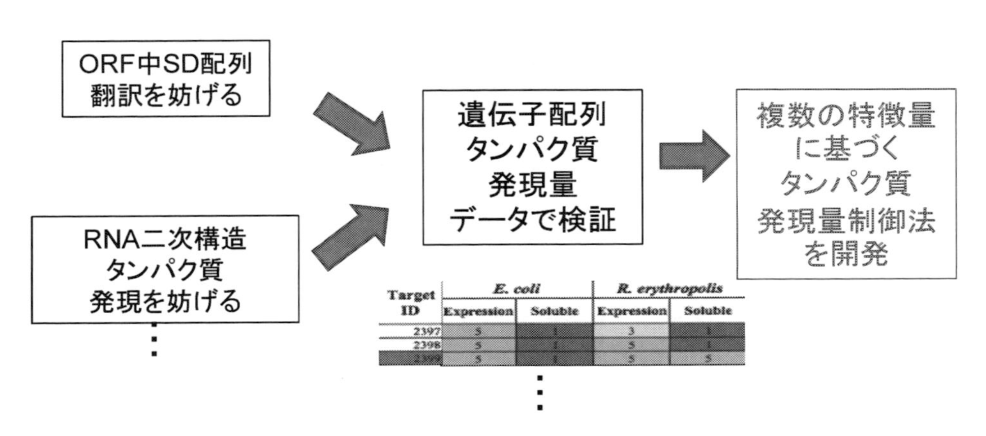

図1　様々な配列特徴量に基づいた遺伝子改変による新規高発現化手法の開発

れた（図2右）。

現在，このRNA二次構造形成傾向を下げる戦略に加えて，レアコドンが出現しないように改変する戦略を組み合わせた遺伝子配列設計法を開発している。具体的には，二次構造形成傾向を下げるように改変したにも関わらず発現が向上しなかった配列群に対して，放線菌で特に出現頻度が低いレアコドンUUA，AUA，AGAの含有率を調べたところ，これらの配列ではレアコドン含有率が有意に高いことが分かった。そこで，レアコドンを含まない条件下で，RNA二次構造形成傾向を下げる配列設計を行ったところ，タンパク質発現量が向上した例の割合は75％まで向上した。特に，元々の発現量が低かった遺伝子については，発現量が向上した割合は100％に達した（図3）（齋藤裕 *et al.*，論文投稿準備中）。

12遺伝子についての結果

WTの発現量	設計で発現量向上	不変	低下
少ない	3	1	1
中	2	1	1
多い	1	1	1
計	**6**	**3**	**3**

タンパク質発現量向上　50%
元々発現少ない→向上　60%

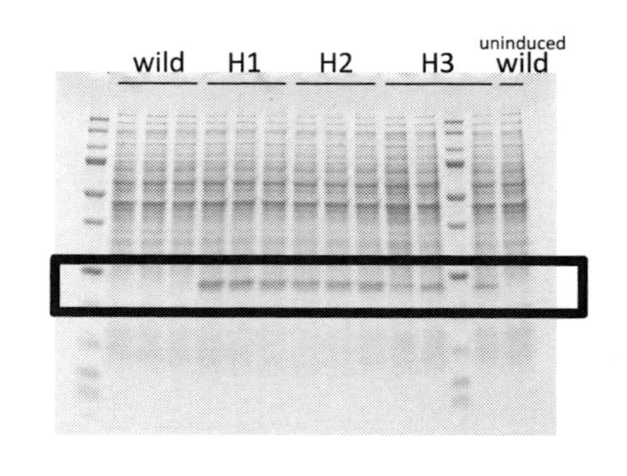

図2　mRNA二次構造形成傾向を考慮した配列設計の結果
（左）タンパク質発現量の結果。12遺伝子について行っている。発現量向上：発現量が1.1倍以上，発現量不変：0.9～1.1倍，発現量低下：0.9倍以下，と定義した。
（右）天然の遺伝子配列（Wild）と，二次構造形成傾向を下げるように改変した配列（H1-3）を用いた場合のタンパク質発現量の比較（SDS-PAGE）

12遺伝子についての結果

WTの発現量	設計で発現量向上	不変	低下
少ない	5	0	0
中	3	1	0
多い	1	1	1
計	**9**	**2**	**1**

タンパク質発現量向上　75%
元々発現少ない→向上　100%

図3　mRNA二次構造形成傾向とレアコドンを考慮した配列設計の結果。数は遺伝子数。
発現量向上：発現量が1.1倍以上，発現量不変：0.9～1.1倍，発現量低下：0.9倍以下，と定義した。

1.2　DNA－ヒストン結合能を変化させる配列改変

最新の翻訳制御研究によれば，コドン使用頻度に加え，遺伝子のmRNA量もタンパク質発現量に関連することが分かっている。そこで，DNAからmRNAへの転写量を増やす配列設計をすることでタンパク質発現量を増やすことが期待できる[5]。例えば，プロモーター配列を改変し，より強く転写因子を結合させることで，mRNA量を増やす設計が考えられる。また，真核生物の場合，DNAはヒストンと結合した状態（ヌクレオソーム）で存在しているので，DNAがヒストンからかい離しやすければ，プロモーター配列に転写因子が接近し結合しやすくなるので，mRNA量が増大することが期待できる。そこで，今回はプロモーター配列のヒストン結合能を変化させることで，mRNA転写量を変化させる配列設計法を行った[5]。

具体的には，ヒストン・DNA配列間の結合強度は，機械学習を用いて予測することができるので[7]，プロモーターに相当する開始コドン上流部分の配列を改変して，ヒストンとの結合強度を弱めるようなDNA配列を設計し，宿主に導入し生産実験を行った。宿主として酵母を用いた場合では，半数以上の設計配列でmRNA転写量の向上が確認された（図4）。また，転写量の増大に伴いタンパク質発現量も向上することが分かった（図5）。

現在も，様々な改善を加えながら，配列設計法の開発を行っている。将来的には上で述べた，転写量の向上に向けた配列設計法と，翻訳を対象とした設計法とを組み合わせた，超最適化法の設計を目指したい。

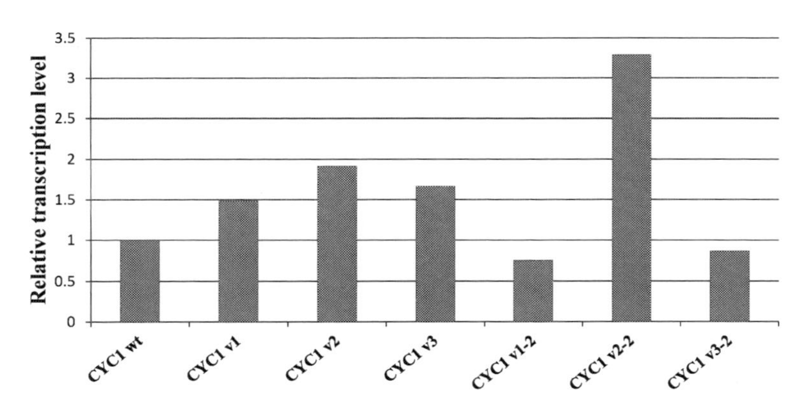

図4　プロモーターCYC1に対して，対ヒストン設計をした例。
mRNA転写量の比較（qPCRによる）
v1（配列改変度小）～v3（改変度大）：プラス鎖の転写因子結合サイトだけを保護して設計
v1-2（改変度小）～v3-2（改変度大）：マイナス鎖の転写因子結合サイトも保護。

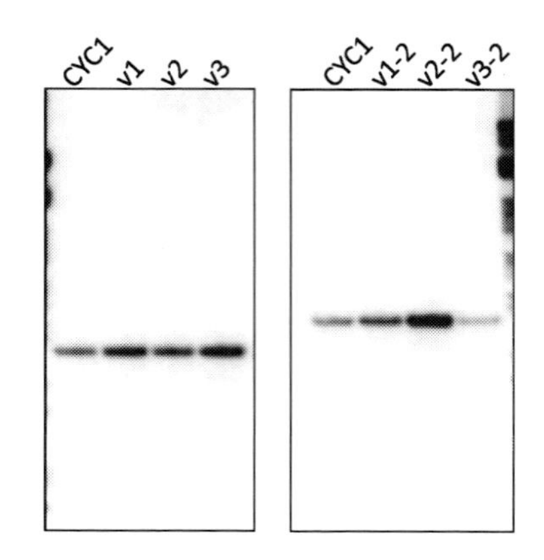

図5 プロモーターCYC1に対して，対ヒストン設計をした例。
タンパク質発現量の比較（Western blotによる）。
WTでの濃さを1.0としたとき，v1：2.0倍，v2：1.7倍，v3：2.3倍，v1-2：1.8倍，v2-2：3.1倍，v3-2：0.7倍

文　献

1) T. Ikemura, *J. Mol. Biol.*, **151**, 389 (1981)
2) D. B. Goodman *et al.*, *Science*, **342**, 475 (2013)
3) T. Ikemura, *J. Mol. Biol.*, **158**, 573 (1982)
4) G. W. Li *et al.*, *Nature*, **484**, 538 (2012)
5) K. A. Curran *et al.*, *Nat. Commun.*, **5**, 4002 (2014)
6) G. Boel *et al.*, *Nature*, **529**, 358 (2016)
7) E. Segal *et al.*, *Nature*, **442**, 772 (2006)

2　コドン(超)最適化という設計戦略

守屋央朗*

2.1　はじめに―コドン(超)最適化という設計戦略

解析対象としているタンパク質の発現量を調整したい時，コドン最適化は，最も成功可能性の高い遺伝子の設計戦略であるといえる。コドン最適化が異種タンパク質の発現量を上げるために有効であることはよく知られており，その原理や方法論もほぼ確立されている。人工遺伝子合成が日常的に利用可能になった現在，業者にウェブページを通じて合成依頼を行う際に，代表的な宿主に対するコドン最適化のオプションが組み込まれてすらいる。本稿では，この「コドン最適化」がどのようなものなのか，今一度その基礎から振り返り，ブラックボックス化した最適化がどういう原理でなされるのかをまず解説する。次に，コドン最適化の基盤となるコドンの使用頻度と遺伝子発現の関連に関する最近の研究について触れ，発現を最大化するためのコドン「超最適化」や，コドンの最適化度を変えることによる遺伝子発現量の調整について述べる。

2.2　コドンの最適化の基礎

リボソームで行われるタンパク質合成，すなわち翻訳は，mRNAの3つのヌクレオチド残基の並び（トリプレット）が，それと相補的な塩基対を持つアミノアシルtRNAによって認識され，そのtRNAに付加されているアミノ酸がそれまでに合成されているペプチド鎖に連結されるという過程が連続的に起きていくことで達成される。トリプレットとアミノ酸の対応は，コドン表（codon table）と呼ばれる対応表にまとめられている。コドン表は完全に理解されている唯一の生物情報と言って良く，mRNAの配列がわかれば，そこにコードされている情報に基づいて作られるタンパク質の配列もほぼ完全に予測できる。このコドン表は，大腸菌からヒトに至るまでほとんどすべての生物で共通である。つまり，原理的には，ヒト遺伝子のmRNAを大腸菌内で発現すれば，そのヒトタンパク質と同じものが大腸菌内で発現することになる。

コドンはACGT/Uの4種類のヌクレオチドが3つ並ぶことで決められるので，4×4×4=64種類が存在することになる。これらのうち3つは翻訳の終結に割り当てられていることから，61種類のコドンが20種類のアミノ酸をコードしている。したがって，1種類のアミノ酸が複数のコドンにコードされていることになる（実際には1～6つのコドンが割り当てられている）。同じアミノ酸をコードする別々のコドンは，同義コドン（synonimous codon）と呼ばれている。よく知られている事実として，この同義コドンの使われ方が生物種によって異なっているということがある。例として，図1Aは大腸菌K-12株・出芽酵母（*Saccharomyces cerevisiae*）のすべての遺伝子を対象に，アルギニンをコードする6種類のコドンの割合を調べたものである。大腸菌ではCGUやCGCが好んで使われAGAやAGGはあまり使われていな一方で，出芽酵母では

---

*　Hisao Moriya　岡山大学　異分野融合先端研究コア　准教授

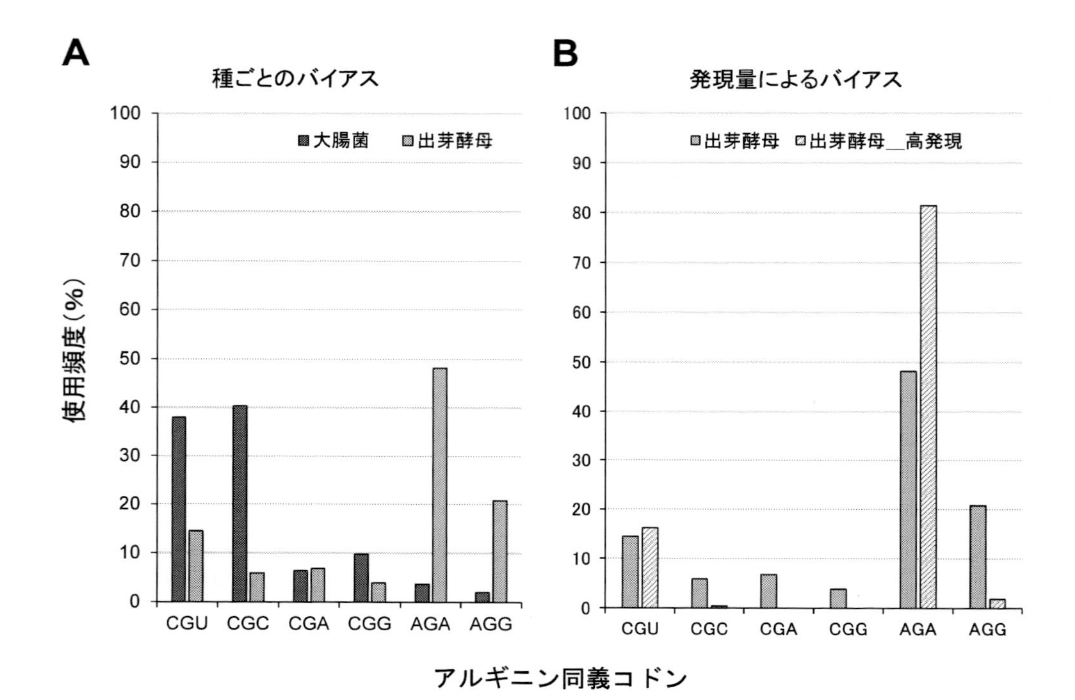

図1　アルギニンをコードする同義コドンの種と発現量によるバイアス
A）大腸菌と出芽酵母のにおけるアルギニン同義コドンの使用頻度。B）出芽酵母のすべての遺伝子（出芽酵母）と高発現遺伝子（出芽酵母__高発現）のアルギニン同義コドンの使用頻度。

この傾向が逆になっている。この，種ごとの同義コドンの使われ方の違いは，コドンの使用頻度（codon usage）やコドンバイアス（codon bias）と呼ばれる。それぞれの種で最も頻繁に使われるコドンは最適コドン（optimal codon）と呼ばれ，使用頻度が著しく低いコドンはレアコドン（rare codon）と呼ばれる。使用頻度まで含めたコドン表は，コドン使用頻度表（codon usage table）と呼ばれており，かずさDNA研究所のCodon Usage Database（https://www.kazusa.or.jp/codon/）から入手できる。

上述のようにコドンを決定する分子実体は，それぞれの同義コドンに対応したtRNA（同義tRNA）である。レアコドンを担うtRNA分子は細胞内に少ないため，そこでリボソームによる翻訳が滞ってしまうと考えられている。リボソームの停滞はリボソームの枯渇やタンパク質の異常なフォールディングの原因となり，細胞増殖の阻害や異常タンパク質の蓄積の原因となると考えられている。したがって，異種でのタンパク質の多量発現を目指す場合，レアコドンを避けてその種に最適なコドンバイアスとなるように塩基配列を改変することが望ましい。これが，コドンの最適化（codon optimization）と呼ばれる操作である。全遺伝子の合成が容易になった近年では，異種遺伝子をクローンして発現に用いるよりも，宿主細胞に最適なコドンを持つ配列を設計し合成した人工遺伝子を発現に用いる方が，より高発現が期待できるアプローチである。

2.3　コドン最適化の実際

人工遺伝子の合成は，インターネットで「人工遺伝子合成」で検索すればすぐに複数の受託合成サービス業者がヒットする。本稿では，Thermo Fisher Scientific（以下，Thermo）とEurofins Genomics（以下，Eurofins）を例として取り上げる。人工遺伝子の合成を業者に依頼する場合，ほとんどのケースにおいてコドン最適化のオプションが存在する（配列設計のみであれば無料であることも多い）。通常，ユーザーはそのオプションを選択し，コドン最適化をその業者（が用いているソフトウェア）に任せる。コドンの最適化は，改変したい遺伝子の同義コドンを，コドン使用頻度表に基づいて置き換えるという作業である。その際，最も使用頻度の高い同義コドンのみを用いるか，あるいはコドンの使用頻度を保持するようにランダムさを加えて最適化するかという選択がある。後者の場合，最適化の度に異なった配列が設計される。筆者が調べた限り，Thermoではランダム化は行われず，Eurofinsではランダム化が行われていると思われる。コドンの最適化度を表す指標として，CAI（Codon Adaptation Index）が用いられる。CAIが1に近づくほど，その遺伝子の配列はコドン使用頻度表で表されている使用頻度に近い。

コドン最適化は，ウェブ上で公開されているOptimizer（http://genomes.urv.es/OPTIMIZER/）などのツールを用いて自前で行うこともできる。Optimizerでは，最適化に用いるユーザーが用意したコドン使用頻度表によるコドンの適化のオプションがある（その際，最適化前後のCAIも表示される）。上述したCodon Usate Databaseのサイトには，任意の遺伝子(群）のコドン使用頻度表を作成するサービスがあり，これをOptimizerでのコドン最適化に用いることで，様々なコドンバイアスを持つ遺伝子を設計することができる。

2.4　発現量を最大化するためのコドン超最適化

ここからはもう一歩踏み込み，発現量を調整するためのコドン最適化について，最近の知見を交えながら解説する。ここまで解説してきたコドン最適化の背景にあるのは，「コドンの使用頻度は，それぞれの同義コドンの翻訳効率を反映しているだろう」という仮定である。一方，このような仮定を使わず，「細胞内に高濃度で存在するtRNAは，翻訳過程でのmRNAとtRNAのマッチングが効率よく起きるため，翻訳の速度が早い」という分子実態に基づいて同義コドンの翻訳効率を予測することもできる。細胞内の各tRNAの濃度はそのtRNAをコードする遺伝子のゲノム上でのコピー数（tCGN）で説明できることがわかっているので，各コドンの翻訳効率をtCGNをもとに算出したのが絶対適応性（absolute adaptiveness, Wi）という指標である（実際にはWiはwobble塩基対合も考慮されている）[1]。さらに，Wiを使って遺伝子ごとの翻訳効率を算出したものが，tAI（tRNA Adaptation Index）である。tAIが高いほど，その遺伝子は，より翻訳効率の良いコドンを選択的に使っているという予測ができる。

図2Aは，リボソームプロファイリングという方法によって得られた，出芽酵母のタンパク質の合成速度[2]とtAIの関係を表している。tAIが高いほど合成速度が高いというはっきりとした傾向が見られることから（相関係数0.46），tAIはそのタンパク質の合成速度をよく説明する指

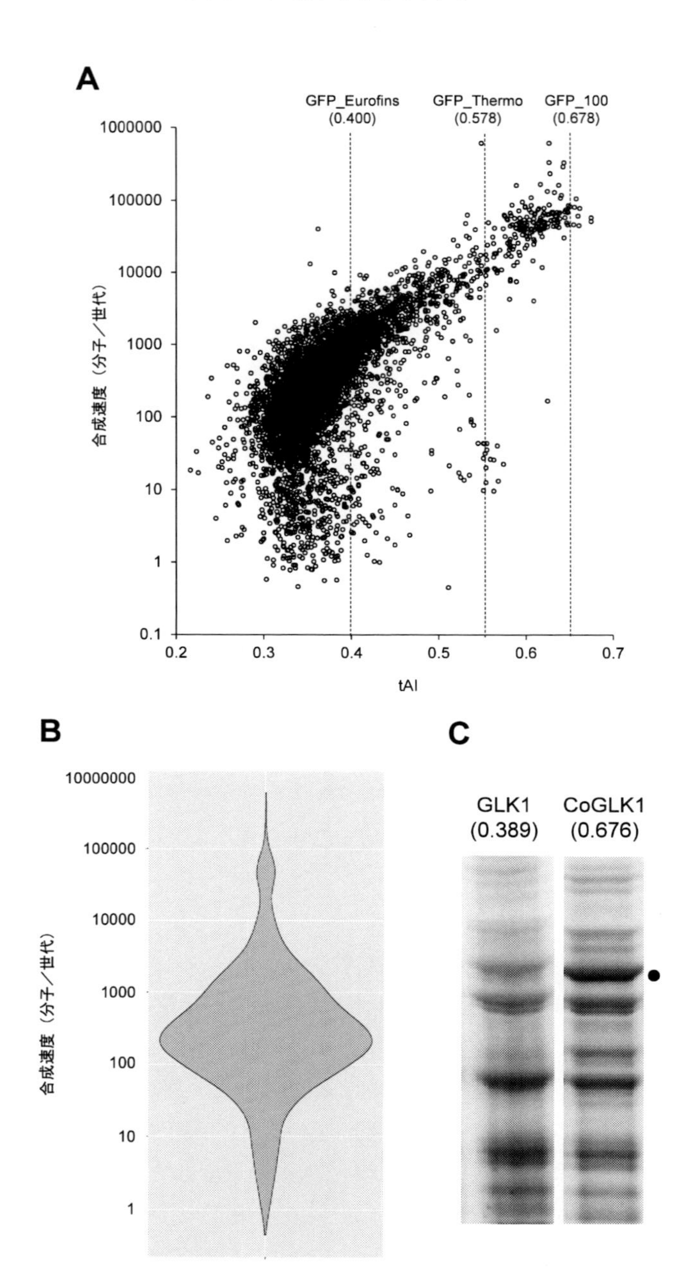

図２　発現量を最大化するにはどのようなコドン最適化が必要か？

A) 出芽酵母タンパク質の合成速度と tAI の関係。GFP_Eurofins, GFP_Thermo, GFP_100 の説明は本文を参照。括弧内の数字はそれぞれの tAI を表している。B) 出芽酵母タンパク質の合成速度の分布を表すバイオリンプロット。C) コドン超最適化によるグルコキナーゼ Glk1 タンパク質の発現上昇。*GLK1* はコドンを置換せず，CoGLK1 は *GLK1* のコドンを高発現コドンに置換した。括弧内の数字はそれぞれの tAI を表している。黒丸は Glk1 タンパク質の推定分子量を表している。両遺伝子は *TDH3* プロモーターの制御下でマルチコピープラスミドから発現している。全タンパク質を抽出し SDS-PAGE により解析した。合成速度は文献 2 のデータを使用，tAI は文献 1 の方法にもとづき計算した。

標であることがわかる。図2Bは，出芽酵母タンパク質の合成速度の分布を表している（図2Aの縦軸にあたる）。図2A，2Bから，同じ種内でも発現量によってコドンの使用頻度は異なっていること，細胞が持つ遺伝子の大半は，実際には翻訳効率のあまり高くないコドンを使っていることがわかる。実は，発現量の高いタンパク質を選別してコドン使用頻度を調べると，使用するコドンにより強い偏りがあることは30年以上前から知られている[3]。例えば，図1Bは，出芽酵母で全タンパク質と高発現上位100のタンパク質のアルギニンコドンの使用頻度を比べたものであるが，高発現タンパク質に強いコドン使用頻度の偏りがあることが見て取れる。

このことは，「出芽酵母コドンへの最適化」と一口に言っても，背景に使われているコドン使用頻度表がどのような遺伝子（群）をもとに作られたかによって，期待される発現量が異なることを意味している。図2Aには，上述した2社のウェブサービスでコドンを最適化したGFPのtAIを示している。Eurofins社の最適化は酵母の全遺伝子のデータに基づき，Themo社はより発現量の高い遺伝子群のコドン使用頻度に基づき設計していると考えられる。発現量上位100のタンパク質[4]のコドン使用頻度（高発現コドン）に基づき設計したGFPと比べると，Eurofinsでデザインした GFPは数十倍低い発現量しか持たない可能性がある。

図2Cは，出芽酵母の内在性GLK1のコドンを高発現コドンに最適化した場合の発現量の変化を示している。同じプロモーターから発現させてもコドンを変えることで発現量が大幅に向上する。筆者らは，tAIをその生物が持つ最も高い遺伝子のレベルまで上げるようなコドン置換を，通常のコドン最適化とは区別して，コドン超最適化と呼んでいる。同様に，発現量の低い遺伝子群が用いているコドンに置換する（コドンを非最適化する）と発現量を下げることもできる。

現時点では，出芽酵母のような根拠に基づいたコドンの最適化を，実験データの乏しい生物で行うことは難しい。一方，ゲノムが明らかになっている生物ではtCGNからWiを算出することができるし，発現量が高いと予想される遺伝子群（リボソームタンパク質など）のコドン使用頻度をコドン最適化に用いることで，より高発現を期待できると考えられる。

2.5　おわりに—コドン置換による更なる配列設計

これまで述べてきたように，コドンの使用頻度とタンパク質の合成速度には良い相関が見られることから，コドンを置換することは標的のタンパク質の発現量を変えるための第一選択であろう。翻訳効率の高いコドンはmRNAの安定性を高めることも知られており[5]，コドン超最適化は発現量を最大化するために非常に有効な手段だと考えられる。

一方で，合成速度を最大化することは，必ずしも機能のあるタンパク質の大量発現につながるとは限らない。筆者らも経験しているが，異種タンパク質の多くは，コドン超最適化による翻訳の最大化を行ってもまったく発現しないこともある。リボソームによるタンパク質の合成は，輸送や折りたたみと同時進行する。この場合，翻訳をあえて遅延させ輸送や折りたたみが完結する時間を与える必要があるかもしれない。このようなリボソームの速度制御を同義コドンの使い分けで行っているという知見もあるが[6]，現時点では配列設計に活かせるほどの一般化には成功していない。スマートセルの成功のために，タンパク質の輸送や折りたたみなども考慮し，異種タンパク質の発現実績を飛躍的に高めるようなコドン最適化のフレームワークを実現させる必要がある。

文　献

1) Tuller T, Waldman YY, Kupiec M, Ruppin E., Translation efficiency is determined by both codon bias and folding energy., *Proc Natl Acad Sci USA*; **107**(8), 3645-50 (2010)
2) Ingolia NT, Ghaemmaghami S, Newman JR, Weissman JS., Genome-wide analysis in vivo of translation with nucleotide resolution using ribosome profiling., *Science*; **324**(5924), 218-23 (2009)
3) Sharp PM, Tuohy TM, Mosurski KR., Codon usage in yeast: cluster analysis clearly differentiates highly and lowly expressed genes., *Nucleic Acids Res.*; **14**(13), 5125-43 (1986)
4) Kulak NA, Pichler G, Paron I, Nagaraj N, Mann M., Minimal, encapsulated proteomic-sample processing applied to copy-number estimation in eukaryotic cells., *Nat Methods.*; **11**(3), 319-24 (2014)
5) Presnyak V, Alhusaini N, Chen YH, Martin S, Morris N, Kline N, Olson S, Weinberg D, Baker KE, Graveley BR, Coller J., Codon optimality is a major determinant of mRNA stability., *Cell*; **160**(6), 1111-24 (2015)
6) Döring K, Ahmed N, Riemer T, Suresh HG, Vainshtein Y, Habich M, Riemer J, Mayer MP, O'Brien EP, Kramer G, Bukau B., Profiling Ssb-Nascent Chain Interactions Reveals Principles of Hsp70-Assisted Folding., *Cell*; **170**(2): 298-311. e20 (2017)

3　大量データに基づく遺伝子配列設計

寺井悟朗*

3.1　はじめに

遺伝子組換えを利用した異種タンパク質発現は，目的物質を微生物などに生産させるための強力な武器である。異種タンパク質を効率よく発現させるための重要な要素の一つは，そのタンパク質コード領域（CDS）の塩基配列，つまりはコドンの設計である。一般的には，異種発現の宿主となる生物種でよく使われるコドンを優先的に使うようにCDSの塩基配列を設計する。しかしながら，コドンがどのようにタンパク質の発現に影響を及ぼすかは不明な点が多く，また既存のコドン設計方法が必ずしもうまくいくとは限らない。ここではまず，コドンとタンパク質発現の関係について，現在何がわかっているのかをまとめ，そのうえで，より良いコドン設計方法を開発するための我々のアプローチを述べる。

タンパク質の発現は，転写・スプライシング・mRNA輸送・翻訳・分泌などを含む複雑な生命現象である。複雑な生命現象の出力結果であるタンパク質発現量とコドンの関係を正確に調べるためには，大量のデータを得ることが必要不可欠であると考えている。しかしながら，コドンとタンパク質発現量に関する大量のデータを得ることは容易ではない。特に，遺伝子組換え体の作成や培養に時間のかかる真核生物では，大量のデータはいまだに報告されていない。我々はOGAB法というユニークなDNA合成方法を利用して大量データを取得するための系を構築している。

3.2　コドンとタンパク質発現の関係

アミノ酸とコドンには一対多の関係があるため，同じアミノ酸配列をコードするCDSは多数存在する。そして，そのCDSの塩基配列，つまりはコドンによりタンパク質発現量が大きく変わりうることが知られている。コドンはタンパク質発現のすべてのステップに影響を与える可能性があるが，以下では比較的理解が進んでいる翻訳開始以降のステップとコドンの関係について，何がわかっているのかをまとめる。

3.3　翻訳開始との関係

翻訳の第一段階は，リボゾームが開始コドンを認識することである。この認識メカニズムは原核生物と真核生物で明確な違いがある（図1）。原核生物では，リボゾームが開始コドンすぐ上流のShine-Dalgarno（SD）配列に結合する。これが開始コドンの認識に非常に重要であると考えられている。SD配列周辺に安定なmRNA 2次構造があるとリボゾームの接近が阻害され，翻訳効率がさがることは以前より知られていた[1)]。最近，大腸菌においては，この2次構造による

＊　Goro Terai　東京大学　大学院新領域創成科学研究科　メディカル情報生命専攻　特任准教授

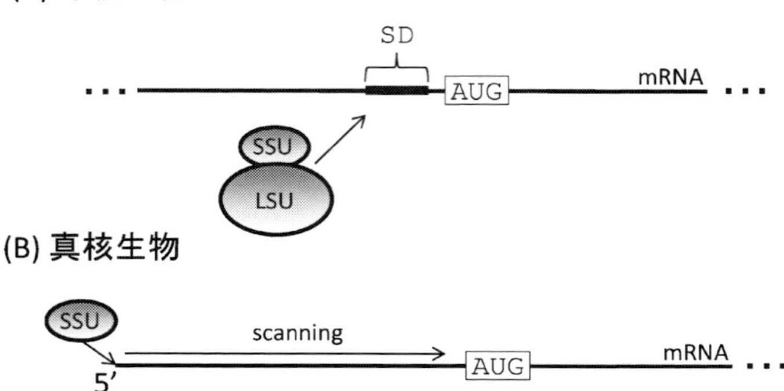

図1　原核生物と真核生物の翻訳開始の違い
AUG；開始コドン，SD；Shine-Dargano 配列，SSU；リボゾーム小サブユニット，LSU；リボゾーム大サブユニット。

阻害効果が，開始コドンの下流10コドン以上まで及ぶことが複数のグループより報告されている[2,3]。

真核生物では，リボゾーム小サブユニットがmRNAの5' 末端に結合したあと開始コドンに向かって移動する。そして最初に出合った開始コドンを認識する。この移動中に2次構造があっても，小サブユニットに結合した翻訳開始因子などのヘリカーゼ活性により2次構造がほどかれる[4]。2次構造をほどくのには時間とエネルギーが必要と考えられるが，開始コドン周辺の2次構造が翻訳開始に影響するかどうかは真核生物でははっきりわかっていない。

3.4　翻訳伸長との関係

一般に，コドンはリボゾームによる翻訳の伸長速度に関与すると考えられている。生物の中でよく使われるコドンでは伸長が早く，そうでないコドン（レアコドン）では伸長が遅いとされている。コドンごとに伸長速度がどの程度異なるかは，Ingoriaらが開発したribosome profile[5]（mRNA上でリボゾームが結合している部位を網羅的に調べることができる実験方法）により大部分が解明されると思われた。驚くべきことにribosome profileの結果は，通常の培養条件においてはコドンごとに伸長速度に差がないことを強く示唆していた（ただし，特定のアミノ酸を枯渇させた状況では，伸長速度に明確な差が出ることが大腸菌で見出されている）。

その後，ribosome profileデータの処理方法によっては伸長速度にコドンごとの差が出るなどの報告が相次いだが，諸説入り乱れてしまい，結局コドンごとにリボゾーム伸長速度に違いがあるかどうかは迷宮入りしてしまったと認識している。おそらく，通常の培養条件では，コドンごとの伸長速度の違いは，あったとしてもわずかであり発現量にはあまり影響しないのであろう，と筆者は考えている。しかしながら，異種タンパク質の過剰発現のような細胞に大きな負荷をかける状況においては，特定のコドンを翻訳するためのリソースが不足し，伸長速度に大きな差が出て，結果として発現量が減少する可能性がある。

また，ここで紹介しておきたいのは翻訳伸長速度が変化しても必ずしもタンパク質の発現量が変化するわけではない，という指摘である[6]。もし翻訳伸長以外の要素がタンパク質発現の律速となっているならば，多少伸長速度が変化しても発現量は変わらないはずである。また以下で述べるように，ゆっくりした翻訳伸長が正しいタンパク質の立体構造の形成や，効率の良いタンパク質の分泌に寄与する可能性がある。したがって，遅い翻訳伸長が必ずしも発現量の低下につながるわけではないと考えられる。

3.5　タンパク質フォールディングとの関係

翻訳されたタンパク質が機能を発揮するためには適切な立体構造をとる（フォールディングする）必要がある。コドンを置き換えたことにより（おそらくは伸長速度が微妙に変化して），立体構造が変化する事例がいくつか報告されている[7,8]。しかしながら，それらの報告は限られた例においてコドンとフォールディングの関係を調べたものであり，コドンが及ぼすフォールディングへの影響が細胞全体としてどの程度重大なものであるかははっきりしない。したがって，異種タンパク質の発現においても，コドンがフォールディングにどの程度の確率で影響するのかは全くの未知数である。

3.6　翻訳終結との関係

原核生物では2種類の翻訳終結因子が終始コドンの認識を分担していることが知られている。真核生物では1種類の翻訳終結因子がすべての終始コドンの認識を担当するとされている。終始コドン周辺の塩基配列が翻訳終結の効率に影響することが指摘されているが，詳しいことはわかっていない。

3.7　mRNA分解との関係

細胞内でmRNAの量を一定に保つためには，mRNAが適切な速度で分解される必要がある。原核生物と真核生物の両方においてコドンがmRNAの分解効率に関与していることが報告されている[9,10]。しかし，残念ながらコドンがmRNA分解に関与する分子メカニズムはよくわかっていない。

ここで指摘しておきたいのは，転写と翻訳は密接に関連しているということである。細胞内には，翻訳がうまくいかないmRNAを分解する機構が備わっている。したがって，翻訳伸長の不具合がmRNA分解のトリガーになっている可能性がある。コドンとmRNA分解の関係を調べるためには，翻訳がうまくいかないmRNAの分解と，それ以外のメカニズムによる分解をきちんと切り分ける必要がある。

3. 8　分泌との関係

分泌タンパク質については，発現までに分泌というステップが加わる。真核生物におけるタンパク質の分泌の第一段階は，N 末端側のシグナルペプチドにシグナル認識顆粒が結合することである。この認識効率にコドンが影響することが出芽酵母において見出されている[11]。シグナルペプチド部分のコドンは翻訳伸長を遅くするようになっており，このことがシグナル認識顆粒に時間的猶予を与えシグナルペプチドに結合しやすくなる，というメカニズムが想像されている。しかしながら，コドンと分泌の関係についてはまだ報告事例が少なく，特に異種タンパク質発現においてコドンが分泌にどの程度影響するのかはわかっていない。

3. 9　Codon Adaptation Index

ここまで述べたように，コドンがどのようにタンパク質の発現に影響するのかは不明な点が非常に多い。そのような状況ではあるが，Codon Adaptation Index（CAI）という指標に基づくコドン設計が昔から広く使われており，それは比較的うまくいっているようである。

多くの生物種では，内在性 CDS に出現するコドンにその生物種特有の偏りがある。この偏りはコドンバイアスと呼ばれており，発現量が高い内在性タンパク質の CDS ほど偏りが大きい。CAI によるコドン設計は，このコドンバイアスをよりどころとしている。ある CDS の CAI の計算方法は非常にシンプルであり，以下の式で表される。

$$\mathrm{CAI} = \left(\prod_{i=1}^{n} w_i\right)^{1/n}$$

n はその CDS に含まれるコドンの数，w_i は i 番目のコドンに割り当てられた「重み」であり，内在性 CDS で頻繁に使われるコドンほど値が大きくなるようになっている。この式を見ればわかる通り，CAI は各コドンに割り当てられた重み w_i の単純な幾何平均である。実際のコドン設計では，CAI がなるべく高くなるように異種タンパク質の CDS のコドンを設計する。

CAI は 30 年以上前に提案され長く使われてきた指標であり，その利用実績が CAI の有用性を物語っている。しかしながら，CAI はある CDS に出現するコドンの出現頻度と宿主のコドンバイアスとの適合度を数値化したものであり，コドンとタンパク質発現量の関係を明示的に表したものではない。異種タンパク質の発現をより効率よく行うためには，それらの関係を明示的に表した式に基づきコドン設計を行うべきであろう。

3. 10　我々のアプローチ

タンパク質の発現は複数のステップが絡み合った複雑な生命現象である。そして，コドンはそのうち複数のステップに関与すると思われる。タンパク質発現が複雑な生命現象とコドンの相互作用の結果もたらされたものだとすると，コドンと発現量の関係は上記の CAI や本稿では取り上げなかった他の指標で使われるような単純な数式ではなく，より複雑な数式で表現されるのが妥当と考えている。複雑な数式のパラメータを決めるためには多数のデータが必要である。我々はコドンと発現量の関係を正確に求めるためには，大量のデータが必要と考えている。ここで，どうやって大量のデータを得るかという問題に突き当たる。特に，遺伝子組換えの手間がかかり培養時間も長い真核生物では，組換え体を一つ一つ手作業で作成して評価する従来の方法で大量のデータを取得することは，時間的にもコスト的にも現実的ではない。

大量データを得るための我々のアプローチは以下のようなものである。まず，同じアミノ酸配列をコードするが異なるコドンをもつCDSを大量に人工合成し，これを真核生物の細胞に導入することで“キメラCDSライブラリ”を作成する。そして，それらライブラリから得られるタンパク質量をハイスループットな系で測定することでコドンと発現量に関する大量のデータを得る。現在，我々は真核生物のモデル生物である出芽酵母で構築された系からのデータを用いている。出芽酵母を使うのは，真核生物では珍しくプラスミドを利用した遺伝子導入が可能であり，大量のキメラCDSライブラリを得やすいからである。またタンパク質としてはまずは緑色蛍光タンパク質（GFP）を用いている。GFPであれば，フローサイトメトリーとセルソーターを利用してキメラCDSライブラリをGFPの発現量に応じてグループ分けすることができるからである。グループ分けしたライブラリのCDSを次世代シーケンサーなどで網羅的に解読すれば，コドンと発現量に関する網羅的なデータを得ることができる。

3.11　OGAB法によるキメラCDSライブラリの構築

キメラCDSライブラリ構築でカギとなるのは，OGAB法と呼ばれるDNA合成技術である。OGAB法は枯草菌を用いた多重遺伝子連結法で，DNA断片の突出末端の一本鎖部分の相補性を利用して，多数の断片を指定した順序と向きに連結可能である[12]。OGAB法の応用として，様々な種類のDNA断片を材料として用いると，連結されるDNA断片の個数が一定であるが，ランダムにつなぎ合わさったDNAを一度に構築することができる。また，この方法で作成されるDNAはプラスミドにクローン化されるので，微生物に簡単に導入することができる。単一CDSを領域に分割し，それぞれの領域について同義語コドン置換をした複数のDNA断片を準備し，これをランダムにつなぎ合わせることで，同じアミノ酸をコードしつつも異なるコドンをもつ全長CDSをまとめて作成することができる（図2）。

様々な塩基配列をもつDNAを低コストで得る方法としてはAgilent社のOligo Library Synthesisや，化学的なDNA合成においてランダム塩基を入れる方法がある。しかしながら，これらの方法では短いDNAしか作成することができないため，全長CDSを含むような長いDNAを作成することができない。また，複数のDNA断片をつなぎ合わせる方法としてはGibson Assemblyがよく用いられるが，この方法ではDNA断片の間に15塩基程度の共通配列を入れる必要があるため，その部分のコドンに多様性をもたせることができない。OGAB法というユニークな国産技術を利用することで，全長CDSに及ぶコドン多様性を与えられるのが我々の研究の独自性である。

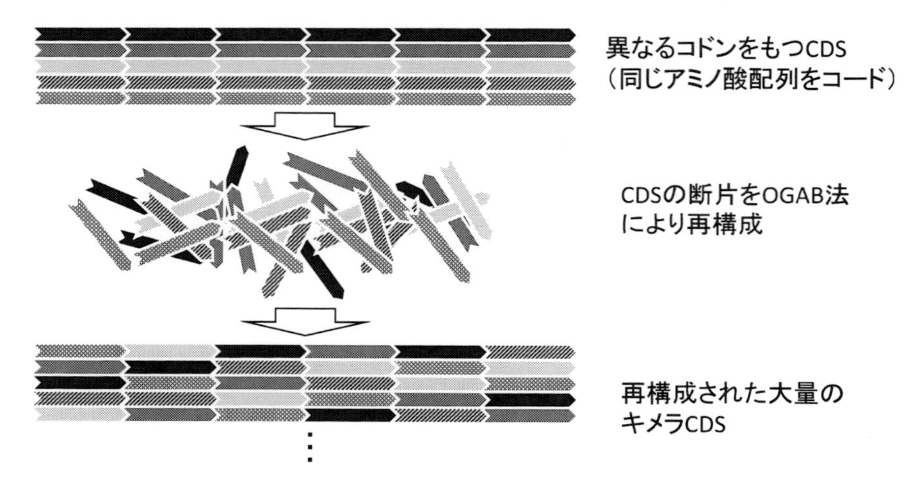

図２　OGAB を用いたキメラ CDS 作成の概念図

3. 12　おわりに

コドンの設計は異種タンパク質発現における重要な要素の一つである。しかしながら，その設計方法に関しては長い間大きな進展がないように思われる。今でもコドン設計で広く使われるCAI は 30 年以上も前に提案された指標である。分子生物学がこの 30 年間で劇的な変化を遂げていることを考えると，コドン設計の分野がなかなか進展しないのは実にもどかしいことである。

本稿では触れなかったが CAI 以外にもいくつかの指標や，考慮すべき配列特徴が提案されている。しかしながら，それらの多くは CAI と似たような考え方に基づいており，計算が容易で十分な実績がある CAI にとって代わるには至っていない。CAI とは違った思想に基づく指標も提案されているが，それらは有用性に関する統計的な裏付けなしに，提案だけが一人歩きしているように見える。

コドン設計の分野がなかなか進展しない理由は，コドンとタンパク質発現量に関する大量のデータを得ることが現在でも難しいからだと考えている。冒頭でも述べた通り，遺伝子組換え体の作成や培養に時間のかかる真核生物では，大量のデータはいまだに報告されていない。少ないデータで複雑な現象を無理やり説明しようとしても，本質をとらえた法則を発見することはできず，間違った結論に至る可能性が高い。これは機械学習でいうところの過学習に当たる。我々は大量データを得ることで，長く進展しなかった真核生物のコドン設計にブレークスルーを起こしたいと考えている。

現在は GFP を対象とした研究をモデルケースとして行っているが，大量データを得るための方法を確立した後は，別のタンパク質や生物種，あるいは異なる培養条件におけるコドンとタンパク質発現量の関係を分析していくつもりである。これにより，コドンと発現量の関係が，タンパク質・微生物・培養条件によりどのように異なるのかが明らかになると考えている。そして，これらの研究から得られるデータの蓄積により，状況に応じたコドン設計方法を開発することを目指している。

状況に応じた高精度なコドンの設計方法が完成すれば，異種タンパク質発現の成功率や，得られるタンパク質量が上がるはずである。また異種発現が失敗する場合においても，その原因がコドンの設計によるものなのか，そのタンパク質の物理化学的な性質が原因なのかを切り分けやすくなるため，無駄なトライアルを減らすことに貢献するはずである。したがって，高精度なコドン設計方法の開発は，今後もますます利用が進むだろう有用微生物創出のための基盤技術として幅広く貢献すると期待できる。

謝辞

本稿を書くに当たり重要なアドバイスをいただいた神戸大学の柘植謙爾先生，適切な表現をご指導いただいた東京大学の浅井潔先生に感謝いたします。また，本稿で述べた研究の実験を担当してくださっている神戸大学の高橋俊介様，中村朋美様，石井純先生に感謝いたします。

文　　献

1) M. H. de Smit *et al.*, *Proc. Natl. Acad. Sci. U S A.*, **87**, 7668-7672 (1990)
2) D. B. Goodman *et al.*, *Science*, **342**, 475-479 (2013)
3) G. Boel *et al.*, *Nature*, **529**, 358-363 (2016)
4) A. Parsyan *et al.*, *Nat. Rev. Mol. Cell Biol.*, **12**, 235-245 (2011)
5) N. T. Ingolia *et al.*, *Science*, **324**, 218-223 (2009)
6) J. B. Plotkin *et al.*, *Nat. Rev. Genet.*, **12**, 32-32 (2011)
7) F. Buhr *et al.*, *Mol. Cell.*, **61**, 341-351 (2016)
8) F. Zhao *et al.*, *Nucleic Acids Res.*, **45**, 8484-8492 (2017)
9) A. Radhakrishnan *et al.*, *Cell*, **167**, 122-132 (2016)
10) A. A. Bazzini *et al.*, *EMBO J.*, **35**, 2087-2103 (2016)
11) S. Pechmann *et al.*, *Nat. Struct. Mol. Biol.*, **21**, 1100-1015 (2014)
12) K. Tsuge *et al.*, *Sci. Rep.*, **5**, 10655 (2015)

第4章　統合オミクス解析技術

油谷幸代*

1　はじめに

本章では，スマートセル情報基盤プラットフォームである統合モデル構築に必要な統合オミクス解析技術について説明する。これまでに記載したように，スマートセルでは微生物における有用化合物生産能を最大化・最適化し，産業利用可能なレベルまで到達させることを一つの目標としている。そのためには，生体細胞における複層的な制御システムを一つのモデルとして表現し（＝統合モデル），このモデルから化合物生産能を最大化するための人為的操作を推定する必要がある。2編1～3章ではそれぞれ代謝系，遺伝子発現系，遺伝子配列系と異なった階層での制御を目的とした基盤技術開発について記述してきた。本章では，これら基盤技術をどのように統合し，モデルとして表現していくかについて，情報解析的アプローチについて記載する。

2　生体細胞における複層的制御システム

歴史的には，微生物による化合物生産制御として生合成経路の効率化などを中心とした実験が数多く行われてきた。しかしながら，余分な経路を遮断する等の生合成経路のみの制御では目的とする収量を実現することは難しく，そのために産業利用に至らなかった例も多数存在する。生合成経路の効率化だけでは化合物生産能を最大化することが難しい原因の一つとして，生体細胞における複層的な制御システムがあげられる。細胞内における階層構造について，表1に示した。

細胞内プロセスの制御は単一階層で行われるような単純なものではなく，複数階層のプレー

表1　細胞における階層とその構成因子

	プレーヤー	プレーヤー間の関係性
第一階層	遺伝子	DNA 配列上の位置
第二階層	mRNA	遺伝子ネットワーク
第三階層	タンパク質	複合体（物理的相互作用） 機能的相互作用 代謝パスウェイ

* Sachiyo Aburatani　(国研)産業技術総合研究所　生体システムビッグデータ解析オープンイノベーションラボラトリ（CBBD-OIL）　創薬基盤研究部門（兼）副ラボ長

ヤーが互いに絡みあって行われている。そのため，特定の単一階層に人為的にある方向性の圧力を加えた場合，細胞は保身のために他階層のプレーヤーも協同的に機能し，できるだけその圧力を軽減させる方向に細胞内プロセスを働かそうとする。細胞プロセスは，色々な階層においてその階層のプレーヤーが物理的・機能的相互作用を行うと同時に，階層間でも制御関係を有することで綿密にコントロールされた仕組みである。例えば，生合成経路（代謝パスウェイ）は細胞内の物質生産プロセスにおける最後の出口ではあるが，代謝パスウェイの構成要素であるタンパク質は他の階層からのコントロールを受けている。そのため，微生物による物質生産といった，ある特定の細胞プロセス制御のためには，各階層における細胞内プレーヤーの関係性を明らかにしながら，さらに階層間に存在する制御関係を明らかにする必要がある。

3　生物階層と情報解析技術

先に述べたように，細胞プロセスは複数の異なった階層で構成されていることから，実験的に取得されるデータも階層によって異なっている。そこで，まずは各階層の実験データの種類，取得されたデータに対して適用可能な情報技術，および情報解析からの出力を図1に示した。これ

データ階層	実験データ	情報解析技術	出力	出力階層
第一	全ゲノム配列データ	高速高精度アセンブリ技術	変異遺伝子名 変異箇所	2
	全ゲノム配列データ	精度検定技術	サンプル評価結果	0
	全ゲノム配列データ	化合物生合成経路推定手法	種特異的生合成経路候補	3
	遺伝子配列データ	新規機械学習手法	タンパク質翻訳量に影響を与える配列パターン ※　増やすため、減らすために必要な配列パターン	1
第二	RNA-seqデータ	統計検定手法 (新規＋従来法)	物質生産関与遺伝子群の名称	2
	RNA-seqデータ チップデータ	相互作用推定手法 (新規＋従来法)	遺伝子間の相互関係 ＝遺伝子ネットワーク構造	2
	RNA-seqデータ チップデータ (時系列データ)	遺伝子動態推定手法 (新規＋従来法)	遺伝子発現量の動き・関係性のダイナミクス	2
第三	メタボロームデータ	代謝産物比較手法 (従来法組合せ)	活性化経路の推定	3

図1　実験データ種類と情報解析で得られる結果

により，下記ストラテジーで研究開発を実施している。

① 各階層におけるプレーヤーを明らかにする
② 各階層内でのプレーヤーの挙動を明らかにする
③ 各階層内でのプレーヤー同士の関係性を明らかにする
④ 階層間のプレーヤーの関係性を明らかにする
⑤ 階層内のプレーヤー関係性と階層間のプレーヤー間の関係性をつなぐ

図1から情報解析技術を使うことで，実験データの示す階層と異なった階層の情報を得ることが可能になることがわかる。これは，実験データが有する情報量の拡大を他ならず，単に実験で得られたデータを利用するだけではなく，その価値を高めるという意味も有する。

4 統合モデルの構築

生合成経路は化合物生産の最終出口であると同時に，第一階層からの制御構造すべての結果として機能する仕組みである。そのため生合成経路を合理的に制御するためには，遺伝子発現制御から生合成経路に至るまでの制御メカニズムを明らかにする必要がある。生合成経路の調節のためには，①複数の関連酵素タンパク質の生産量を制御，②生合成経路全体のバランス調整，の2点が必要になる。そこで，2編1章で記載されている「最適化された代謝経路モデル」と，2編2章で記載されている「遺伝子発現制御ネットワークモデル」を連結する数理的手法の開発が必須である。

遺伝子発現制御ネットワークモデルと代謝モデルはヘテロ構造を有する異なったグラフ構造であり，かつ各グラフ構造においてノードの定義が異なる。遺伝子発現制御ネットワークモデル上では遺伝子がグラフ上のノードであるのに対し，代謝モデルではグラフ上のノードは化合物であり，遺伝子がコードするタンパク質はエッジとして記載される。最終目的関数はターゲット化合物であることから，代謝モデル上のあるノードの数値を最大化するためのモデル構築を行う必要がある。具体的には以下のストラテジーで統合モデルの構築を行っている。

① 宿主微生物のゲノムスケールモデル構築（2編1章）
② FBAによるターゲット生産の重要経路算出（2編1章）
③ ②で算出された経路に存在する酵素反応すべてに対して常微分方程式を使用した酵素反応動的モデル構築
④ ③で構築した動的モデルによるシミュレーションから，ターゲット化合物量が最大化するときの全酵素バランスの算出
⑤ ④で算出した酵素バランスの中で，特に重要な（変化量が大きい）酵素群を選択
⑥ ⑤で選択した酵素群について，遺伝子発現データから酵素遺伝子群の発現制御ネットワークモデルを構築（2編2章）
⑦ ⑥で構築した遺伝子発現制御ネットワークモデルから，④の酵素バランスを実現するた

めに必要な遺伝子操作を算出

⑧　⑦で算出された人為的操作候補遺伝子群について宿主微生物へ導入するための配列を設計する

まずはターゲット化合物量を最大化するために，2編1章で記載されているような宿主のGSMや新規代謝経路など代謝モデル上で必要なエッジバランスを算出する必要がある。本研究では，エッジバランスを計算するために常微分方程式をベースとしたダイナミクス解析を実施している。ここでは，選択された代謝モデル全体を1つの酵素で触媒される化学反応毎に分割し，各化学反応につきINPUTとなる化合物量とOUTPUTである化合物量の時系列情報から一つの方程式をたてている。方程式に出現する各項の係数については，実測データからの推定を行っている。推定されたパラメータを元に，すべての常微分方程式を解くことで，各化合物量の時間変動をシミュレーション可能になっている。このシミュレーション結果から，ターゲット化合物が最大化するときの酵素バランスを逆算している。

次に，上記シミュレーション結果で推定された最適な酵素バランスを実現するための遺伝子発現制御ネットワークモデルを構築する。全酵素を最適化することは不可能であり，かつ労力に見合うほどの効果も期待できないことから，第一に推定された最適酵素バランスから，通常状態と大きく異なった量バランスとなっている酵素の選択を行う。選択された酵素は制御が必要な酵素である可能性が高いことから，これらの酵素をコードしている遺伝子群をターゲット遺伝子として，2編2章に記載した要領で，遺伝子発現データから関係遺伝子選択→遺伝子発現制御ネットワークモデル構築を行う。これにより，複数の酵素量を同時に制御するために必要な人為操作を遺伝子発現制御ネットワークモデル上から探索していくことが可能になる。

さらに，階層内における変数間の関係性を明らかにする。具体的には，上記の最適酵素バランス実現と遺伝子発現制御ネットワークモデルを連結するために，遺伝子発現量とタンパク質量の相互関係の推定を行っている。一般的に遺伝子発現量はタンパク質量と正の相関があると考えられるが，遺伝子発現がmRNAで測定されるのに対し，タンパク質量は異なった物質である。そこで，重要な遺伝子（タンパク質）については，遺伝子発現量を測定した実験条件と同じ状態でプロテオームを測定し，各遺伝子発現量とタンパク質量の間に齟齬がないかを確認・検証するとともに，モデル微生物の公的データベース等において，適切な条件下で測定されたデータを検索し，遺伝子発現とタンパク質量の関係性モデルの構築を行っている。

5　実証課題への適用に向けて

統合オミクス解析技術の開発は，3編7章，9章，10章と共同して行っている。特に9章と10章では，「一代謝産物の生産量制御のための統合モデル構築」，7章はより複雑な「複数の代謝産物の生産量同時制御のための統合モデル構築」を行っている。

一代謝産物の生産制御モデルでは，生合成経路をベースに必要な酵素バランスの算出，100以上の常微分方程式モデルの構築，およびそれら動的モデル全体のシミュレーションなどを実施している。さらに，各宿主微生物の遺伝子発現データから，遺伝子ネットワークモデルを構築するとともに，遺伝子発現データと同条件にて測定されたメタボライトデータやプロテオームデータから，先に記載した動的モデルのパラメータ推定を行っている。さらに，ターゲット物質の生合成経路グラフ G=(V, E) において E に含まれないタンパク質をコードする遺伝子が，E の酵素タンパク質コード遺伝子に与える影響を遺伝子ネットワークモデル上で推定し，それらの制御候補遺伝子が V で表記される化合物群に与える影響を数理モデルとして表す手法の開発を行っている。

複数の代謝産物の生産量同時制御のための統合モデル構築では，一代謝産物制御で開発した技術拡張し，より一般化した手法を目指している。ここでは，ゲノム情報から宿主の有する代謝経路の推定を行い，そこから最適生合成経路および他色素生合成経路の探索を行っている。また，ターゲット化合物それぞれの生産量が大きく変動する条件での遺伝子発現データを元に，各化合物生産量に寄与する遺伝子群の同定を行った。探索した生合成経路を構築する酵素遺伝子群と，生産量に寄与する遺伝子群を変数とし，測定した遺伝子発現データから遺伝子発現制御ネットワーク構造の推定を行っている。推定した遺伝子ネットワーク構造から，複数のターゲット化合物の生産制御に寄与すると思われる制御因子が推定されてきており，今後の実験による検証が期待される。

本研究で開発する手法およびそれによって明らかになることは，従来の代謝制御と異なり，微生物細胞自体の制御をめざしたものである。これにより従来では到達が困難であったレベルでの微生物による物質生産能の最適化=スマートセルを目指している。

第5章　知識整理技術

1　バイオ生産に資するAI基盤技術

荒木通啓[*1], 伊藤潔人[*2], 武田志津[*3]

1.1　はじめに

計測・分析装置の驚異的な性能向上によりゲノム配列塩基配列情報やオミックスデータの急速な蓄積が進みバイオ分野でもビッグデータ化の波が到来している。こうしたビッグデータと，近年急速に進歩する人工知能（AI）技術とを組み合わせることで，バイオ産業発展に資する新しい価値や知見を創出することに大きな期待が集まっている。

しかし，そうした期待，注目の反面，この分野ではAI技術が十分に活用されているとは言い難い。すなわち，研究開発の現場では，テキストマイニング・機械学習・統計解析といったAIの要素技術が，個別データ解析においてツールとして使用されているに過ぎず，未だデータ解釈には，熟練した研究者の経験・知識に頼らざるを得ないのが現状である。

スマートセル開発におけるデザイン(Design)―構築(Build)―テスト(Test)―学習(Learn)といった，いわゆるDBTLサイクルにおいても，各種データ・モデルの解釈とそれをもとにした設計指針・仮説提案の多くは，現状は個人の知識背景と，それに基づくマニュアルによる文献・データベースの検索・調査に依存している。結果として，検索などの知識獲得プロセスが律速であるとともに体系的な知識蓄積と知識再利用が困難であるなど，技術的に解決すべき大きな課題となっている。特に，DBTLサイクルの学習（Learn）部分については，世界でも方法論が模索されている状況であり，データ解釈・学習を経て次の設計指針に対して意思決定を支援する技術あるいはシステムの開発が望まれている状況である。

こうした背景を踏まえ，本稿では，スマートセル開発に資するAI基盤技術について，その必要とする機能等を論じる。

1.2　AI技術の現状

「AI」とは，コンピュータを用いて「人間のように知的な振る舞い」を示す情報システムを実現するための研究分野の総称である。ここで，簡単にAI技術の現状について概観する。

＊1　Michihiro Araki　京都大学大学院　医学研究科　特定教授；
神戸大学　大学院科学技術イノベーション研究科　客員教授
＊2　Kiyoto Ito　㈱日立製作所　研究開発グループ　基礎研究センタ　主任研究員
＊3　Shizu Takeda　㈱日立製作所　研究開発グループ　技師長
兼　基礎研究センタ　日立神戸ラボ長

近年，AI 技術が注目される要因の一つに，機械学習技術の驚異的な発展がある。機械学習とは，少数の事例を一般化し，類似の事例に対して適切な出力を返すように，ルールや判断基準などを抽出する技術である。これまでも，主成分分析や，サポートベクターマシンなど，バイオ分野で活用されてきた機械学習技術は多い。しかし，学習すべきパラメータ（説明変数）が増大すると，本来機械学習の目的である一般化性能が失われることから，その応用は一部のデータ解析等に留まっていた。

こうした前提は，ビッグデータ時代，すなわち機械学習で使用できるデータが爆発的に増加したことから，変容してきた。その端的な事例の一つが，深層学習技術（ディープラーニング）である[1]。

深層学習は，一般には 4 層以上の階層構造をもつニューラルネットワークである。従来，こうした深い階層をもったネットワークはモデルパラメータの最適化が技術的に困難で，その汎化性能を十分に発揮させることが出来ていなかった。しかし，2010 年代に入ると，Hinton らによる先駆的な研究や，計算機能力の進歩，大量データによる学習等により，特に画像処理・信号処理といった分野で目覚ましい進歩を遂げている。更には，生成モデル，強化学習など，従来ニューラルネットワークが使われていなかった分野でも目覚ましい進歩がみられており，今後もその適用範囲は拡大すると想定される。

1.3　バイオ分野における AI 技術適用の課題

一方，バイオ分野に目を向けると，深層学習技術をはじめとした AI 技術は，シーケンスデータの識別や機能予測といった領域では少しずつ実用が進むものの[2]，スマートセル開発などバイオ生産分野での実用は進んでいない。この要因について，本項では簡単に説明する。

一般的に，AI 技術を実課題に適用する重要な条件として，「コンディション（条件のデータ）」「アクション（制御可能なデータ）」「アウトカム（目的のデータ）」という 3 種類のデータを人間が定義しなければならない，という点がある。AI は，従来のシステム（細胞内の代謝系といったものから生産プロセス全体まで，広義のシステム）と組み合わせて動作するものである。そのシステムに対して，AI に「人間のような知的な振る舞い」をさせるために必要なデータが，上記の 3 種類のデータとなる（図 1）。

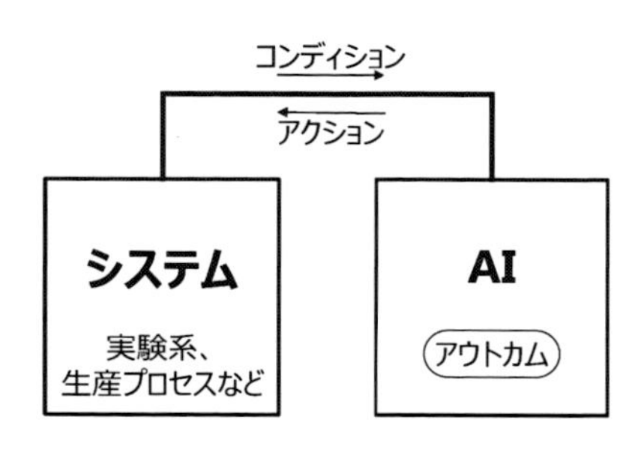

図 1　コンディション，アクション，アウトカム

コンディションとは，AI が動作する条件を決めるデータであり，一般には，何らかのセンサや計測器を通して観測されるデータとなる。アクションとは，AI の予測・判断に応じて，システムの挙動を制御するデータである。そして，アウトカムとは，最終目的を達成するために，最大化（もしくは最小化）したいデータのことである。一例として，自動運転を例に取れば，道路，障害物，通行人など，車載カメラによって得られる周囲の環境情報がコンディション，アクセル・ブレーキ・ステアリングがアクション，出発地からの走行距離（もしくは目的地までの残距離）がアウトカム，となる。

従来，これらコンディション，アクション，アウトカムの複雑な関係性を，人間の開発者が論理的に分解し，情報システムの目的に応じてルールを決めて，プログラムとして落とし込む必要があった。こうした関係性の分解・ルール作成を，データからの学習により行い，最適な判断を AI が自動的に行えるようになったことが，近年の大きな変化である。すなわち，これら３種類のデータを用いて，AI 技術を説明すれば，あるシステムについて，アウトカムを達成するために，コンディションに応じて，どんなアクションをとればよいか，データから自動的に学習し，判断する情報システムが AI である，と言える。

AI が，コンディション，アクション，アウトカムの関係性を学習するためには，この３種類それぞれについて，十分な量のデータが必要となる。しかしながら，バイオ生産分野では，データの総量が十分にはあるが，コンディション，アクション，アウトカムという観点で整理されているとは言えない。これがバイオ生産分野で，AI 技術の活用が進まない最大の要因であるといえる。

例えば，物質生産細胞のトランスクリプトーム解析を例にとると，アウトカムについては目的物質の収量という１種類だけであるが，コンディションやアクションのデータとしては，数万種類の遺伝子情報，菌体密度などの実験結果，培地組成や温度などの培養条件などが考えられる。すなわち，コンディション，アクションの組み合わせは無数に考えられ，それを適切に整理しなければ，AI 技術を適用することは出来ない。

更に，スマートセル開発全体に目を向ければ，AI 技術の活用が期待されるプロセスは，DBTL サイクルに含まれる目的化合物・宿主選択，代謝設計，代謝最適化，遺伝子破壊・導入，遺伝子発現制御，遺伝子配列設計といった上流プロセスから，データ測定をもとにしたデータ解釈から再設計といった下流プロセスに到るまで多岐にわたっている。これらのプロセスは相互に影響を与えるため，アウトカム，アクション，コンディションの組み合わせは，更に膨大な数となることは容易に想像できるだろう。

1.4　スマートセル開発支援知識ベース

前項で述べた課題に対し，バイオ生産分野で AI 技術を活用するためには，これまで世界中で蓄積されてきた公開データ，公開文献などから，物質生産にかかるコンディション，アクション，アウトカムといった情報を整理することが重要と考える。整理された情報に基づいて AI を学習させることで，バイオ生産に適した判断や予測の実現が期待できる。更に，整理した情報と，学習済み AI とを組み合わせ，設計判断や実験仮説を行うための知識を提供する「知識ベース」として構築すれば，スマートセルインダストリー実現の加速も期待できる。

これまでも，文献等からの情報抽出により，酵素反応・代謝パスウェイ・遺伝子制御ネットワーク等に関するデータベース・知識ベースが数多く構築されてきており，それらを利用した解析・設計技術も開発されている。しかしながら，その目的は様々であり，多くは生物機能の解明など，人間のバイオ研究者向けに情報を整理する目的で構築されてきた。

これに対し，著者らのグループでは，スマートセル開発に特化した知識ベースの構築と，それを支える AI 技術の開発を目的に，概念設計・要素 AI 技術開発・ワークフロー開発に取り組んでいる。本節では，筆者らのグループの取組みを事例に，こうしたスマートセル開発を支援する知識ベース構築に向けた必要技術について概観する。

知識ベースの構築には，大きく次の 2 つのプロセスが必要である（図 2）。すなわち，①知識の収集・蓄積：文献，公開データベース，また実験データから効率良く情報を抽出し，抽出情報から導かれる事象の関係性を整理して再利用可能な「知識」として蓄積するプロセス，②知識の探索・提示：スマートセル開発者（ユーザー）の問いかけ（クエリ）に対し，蓄積された知識から，ユーザーの解釈，意思決定を支援する事象，仮説，因果関係，または参考となる文献情報を提示するプロセス，である。

まず①においては，公開文献レポジトリ（PubMed 等）や生体情報の公開データベース（KEGG, BRENDA, GenBank, PubChem, SGD 等）から，人手もしくは自動収集により，知識ベース化

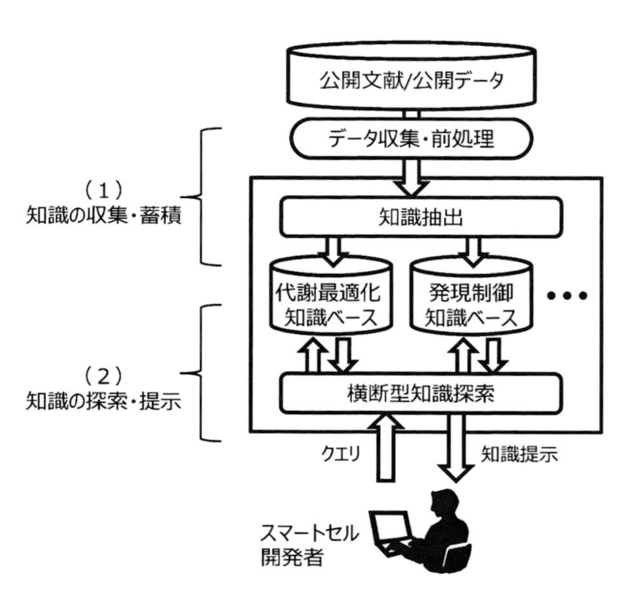

図 2　スマートセル開発支援知識ベース

したい内容に関連する一連のデータ（データセット）を取得する処理や，必要に応じて取得したデータに対し，整形する等の前処理が必要である。そして，収集されたデータセットに対して，後述する知識抽出技術により，スマートセル開発に必要な知識を抽出し知識毎に用意されたデータベースエンジンに格納することを行う。

一方②においては，ユーザーにより操作端末を介して入力されたクエリ（問い合わせ）を用いて，データベースから知識を探索し，ユーザーに提示する知識探索技術が必要となる。具体的には，クエリの内容と，各データベースとの関連性を解析するクエリ解析処理，解析された関連性に基づいて，該当のデータベース内の知識を探索する知識探索処理，探索された知識をユーザーに分かりやすい形で提示する結果提示処理などが必要である。

1. 4. 1　知識抽出技術

従来，膨大なバイオデータの相関・関連性を評価するためには，人の経験と知識に頼った解析や，生化学現象の特徴を人が解釈して作成した計算モデルを用いて，Step-by-Step で絞り込む他に手段がなかった。そのため，膨大なデータがあるにも関わらず，人の理解と解釈の範囲内での探索に限定されるという課題があった。そこで，各データの関連性について，数理的な評価・比較指標を与えるための知識抽出の枠組みを開発することが求められる。これにより，各データの関連性の評価や探索に，種々の数理学的なアルゴリムを適用することが期待できる。また，同知識抽出により得られた知見は，人が考え付くことができない有効なスマートセル設計及び作成指針を提供するものであり，同指針はスマートセル作成の短縮化への貢献が期待できる。

1. 4. 2　知識探索技術

スマートセルの開発プロセスは，目的化合物選択，宿主選択，代謝デザイン，代謝最適化，遺伝子破壊，遺伝子導入，遺伝子発現制御，遺伝子配列設計から測定データの解釈から設計に到るまで，知識ベースと AI 技術を有効活用できるプロセスが実に多岐にわたる。プロセスに応じて抽出すべき情報と得たい知識も多岐にわたり，そのためのデータ前処理，知識探索処理の内容や，用意すべきキーワード辞書，オントロジーもまたバリエーションに富んでいる（表１）。

表１　スマートセル開発支援知識ベースとして抽出・蓄積すべき情報

抽出すべき情報（知識要素）	知識
（定性的情報） 遺伝子名，塩基配列，遺伝子型，宿主生物種，酵素名，アミノ酸配列，代謝物（中間産生物），合成経路，プラスミドデザイン（プロモータ，ベクタ），デザインプロセス，構築プロセスなど （定量的情報） 遺伝子発現量，タンパク質発現量，代謝物量，培養パラメータ，装置測定パラメータ，装置測定データなど	各知識要素間の相関：制御，共起関係など 各知識要素の集合間の相関：特定の観点における知識要素の重要度（スコア）など

こうした広範にわたるプロセスにおいて，知識ベースに蓄積された情報を有効活用するためには，横断型知識探索技術が有効と考える。具体的には，網羅的な情報の検索や，通常のバイオ研究の枠を越えたデータの組み合わせによる解析などを，自動的に行う技術である。これにより，短時間で膨大な知識を網羅的・包括的に処理し，さらには“セレンディプ”な設計指針も期待でき，スマートセルの創製を加速することに貢献できるであろう。

1.5 おわりに

本節では，近年注目を集めるAI技術について，そのバイオ生産分野適用へ向けた課題と，その解決に向けた取り組みとして，公開データを活用した知識ベース構築について説明した。スマートセル分野は，まだ萌芽的研究領域であり，例え公開データ・公開文献を活用したとしても，AIを十分に学習させるデータ量はまだ多いとは言えない。しかし，スマートセル開発に向けたハイスループット実験系・IoT基盤の成長に伴い，そこから得られるデータも充実し，バイオ生産に資するAI技術も成長をしてゆくことが期待される。

一方，バイオ生産向けAI技術を更に進歩させるためには，今後のAI技術の特長を意識したデータ公開が望まれる。従来，公開されるデータは主にポジティブデータ（開発目的に対して有効な事例のデータ）が中心であり，ネガティブデータやニュートラルデータ（開発目的に無影響のデータ）の公開事例は少なかった。AIが，適切にコンディション，アクション，アウトカムの関係性を学習するためには，ポジティブデータだけではなく，それと同等以上のネガティブデータ，ニュートラルデータが必要となる。こうしたデータの管理，公開方法は今後の課題と言える。

AI技術が，単なる解析・識別技術の枠を越えてスマートセル開発に適用されるためには，今後，AI技術を深く理解して，その特性に応じたデータの取得と活用を期待したい。

文　　献

1) L. Yann, Y. Bengio, and G. Hinton, *Nature*, **521**(7553), 436 (2015)
2) A. Christof, *et al.*, *Molecular systems biology*, **12**(7), 878 (2016)

2 合成代謝経路を導入したシアノバクテリアによる有用物質生産

広川安孝[*1]，花井泰三[*2]

2.1 はじめに

現在の社会は，エネルギーの大量消費によって成り立っており，人類は，そのエネルギーの大半を化石資源由来の有機化合物に頼っている。化石資源は，私たちのライフサイクルの中では再生不可能な資源で，いずれは枯渇することが予想されている。この問題の解決策のひとつとして，再生可能資源であるバイオマスの利用が注目されている。バイオマスは，太陽の光エネルギーを利用して，無機物である二酸化炭素から，植物等が光合成によって生成した有機物であり，私たちのライフサイクルの中で，持続的に再生が可能な資源である。そこで，化石資源に代わり，このバイオマスから大量の有用な有機化合物を生産することが期待されている。

バイオマスから有用な有機化合物を生産するために，近年，合成生物学と呼ばれる分野に注目が集まっている。合成生物学は，DNAやタンパク質などの生体分子を，複数組み合わせることで，新しい機能を持つ細胞を作り，生命現象の理解を深める学問として始まった。近年では，異種生物由来の複数の酵素遺伝子からなる新規な代謝経路「合成代謝経路」を設計し，微生物に導入することによって本来宿主が生産できない，もしくは少量しか生産しない有機化合物を大量に生産させることも，合成生物学の研究対象として考えられている。合成代謝経路を導入する微生物は，遺伝子組換えが容易であり，大量に培養する方法が確立されている大腸菌や酵母が多く利用されている。しかし，これらの微生物は糖を利用する従属栄養微生物であり，これらの微生物に合成代謝経路を導入した物質生産には，バイオマス由来の糖が必要となる。セルロースが主体のバイオマスの糖化には，熱水や硫酸を利用した加水分解，酵素による分解が必要となり，多大なコストとエネルギーが必要とされ，これがバイオマスを利用した物質生産すべてに共通の問題となっている。

一方，シアノバクテリア（ラン藻）は光エネルギーを利用して大気中の二酸化炭素を固定し，細胞内の代謝物質として利用することができるため，二酸化炭素と太陽エネルギーから直接有機化合物を生産することが可能となる。シアノバクテリアによる物質生産は，二酸化炭素を利用し，糖類を必要としないため，従来から注目されており，藻類がもともと生産するオイルなどの増産をめざしたスクリーニングや培養条件の検討が行われてきた。しかし，藻類からオイルを取り出すために，細胞の回収，乾燥，破砕，精製など多くの工程が必要である点が，問題視されている。この様な状況下で，シアノバクテリアに合成代謝経路を導入し，二酸化炭素と太陽エネルギーから，シアノバクテリアが本来生産できない様々な物質を生産する研究が行われ，注目されるようになった。なぜなら，合成代謝経路を導入したシアノバクテリアによって，エタノールなどの低

＊1 Yasutaka Hirokawa 九州大学 大学院農学研究院 特任助教

＊2 Taizo Hanai 九州大学 大学院農学研究院 准教授

分子物質を生産させると，詳しいメカニズムは不明であるが，培養液中に生産された物質が放出され，細胞の回収，乾燥，破壊などの工程が不要となるためである。これまでに，合成代謝経路を導入したシアノバクテリアに様々種類の有用物質を生産させた多くの研究例が報告されている[1)]。我々のグループも，シアノバクテリアの一種である *Synechococcus elongatus* PCC 7942（7942株）に合成代謝経路を導入することにより，Isopropanol（イソプロパノール）[2~4)]，1,3-pronadiol（1,3-PDO）[5~7)]，Lactate（乳酸）[8)]の生産に成功している。ここでは，我々の研究を中心にして，合成代謝経路を導入したシアノバクテリアによる物質生産について，紹介したい。

2.2 合成代謝経路を導入したシアノバクテリアによるイソプロパノール生産

イソプロパノールは1-プロパノールの構造異性体である第二級アルコールであり，塗料の溶剤や消毒用アルコールなどの用途に用いられており，脱水反応により需要の高い化成品であるポリプロピレンの原料であるプロピレンとなる。一部の *Clostridium* 属細菌はブタノール，エタノールと共にイソプロパノールを生産することが知られている。その生産経路は，まず Acetyl-CoA-acetyl-transferase（ACoAAT）が2分子の acetyl-CoA から1分子の acetoacetyl-CoA を生産し，Acetoacetyl-CoA-transferase（ACoAT）によって acetoacetyl-CoA と酢酸から acetoacetate と acetyl-CoA が生じる。そして Acetoacetate decarboxylase（ADC）によって acetoacetate がアセトンになり，最後にイソプロパノール生産菌のみが持つ Secondary alcohol dehydrogenese（SADH）が，NADPH 依存的にアセトンをイソプロパノールへ変換する（図1）。イソプロパノールを生産する *Clostridium* 属細菌を用いた研究は，遺培養条件の最適化などに関する研究が中心で，現在のところ最高生産濃度は66 mM（4.0 g/L）程度でしかない。一方，我々は，本来はアセトンやイソプロパノールを生産しない大腸菌にイソプロパノール生産のための合成代謝経路を導入することにより，グルコースからのイソプロパノール生産に成功している[9)]。導入した合成代謝経路としては，大腸菌細胞内の acetyl-CoA は十分存在しているので，*C. acetobutylicum* ATCC 824 由来の *thl*（ACoAAT），*adc*（ADC）と大腸菌自身の酵素遺伝子 *atoAD*（ACoAT）を，また SADH の遺伝子として *C. beijerinckii* NRRL B593 由来の *sadh* を用いた（図1）。この合成代謝経路を導入した大腸菌の培養条件の最適化を行ったところ，最終的に，対糖収率 67.4 mol/mol％で 2378 mM（143 g/L）のイソプロパノールを生産することに成功した。これは工業化に十分耐えうる生産濃度であった[10)]。

我々は，前述の大腸菌において使用したものと同様の4遺伝子（*thl, atoAD, adc, sadh*）から構成されたイソプロパノール生産合成代謝経路を7942株に導入し，二酸化炭素と光からのイソプロパノール生産を試みた[2)]。導入した株を用いて，光合成が行われる明・好気条件下で培養したところ，イソプロパノールは検出されなかった。このため，培地中に酢酸を添加したところ，イソプロパノールの生産が確認された。これは，酢酸が細胞内に取り込まれ，7942株が本来持つ Acetyl-CoA synthase により Acetyl-CoA へ変換されたためと考えられた。この結果より，導入したイソプロパノール生産合成代謝経路は機能しているものの，出発物質である Acetyl-

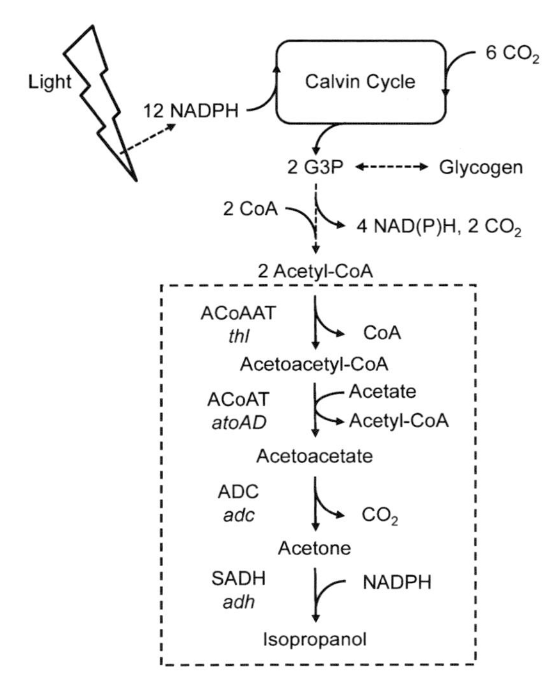

図 1　シアノバクテリアに導入したイソプロパノール生産のための合成代謝経路

CoA が不足しているという状況が予測された。そこで，光合成が行われる明・好気条件下で細胞の培養を行い，イソプロパノール生産時には，増殖した細胞を Acetyl-CoA が供給されやすい糖異化および解糖系酵素群が強く誘導される暗・嫌気条件に移すこととした。密閉度の高い容器に濃縮した培養液を詰め込み，窒素ガスを封入した後に，暗所で振とうすることで，暗・嫌気条件とした。この結果，明・好気条件下で対数増殖期まで増殖した細胞を，暗・嫌気条件に移したところ，7 日間で約 10 mg/L のイソプロパノールを生産することが確認された。また，暗・嫌気条件の培地を検討したところ，窒素・リンを制限した培地を用いることで，その生産量を 26.5 mg/L まで向上させることに成功した（図 2）。これは，シアノバクテリアを用いて二酸化炭素と光からイソプロパノールを生産した初めての報告例となった。

暗・嫌気条件では光合成は行われず，イソプロパノールは細胞内の貯蔵物質（主にグリコーゲン）から生産されていると考えられた。そのため，生産に使用する細胞の培養時期を検討したところ，定常期前期の細胞が生産に適していることが明らかとなった。また，暗・嫌気条件下での培養では副産物として酢酸の生産が見られたため，再度，明・好気条件下に戻すことで，暗・嫌気条件下で生産した酢酸を利用し，146 mg/L のイソプロパノール生産に成功した[3]（図 3）。

明・好気条件下でも，酢酸が存在すればイソプロパノールが生産できることと，酢酸添加時に細胞内の Acetyl-phosphate 濃度が大幅に増加していることが明らかとなったので，イソプロパ

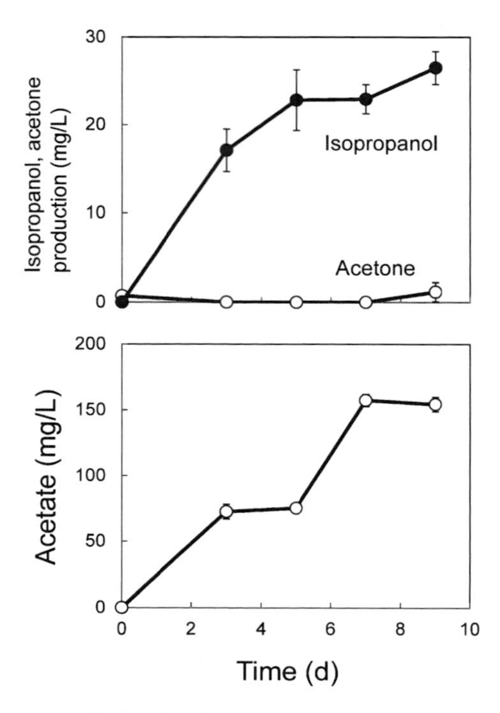

図２　合成代謝経路を導入したシアノバクテリアによる
イソプロパノール生産

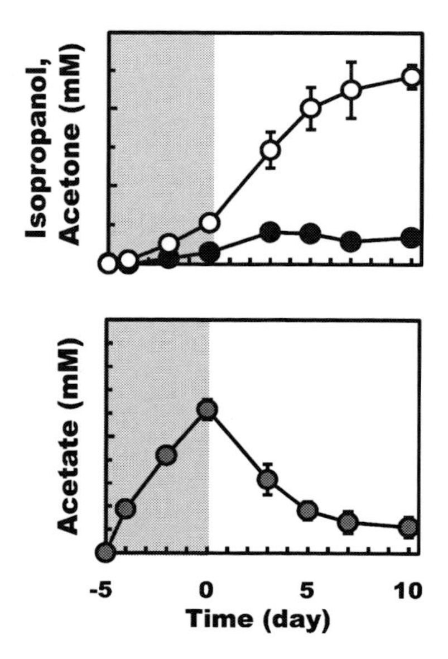

図３　暗・嫌気条件と明・後期条件を組み合わせた
イソプロパノール生産
図中灰色部分は暗・嫌気条件，白色部分は光合成条件を示す。

ノール生産合成代謝経路を導入したシアノバクテリアに，Acetyl-CoAからAcetyl-phosphateへの変換反応を触媒する大腸菌由来のホスホトランスアセチラーゼ酵素遺伝子（*pta*）を導入すれば，明・好気条件下でもイソプロパノールが生産できると考えた。このため，イソプロパノール生産株へ*pta*を導入したところ，明・好気条件下でイソプロパノールの生産を確認することができた[4]（33 mg/L）。

2.3　合成代謝経路を導入したシアノバクテリアによる1,3-PDOの生産

1,3-PDOは2つのヒドロキシル基が1つのメチレン基を間に挟み隣接した構造をしており，接着剤や溶剤などに利用されると共にポリエステル樹脂の中間原料であり，バイオマスを基質とした発酵による生産法がデュポン社により実用化されている。これまでに多くの細菌で1,3-PDOの生産が確認されており，その一般的な代謝は，グリセロールから2段階の反応で行われている。まず，グリセロールがGlycerol dehydratase（*dhaB*）によりビタミンB12依存的な反応により3-hydroxypropionaldehyde（3-HPA）へと変換され，3-HPAはNADH依存的に1,3-Propandiol oxidoreductase（*dhaT*）により1,3-プロパンジオールとなる。しかしながら，実用化された方法では大腸菌を用い，グルコースを基質として菌体内でグリセロールを経て合成されている。使用された大腸菌にはDHAPからグリセロールへの反応を触媒する*S. cerevisiae*由来の酵素3-Phosphate dehydrogenase（*gpd1*）と3-Phosphate phosphatase（*hor2*）および，グリセロールを3-HPAへと変換する*Klebsiella pneumoniae*由来の酵素Glycerol dehydratase（*dhaB1, dhaB2, dhaB3*）から成る合成代謝経路が導入されており，この株を用いたグルコースを基質とした流加培養の結果，1774 mM（135 g/L）の1,3-プロパンジオールを0.51 g/gの対糖収率で生産したと報告されている。

シアノバクテリアにおいて代謝流束が大きいとされているCalvin回路の代謝物を出発物質とすることで高い生産性が達成できるものと考え，DHAPを出発物質とした1,3-PDO生産株の構築を行った（図4）。構築した1,3-PDO生産株は明・好気条件下において，目的生産物質である1,3-PDO，また中間代謝産物であるグリセロールの生産が確認された[5]。

1,3-PDO生産経路において*dhaB*がコードするglycerol dehydrataseは，ビタミンB12要求

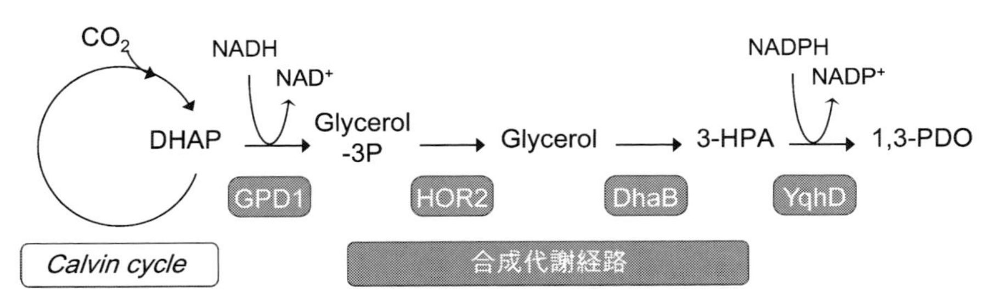

図4　シアノバクテリアに導入した1,3-PDO生産のための合成代謝経路

性であることが知られており，大腸菌に同経路を導入した際の1,3-PDO生産にはビタミンB12の逐次添加が必要であるとされている。しかしながら，本研究で構築した株においては，ビタミンB12の添加による1,3-PDO生産性の変化は確認されなかった。*Synechocystis* sp. PCC 6803を始め幾つかのシアノバクテリアにおいてはビタミンB12と構造の類似したpseudovitamin B12を合成することが知られており，おそらくPCC 7942株内性のpseudovitamin B12が代替物質として機能したものと考えられた。

通気培養時の二酸化炭素濃度を室内の空気（およそ0.04％）から1％に上げることで1,3-PDOの生産量が向上した。グリセロールが増殖挙動に影響されずに生産され続けたのに対して，1,3-PDOは定常期に入ることで生産速度が大きく低下した。細胞内のpseudovitamin B12量は定常期に大きく減少することが*Synechocystis* sp. PCC 6803において報告されており，glycerol dehydrataseの活性低下に伴い，1,3-PDOの生産速度が低下したのではないかと考えられた。培地成分の濃度を検討したところ，リン酸濃度を上げることで増殖期の延長が見られた。増殖期の延長に伴って，1,3-PDO生産量の向上に成功した[5]（425 mg/Lの1,3-PDOと1250 mg/Lのグリセロール）。

構築した生産株では，中間代謝産物であるグリセロールが蓄積しており，グリセロール以降の後半経路が1,3-PDO生産における律速段階となっている。そこで，Glycerol以降の経路を制御するプロモータを発現強度の強いものへと変更することで生産量の向上を試みた。シアノバクテリアでの物質生産に広く使用されていたPtrcプロモータとこれまで使用してきたPLlacO1プロモータの転写強度を比較すると約100倍強いことが明らかとなったため，実際に生産系に使用することとした。DHAPからGlycerolをPLlacO1プロモータ，Glycerolから1,3-PDOをPtrcプロモータにて制御した株は，より多くの1,3-PDOを生産することが確認された。さらに，1,3-PDO生産が増殖連動型であることに注目し培地組成の検討を行ったところ，リン酸濃度を2倍とすることで生産量を更に向上させることに成功した。最終的に，1,3-PDO生産量は1220 mg/Lとなった[6]（図5）。

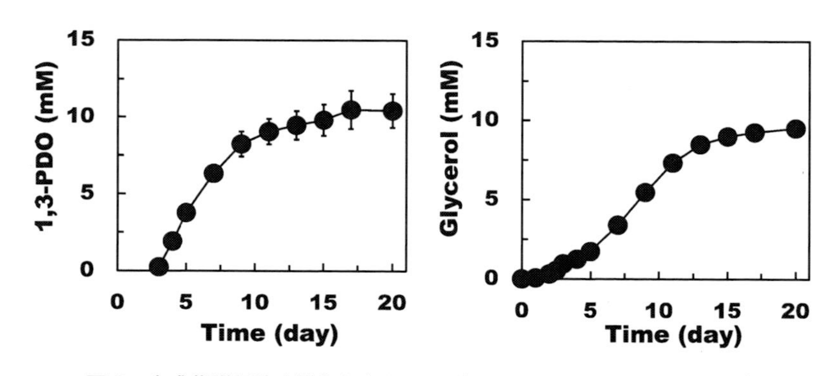

図5　合成代謝経路を導入したシアノバクテリアによる1,3-PDO生産

1,3-PDO 生産に関しては，代謝流束解析による遺伝子破壊候補の決定を行った。Knoop らの発表した PCC 7942 株の 589 遺伝子を対象としたゲノムスケールモデルを利用し，これらの遺伝子を破壊した際の代謝流束のシミュレーションを行った。その結果，呼吸鎖，光化学系Ｉ循環的電子伝達経路，二酸化炭素取り込みに関与する NDH1 複合体の破壊が，1,3-PDO 生産向上に最も寄与するとの結果が得られた。NDH1 複合体は，その構成タンパク質の種類によって，前述の機能や局在する場所が異なると報告されているので，それぞれの機能を示す代表的なタンパク質の遺伝子を破壊した 5 種類の 1,3-PDO 生産株を作成し，生産を試みた。その結果，呼吸鎖，光化学系Ｉ循環的電子伝達経路に関与する NDH1-F1 破壊が，最も 1,3-PDO の生産向上に寄与することが明らかとなった。特に，1,3-PDO 生産経路の中間生産物であるグリセロールの生産株を作成し，NDH1-F1 を破壊した場合は，3380 mg/L のグリセロールを生産した。この生産量は，二酸化炭素と光を用いた組換えシアノバクテリアによる物質生産としては，エタノールに次ぐ二番目の生産量である[7]。

1,3-PDO のシアノバクテリアによる生産は，特許に報告例があるが，有機溶媒抽出で濃縮し，小さいピークが報告されているだけである。合成代謝経路を導入したシアノバクテリアを用いて，二酸化炭素から直接物質生産する研究例は多くあるが，1 g/L 以上の生産を達成しているものは数例しかなく，我々のグリセロール生産量は，我々が知る限り世界第二位の値であった。

2. 4　おわりに

合成代謝経路を導入したシアノバクテリアによる物質生産について，我々の研究例を中心に紹介した。グルコースなどの糖を利用して，合成代謝経路を導入した大腸菌や酵母を用いた物質生産と比較すると，合成代謝経路を導入したシアノバクテリアによる物質生産は，最大の生産量が 1g/L 程度と約 100 分の 1 程度の低い値である。しかしながら，シアノバクテリアによる物質生産は，バイオマスの収穫，糖化に関する時間やコストが必要ないなど有利な点がいくつも存在する。今後，この分野の研究が進展し，生産性の向上やコストの削減が進むことで，さらに大きな注目を集める技術となると考えている。

なお，ここで紹介した合成代謝経路を導入した大腸菌による物質生産に関する研究は，NEDO，合成代謝経路を導入したシアノバクテリアによる物質生産に関する研究は，JST，CREST の支援を受けたものである。

文　　献

1)　Martin C. Lai *et al.*, *Metabolites*, **5**, 636-658 (2015).
2)　T. Kusakabe *et al.*, *Metabolic Engineering*, **20**, 101-108 (2013).

3) Y. Hirokawa *et al.*, *J. Biosci. Bioeng.*, **119**, 585-590 (2015).
4) Y. Hirokawa *et al.*, *J. Biosci. Bioeng.*, **123**, 39-45 (2017).
5) Y. Hirokawa *et al.*, *Metabolic Engineering*, **34**, 97-103 (2016).
6) Y. Hirokawa *et al.*, *Metabolic Engineering*, **39**, 192-199 (2017).
7) Y. Hirokawa *et al.*, *Microbial Cell Factories*, **16**, 212-224 (2017).
8) Y. Hirokawa, *et al.*, *J. Biosci. Bioeng.*, **124**, 54-61 (2017).
9) T. Hanai *et al.*, *Appl. Environ. Microbiol.*, **73**, 24, 7814-7818 (2007).
10) K. Inokuma *et al.*, *J. Biosci. Bioeng.*, **110**, 696-701 (2010).

第３編
産業応用へのアプローチ

第1章　診断薬用酵素コレステロールエステラーゼ（CEN）生産への応用

酒瀬川信一[*1]，小西健司[*2]，村田里美[*3]，吉田圭太朗[*4]，
安武義晃[*5]，油谷幸代[*6]，田村具博[*7]

旭化成グループは総合化学メーカーとしてマテリアル領域，住宅領域，ヘルスケア領域の3つの事業領域を有しており，その技術・製品は，くらしに身近な消費財から，生活をより快適にする素材・製品や，いのちを支えるヘルスケア製品まで，さまざまなシーンで活躍している。旭化成グループの一員である旭化成ファーマ㈱の診断薬製品部は，1970年代初頭に発酵技術を活かした脂質分析用酵素の工業化に成功して以来，臨床検査薬用酵素のパイオニアとして多くの高品質な臨床検査薬用酵素と臨床検査薬を世に送り出してきた。

臨床検査薬（体外診断用医薬品）は，健康診断や病院の診察などで主に使用され，「健康状態をチェックする」，「身体の調子が悪い原因を調べる」，「治療の効果を確認する」ことを主な目的としている。身近な例として，会社や地域の健康診断で採血を受けコレステロールが高いから生活習慣を改めるように指導されたり，インフルエンザの疑いがあるとき鼻から粘液を取られインフルエンザか風邪か判断されたりした経験があると思うが，そこで用いられているのが臨床検査薬である。的確な医療行為を受けるためには的確な診断が必須であり，そのために臨床検査薬の果たす役割は大きい。

臨床検査薬のひとつである生化学検査試薬の多くは，臨床検査薬用酵素を主な原料とし，常温常圧で特定の構造をもつ基質に対して示す厳密な触媒作用である酵素反応を応用している。原料となる酵素はタンパク質であることから，一般的には微生物細胞などを培養して抽出・精製する

＊1～3　旭化成ファーマ㈱　診断薬製品部　開発研究G
＊1　Shin-ichi Sakasegawa，＊2　Kenji Konishi，＊3　Satomi Murata
＊4，＊5，＊7　(国研)産業技術総合研究所　生物プロセス研究部門
応用分子微生物学研究グループ
＊4　Keitaro Yoshida　博士研究員，＊5　Yoshiaki Yasutake　主任研究員，
＊7　Tomohiro Tamura　部門長
＊6　Sachiyo Aburatani　(国研)産業技術総合研究所　生体システムビッグデータ解析オープンイノベーションラボラトリ（CBBD-OIL）創薬基盤研究部門（兼）副ラボ長

という製造方法がとられている。しかしながら，生体内における代謝を制御する役割のため特定の酵素タンパク質の生産量は限られていることが多く，工業化されても高価であり，高純度で安定した品質が求められる臨床検査薬用酵素はさらに高価である。

1980年代から遺伝子工学技術が発展し，今ではほとんどの臨床検査薬用酵素が遺伝子組換え技術を駆使した遺伝子組換え酵素として製造されている[1]。しかし，現在でも工業的な遺伝子組換え製造が著しく困難な酵素もある。今回我々が本事業でテーマとしたコレステロールエステラーゼ（CEN）は，臨床検査薬に汎用される脂質分析用酵素として重要な原料であるにも関わらず，工業的な遺伝子組換え製造が難しい代表的な酵素である。

CENはグラム陰性細菌の*Burkholderia stabilis*（図1）が細胞外に分泌する酵素であり[2]，その主な作用はコレステロール脂肪酸エステル（基質）をコレステロールと脂肪酸に加水分解することである（図2）。そのため，CENは血中のコレステロールを測定する臨床検査薬の原料として工業的に製造されており，世界中で使用されている旭化成ファーマ株式会社診断薬製品部の主力製品である。

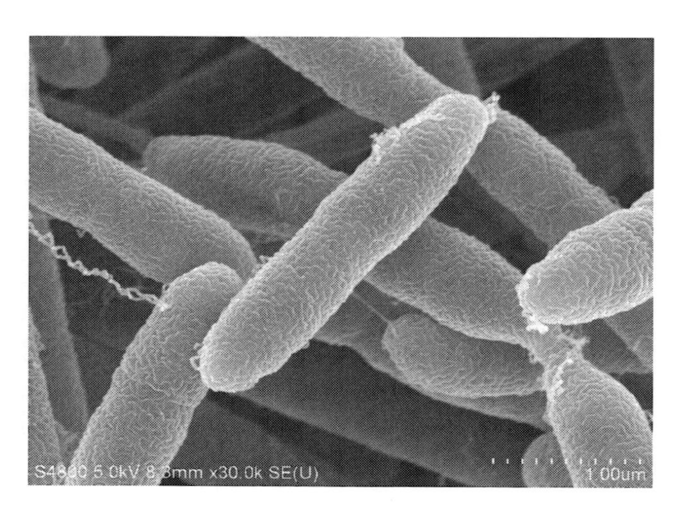

図1　*Burkholderia stabilis*の電子顕微鏡像

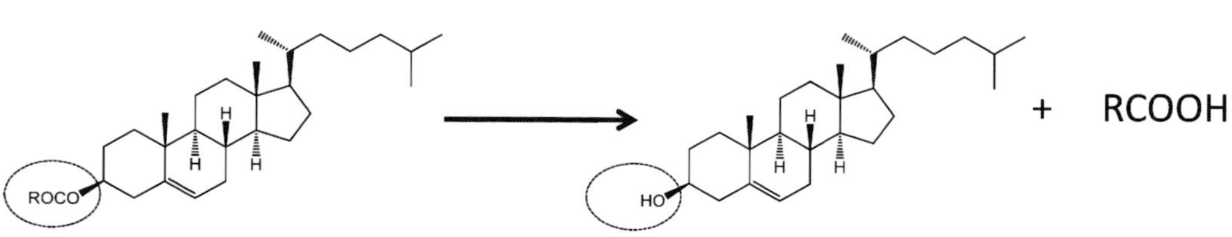

ROCO
HO
+ RCOOH

図2　コレステロールエステラーゼの作用
コレステロールエステル（左）をコレステロール（右）と脂肪酸に加水分解する。

B. stabilis による CEN の分泌生産機構は複雑である。*B. stabilis* は，脂肪酸が存在する環境下のみで CEN を分泌生産し，基質であるコレステロール脂肪酸エステルや反応生成物の一つであるコレステロールでは CEN の生産は誘導されない。また，脂肪酸であればどのような種類でも CEN の生産を誘導するわけではなく選択性がある。さらに，CEN を細胞外に分泌するまでの過程も独特であると予想されている[3~5]。CEN は細胞内で特定の立体構造をもたない不活性体として一旦合成されるが，この時 CEN を特定の立体構造に折りたたむ作用をもつ酵素であるフォルダーゼ（foldase）も同時に合成されている。不活性型 CEN とフォルダーゼには輸送先を指示するシグナルペプチドが付いており，このシグナルペプチドによって細胞膜と細胞外膜の2枚の生体膜の隙間（ペリプラズム）に輸送される。ここで初めて不活性型 CEN がフォルダーゼの作用で適切に折りたたまれて活性化し，2型分泌装置で細胞外に分泌されると考えられている[3~5]。このように CEN 分泌生産系は複数の制御プロセスで構成された複雑なシステムであることから，これを都合良く高発現化することはこれまで成功しておらず，細胞内に大量の不活性体 CEN が蓄積するだけに終わっていた。

古典的な育種方法によって，ある程度 CEN を高発現化することは可能である。具体的には，*B. stabilis* に人為的に突然変異を導入し，数千株の突然変異株を作成したうえで，その中から CEN 生産量が上昇した最も好ましい突然変異株を選択する方法である。この方法は，年単位の時間と労力がかかる地道な作業の繰り返しであるが，我々は本事業でこの操作を数回繰り返し，野生株に対して約 3.4 倍 CEN 生産量が上がった変異株を得ることに成功した。ここからさらに CEN の生産性を向上させるため，次世代シーケンサーによる野生株と変異株の DNA 配列全体を比較解析した。その結果，CEN の生産量が向上した変異株において，200 以上の塩基置換が確認された。同定された変異は，CEN の生産性に寄与している可能性が高いことから，今後これらの変異点の詳細な解析を実施することによって，CEN 発現を制御する因子を発見することが期待され，発見した CEN 発現の制御因子の最適化によって，従来法で実現不可能であった CEN の高生産を達成できると考えている。

我々は，上記のゲノム情報の活用だけではなく，遺伝子発現情報を利用した CEN 高生産の実現にも取り組んでいる。先に述べたように，脂肪酸の非存在下において *B. stabilis* は全く CEN を分泌生産しないという現象から，脂肪酸の存在および非存在条件下では *B. stabilis* の細胞内で異なった細胞内システムが稼働していることが考えられる。そこで，この細胞内システムを明らかにするため，次世代シーケンサーによる RNA-seq 解析によって，それぞれの条件下での遺伝子発現プロファイル情報を獲得した。ここで得られた全遺伝子の細胞内における全転写量情報をもとに，CEN 生産時に特異的な遺伝子発現状態になっている遺伝子群を同定してきた。さらに，*B. stabilis* の人為的制御を可能にするために，同定した遺伝子間の制御関係を明らかにすべく，情報学的な手法を適用した遺伝子発現ネットワーク解析を実施している。同解析により，CEN 発現の制御システムを明らかにすることで，破壊または過剰発現といった人為的操作をすべき遺伝子が同定され，CEN の高発現が実現できると考えている。

RNA-seq 解析では，構成型プロモーターを得る成果も得られた。網羅的に解析した全遺伝子の中から培養条件により発現変動を受けにくく転写量を高く維持する遺伝子を選択し，それらの遺伝子上流 300 bp を CEN 遺伝子に接続しプロモーター活性を評価した。その結果，いくつかの遺伝子上流配列は，脂肪酸添加・非添加に関わらず CEN を高発現できる構成型プロモーターとして使用できることが明らかになった（図 3）。現在，CEN の工業的製造では脂肪酸を含む培地で *B. stabilis* を培養しなければならない。そのため，図 4（左）のように非水溶性の脂肪酸を含

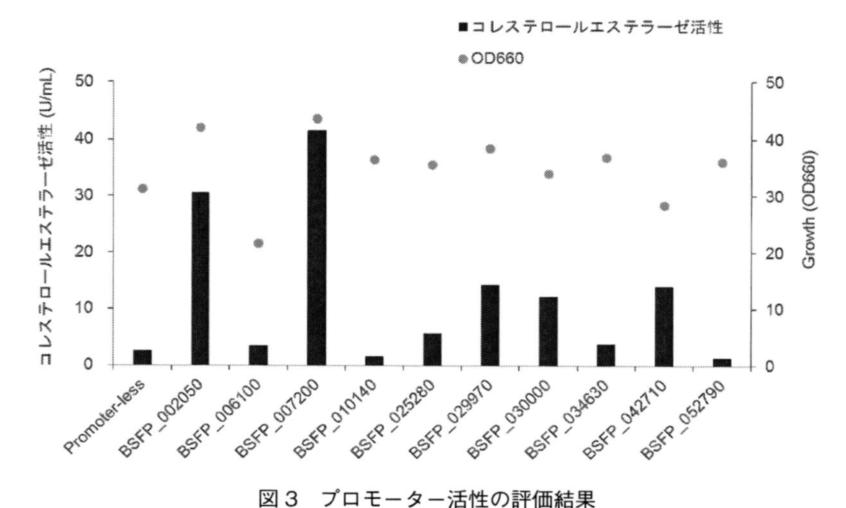

図 3　プロモーター活性の評価結果
BSFP_002050 と BSFP_007200 の遺伝子上流配列は，脂肪酸添加・非添加に関わらず CEN を高発現できる構成型プロモーターとして使用できることがわかる。

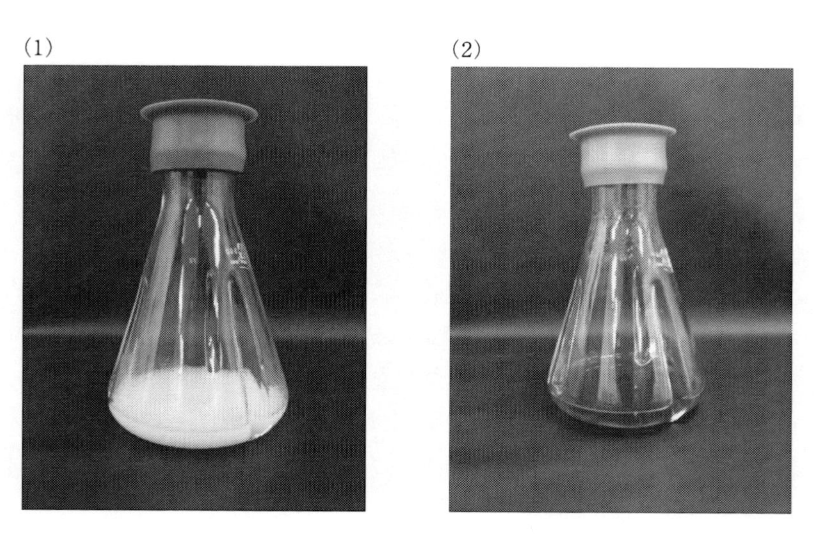

図 4　左は非水溶性の脂肪酸を含む白濁した培地。右は脂肪酸を含まない澄明な培地。

む白濁した培地からCENを分離精製しなければならず，安定製造の妨げとなっている。図４（右）のように脂肪酸を含まない澄明な培地からCENを分離精製できる可能性を得たことは，精製プロセスの省略と高純度で安定した品質の臨床検査薬用酵素の製造につながり，製造コストの削減にも寄与する極めて大きな成果といえる[6]。

全く異なる側面からのアプローチも本事業では実施している。CENの生産量を上げるのではなく，CENの比活性を上げるという方法である。比活性は単位重量あたりの酵素（CEN）が単位時間あたりにどれだけの数の基質（コレステロール脂肪酸エステル）を生成物（コレステロールと脂肪酸）に変換できるかを示す数値である。我々はCENの結晶構造解析による３次元構造を解析し，一次構造の相同性は高いが比活性は異なる別の酵素と比較することで，CENの比活性を変化させられる可能性のある変異候補点を既に見出しており，現在検討中である。

本事業ではCENの生産性を野生株の７倍以上に上げることを最低目標としている。現在のところ育種株と同程度ではあるが，CEN組換え酵素を非誘導発現できる成果を得た。さらにCEN高発現を達成するため今後は遺伝子配列や発現データを元にした情報解析に注力する。野生株と変異株の変異点を比較することでCEN発現の制御因子を明らかにして最適化し，遺伝子発現ネットワーク解析によりCEN発現に寄与する遺伝子を見出し，それら遺伝子の破壊や過剰発現等を今後の検討課題とし，CENの非誘導高発現株の構築を目指す。そして，*B. stabilis*によるCENと同様の分泌生産系をもち組換え製造ができていない他の臨床検査薬用酵素にも本事業で得られた成果を応用したい。

文　献

1) Nakashima and Tamura, *Biotechnol. Bioeng.*, **86**, 136 (2004)
2) K. Konishi *et al., Genome Announc.*, **5**, e00636-17 (2017)
3) Frenken LG *et al., Mol. Microbiol.*, **9**, 591-9 (1993)
4) Rosenau F *et al., Chembiochem.*, **5**, 152-61 (2004)
5) Pauwels K *et al., Nat. Struct. Mol. Biol.*, **13**, 374-5 (2006)
6) 特許出願済み

第2章　セルラーゼ生産糸状菌の複数酵素同時生産制御に向けた技術開発

小笠原　渉[*1]，志田洋介[*2]，鈴木義之[*3]，
掛下大視[*4]，五十嵐一暁[*5]，小林良則[*6]，
田代康介[*7]，油谷幸代[*8]，矢追克郎[*9]

1　バイオリファイナリーとセルロース系バイオマス分解糸状菌 *Trichoderma reesei*

1.1　セルロース系バイオマスを原料としたバイオリファイナリー

現在，化石資源に代わる新たなエネルギー源・原料源として食糧と競合しないセルロース系バイオマスが注目されている。セルロース系バイオマスは，植物細胞の主要な構成成分として地球上に最も多く存在するバイオマスであり，その分解によって生じた二酸化炭素は，植物生育時に光合成により大気中から固定された二酸化炭素であるため，大気中の二酸化炭素量の増加を引き起こすことがなく，再生可能でカーボンニュートラルな資源である。また，セルロース系バイオマスの分解により生じるグルコースなどの糖は食品産業で広く利用できるほか，化成品やファインケミカルの原料，エタノールなど様々なものに変換することができる。そのためセルロース系バイオマスからのバイオリファイナリーは化石燃料からのオイルリファイナリーに替わる新たな物質生産技術として非常に期待されている[1]。

＊1　Wataru Ogasawara　長岡技術科学大学大学院　技術科学イノベーション専攻　教授
＊2　Yosuke Shida　長岡技術科学大学　工学部　助教
＊3　Yoshiyuki Suzuki　長岡技術科学大学　工学部
＊4　Hiroshi Kakeshita　花王㈱　基盤研究センター　生物科学研究所　上席主任研究員
＊5　Kazuaki Igarashi　花王㈱　基盤研究センター　生物科学研究所　グループリーダー
＊6　Yoshinori Kobayashi　(一財)バイオインダストリー協会　つくば研究室　室長
＊7　Kosuke Tashiro　九州大学　大学院農学研究院　生命機能科学部門　遺伝子制御学　准教授
＊8　Sachiyo Aburatani　(国研)産業技術総合研究所　生体システムビッグデータ解析オープンイノベーションラボラトリ（CBBD-OIL）　創薬基盤研究部門（兼）副ラボ長
＊9　Katsuro Yaoi　(国研)産業技術総合研究所　生物プロセス研究部門　研究グループ長

1.2　セルロース系バイオマスの分解

セルロース系バイオマスは，セルロース，ヘミセルロースおよびリグニンから構成されている。主成分であるセルロースはグルコースが直鎖状にβ-1,4結合した高分子ホモ多糖である（図1）。セルロースはそれぞれのセルロース鎖間で水素結合を形成することで強固な結晶構造をとるため，化学処理によってグルコースまで分解することは極めて困難である。細胞壁成分の中でセルロースに次ぐ含有量であるヘミセルロースは，ヘテロ多糖であり，その構成成分によりキシラン，グルコマンナン，キシログルカンおよびアラビノガラクタンなどに分けられる。植物細胞壁中のヘミセルロースで最も多量に存在するのはキシランである。キシランはキシロース同士がβ-1,4-結合した主鎖にL-アラビノース，D-ガラクトース，グルクロン酸，フェルラ酸，*p*-クマリン酸およびアセチル基などが側鎖として結合した構造を持つ。また，ガラクトマンナンはマンノースがβ-1,4-結合した主鎖にD-ガラクトースが側鎖として結合した構造を持つ。リグニンは，フェノール性の高分子性化合物であり，セルロースとヘミセルロースや細胞同士を接着している。バイオマスの種類によりセルロース，ヘミセルロースおよびリグニンの構成成分比率が異なっている[2,3]。

セルロースおよびヘミセルロースは，それぞれグルコースおよびキシロースなどの単糖へと分解することが可能である。しかし，セルロースはその強固な結晶構造から容易に糖化できず，かつては硫酸を用いた化学的な分解処理による糖化が行われてきた。しかし，化学的処理は環境負荷が大きいため，微生物が産生する糖質加水分解酵素であるセルラーゼおよびヘミセルラーゼを用いた環境低負荷な酵素処理による糖化技術が研究されている。セルラーゼはセルロースのβ-1,4結合の加水分解を触媒する酵素の総称であり，Endoglucanase（EG），Cellobiohydrolase（CBH），β-glucosidase（BGL），の3種類に分類される[2]。EGはセルロース鎖内部のβ-1,4結合を無作為に加水分解するエンド酵素であり，CBHはセルロース鎖末端からセロビオース単位に加水分解するエキソ酵素である（図1）。BGLはセロビオースまたはセロオリゴ糖を非還元末端からグルコース単位に加水分解する酵素である。セルロースには結晶領域と非結晶領域が存在し，分解過程ではまずEGがセルロースの非結晶領域を分解することで多数の末端を作り，この

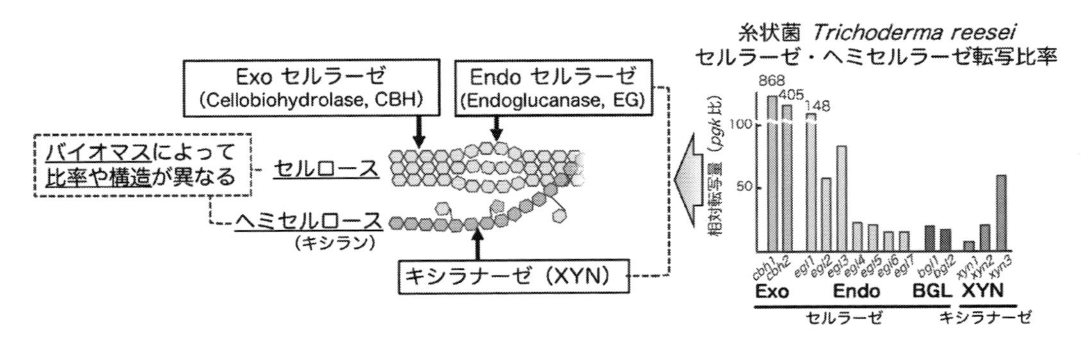

図1　セルロース系バイオマスと糸状菌 *Trichoderma reesei* 由来セルラーゼ・ヘミセルラーゼ

末端をCBHが順にセロビオース単位に分解する。そして最後にBGLが遊離されたセロビオースをグルコースに分解する。このように3種類のセルラーゼの相乗作用によりセルロースは効率よく分解される。そのため，セルロースの分解効率を高めるには，3種のセルラーゼが適切な割合で存在することが重要である[2)]。

ヘミセルラーゼは，ヘミセルロースを分解する酵素の総称である。ヘミセルロースはセルロースとは異なり多種の糖から成るため，それを分解するヘミセルラーゼも多種存在する。また，ヘミセルロースは骨格である主鎖の糖に側鎖の糖が結合した構造をしているため，主鎖を分解する酵素だけでなく，側鎖を遊離する酵素が加わることで効果的に分解が進む。例えば，キシラン分解にはキシラン主鎖を分解するキシラナーゼの他，側鎖を切断するα-D-グルクロニダーゼ，アセチルキシランエステラーゼ，フェルラ酸エステラーゼおよびp-クマリン酸エステラーゼなど，多種の酵素が関与している。従って，セルロース系バイオマスの分解にはセルラーゼのみならずヘミセルラーゼも必要であり，バイオマスの種類によって適切な酵素比率が異なる[4)]。

糖質加水分解酵素群を生産する生物は，原生生物，細菌，真菌，植物，動物と多岐にわたる。その中でも糸状菌 *Trichoderma reesei* は，セルロース系バイオマスに分解に必要とされている全ての糖質加水分解酵素を大量に分泌生産することから，産業的な糖質加水分解酵素源として広く研究が進められてきた。これまでに，*T. reesei* の唯一の野生株であるQM6a株を唯一の起源とするセルラーゼ生産性向上株群が世界中で開発されており，そのセルラーゼ生産制御機構の研究も行われてきた（図2）。我が国においては，「新燃料油開発技術研究組合（RAPAD）」が第二次オイルショック後の昭和55年に設立され，石油9社，発酵4社，プラント7社，化学2社の計23社が7ヵ年計画のバイオマス利活用研究を目的とした大型国家プロジェクトを推進した。この中で *T. reesei* の世界的標準株QM9414を起源とした菌株改良が行われ，工業酵素開発ベース株である高生産変異株PC-3-7が獲得されてきた[5)]。

1.3 既知の調節因子

T. reesei は非常に強力なセルラーゼ生産性を示し，その生産は厳密に制御されているため，糸状菌のセルラーゼ発現のモデルとして研究が行われてきた（2016年までの研究はShida *et al.* 2016の総説を参照[6)]）。*T. reesei* においてセルラーゼはグルコースやその他の代謝が容易な糖の存在下ではほとんど発現しないのに対し，セルロースやその分解産物であるセロオリゴ糖などが唯一の炭素源として存在するときにのみほぼすべてのセルラーゼ・キシラナーゼが同調して発現する。このことから，ほぼ全てのセルラーゼ遺伝子は共通した誘導発現機構に支配されていると考えられている。この20年間でセルラーゼ遺伝子発現に関する転写調節機構の研究が飛躍的に進み，転写活性化因子としてXyr1，Ace2，HAP2/3/5複合体，BglR，Ace3，Vib1[7)]およびSxlR[8)]ならびに転写抑制因子としてAce1，Cre1およびRce1[9)]がセルラーゼ遺伝子の転写調節に関与することが証明されてきた（図3）。その中でもセルラーゼ遺伝子発現の主要な活性化因子はXyr1であり，その結合コンセンサス配列は *T. reesei* において誘導的に発現する全セルラーゼ遺伝子

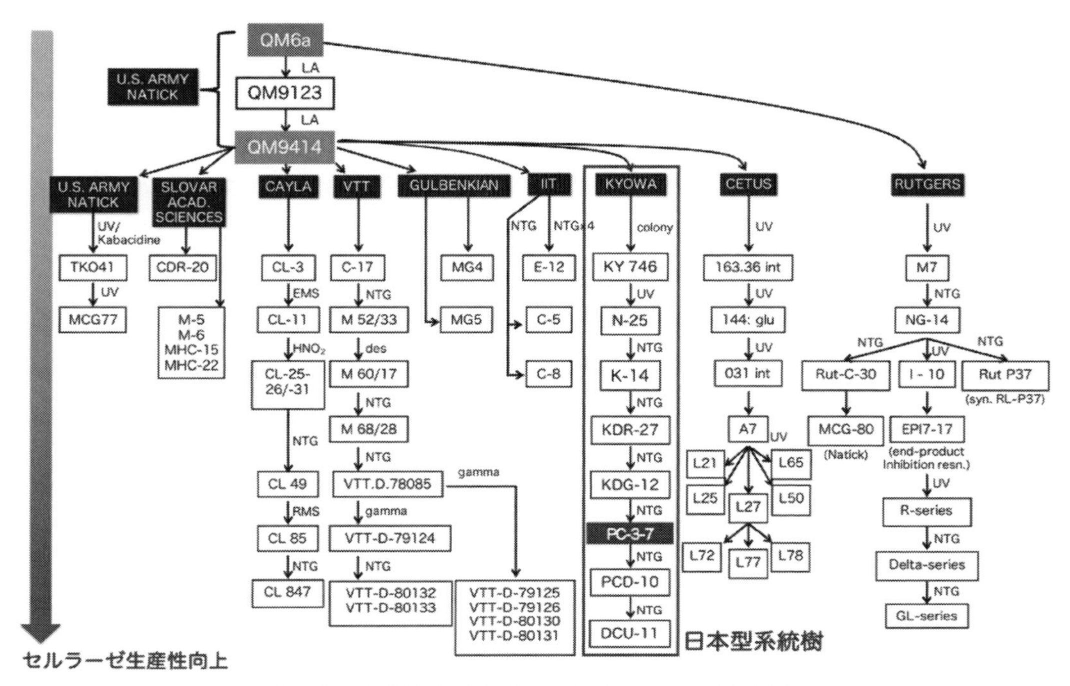

図２　世界で開発されている *Trichoderma reesei* 系統樹

LA: Linear Accelerator, UV: Ultra Violet, EMS: ethymethane sulfate, NTG: Nitrosoguanidine, DES: Diethyl sulfate, gamma: gamma beam, colony: single colony isolation

小笠原ら，化学と生物，Vol.50, No.8, 2012 p.593 図１を転載。

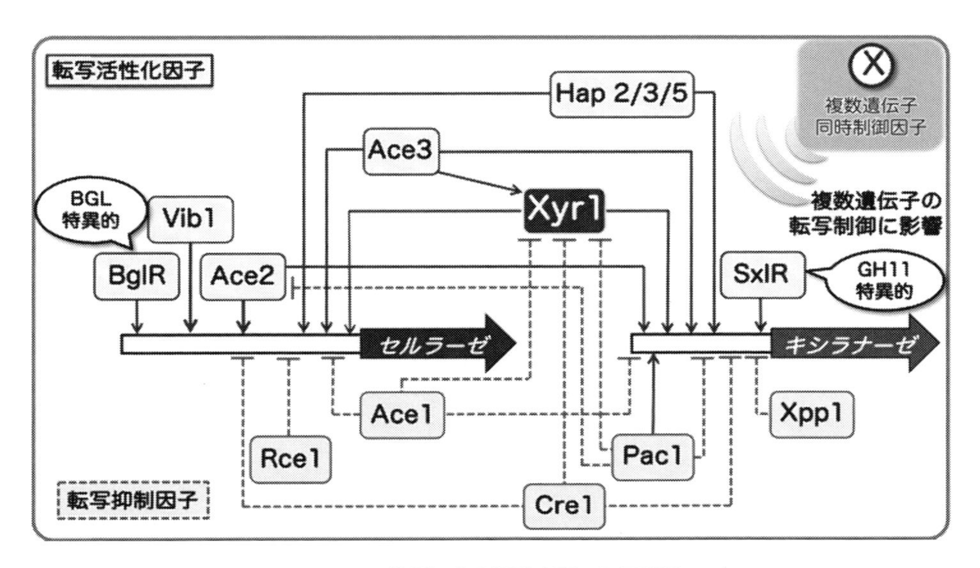

図３　*T. reesei* 糖質加水分解酵素群の転写調節モデル

のプロモーター領域に存在する。*xyr1* 破壊株では，セルラーゼ誘導条件下においてもセルラーゼ遺伝子の発現が全く起こらないため，セルラーゼの誘導発現には Xyr1 が必要不可欠であることが示唆されている。一方，代謝しやすい炭素源を優先的に使用するために経路特異的な酵素遺伝子の発現を抑制する炭素源異化抑制に関与する因子としては，Cre1 や Rce1 が見出されている。ヘミセルラーゼの誘導発現もまた，セルラーゼとほぼ共通の調節機構に支配されている。*T. reesei* のセルラーゼ遺伝子の転写調節因子は，基本的に全セルラーゼ遺伝子を同調的に制御しているが，BglR が BGL，SxlR が GH11 ヘミセルラーゼ群を制御するなど[8]，遺伝子特異的な制御因子も存在している。そのため，我々が観察している“同調した遺伝子発現”は，特定のセルラーゼ遺伝子（群）を特異的に制御するメカニズムがパラレルに機能していると考えられ，それゆえ未知の転写調節因子が存在する可能性が大いにある。

既知の転写調節因子のうち Xyr1，Ace1，Ace2，HAP2/3/5 複合体および Xpp1 は，セルラーゼ遺伝子のプロモーターへの結合活性に基づくスクリーニング方法や他の糸状菌由来転写調節因子との相同性等の古典的手法で取得された。しかし近年では，比較ゲノム解析や生物情報学的解析を活用した取得方法が用いられるようになり，BglR，Vib1，Ace3 および SxlR が取得されている。BglR は，*T. reesei* 日本型変異株のうちセロビオース存在下でのセルラーゼ生産性が向上した PC-3-7 株と野生株との比較ゲノム解析から取得された BGL 特異的な新規転写活性化因子である[10]。Vib1 は，セルロース非生産変異株の比較ゲノム解析から取得された転写活性化因子である[7]。Ace3 は，経時的なトランスクリプトームデータとプロテオームデータから情報学的解析によって同定された転写活性化因子である[11]。この情報学的解析において，“soft clustering methods”と染色体上の遺伝子クラスターの同調発現の情報を用いて，28 遺伝子が推定された。候補遺伝子の破壊株と過剰発現株が構築されたが，最終的に新規転写調節因子として同定されたのは，Ace3 ただ 1 つであった。糸状菌の遺伝子組換えは高度なノウハウと数ヶ月の時間が必要であるため，多数の候補遺伝子の破壊株を作成し，その表現型を解析することは多大の労力と時間を要する。そのため，よりスマートに候補遺伝子を絞り込む情報工学的手法が必要不可欠である。GH11 ヘミセルラーゼ群特異的制御因子 SxlR もまた，情報工学的手法によって推定された因子であるが，推定法の詳細は伏せられている[8]。このように近年では，比較ゲノム解析や生物情報学的解析によって，BglR や SxlR といった特定グループのセルラーゼ・ヘミセルラーゼ群を制御する転写調節因子が同定されてきているが，依然としてバイオマス糖化に必要不可欠な CBH・EG・BGL 群の個別の酵素の調節因子やマイナーなヘミセルラーゼ群の調節因子は同定されていない。

2　*Trichoderma reesei* 糖質加水分解酵素生産制御

2.1　糖質加水分解酵素の生産比率制御の意義

バイオマス酵素糖化において，セルロース・ヘミセルロースを被覆しているリグニンが反応を

表1　転写調節因子探索・同定法の比較

解析法		探索対象	制御の対象：因子名
既存の方法	古典的手法	特定の転写調節因子	主要セルラーゼ・キシラナーゼ群： Xyr1, Ace1, Ace2, HAP2/3/5複合体, Xpp1
	比較ゲノム解析 情報工学的解析	主に転写調節因子	主要セルラーゼ・キシラナーゼ群： Vib1, Ace3 BGL群特異的：BglR GH11キシラナーゼ群特異的：SxlR
ネットワーク解析（本研究）		全ての転写調節因子	特定の酵素（CBH1やEG1等）や 酵素群（CBH群やEG群）を制御する 「複数遺伝子制御因子」

阻害する[2)]。そのため，酸・アルカリ・機械的処理を用いた前処理によってリグニンを除いた前処理済みバイオマスを使用することで，効率的な酵素糖化が可能となる。前処理済みバイオマスの多糖成分の組成は用いるバイオマスの由来や前処理の手法によって異なる。そのため，より効率的なバイオマス糖化には各バイオマスに応じた酵素成分で構成される糖化酵素が必要である。しかしながら，これまでに特定のセルラーゼやヘミセルラーゼのみを制御する調節因子は見いだされていないため，糖質加水分解酵素群の生産比率制御は，比率を変更したい酵素遺伝子を他コピーで導入する必要があり，ゲノム上の組込み位置をコントロールすることが困難であること，他コピーで導入されても想定した発現量を発揮しないなど，安定した菌株を得ることが困難であった。そのため，数種類の酵素を個別に制御する因子「複数遺伝子制御因子」の発現量操作を介して簡便に酵素の生産比率を操作する手法の確立が必要である。しかし，複数遺伝子制御因子の同定は，研究者の経験や直感に頼ったこれまでのWet中心の研究手法では困難である。そこで本研究では，*T. reesei*に合わせたDry解析技術「遺伝子ネットワーク解析」を開発し，活用することで糖質加水分解酵素群の生産比率を制御する因子を同定することを目的としている（表1）。

2.2　糖質加水分解酵素生産比率制御とDBTLサイクル

我々は*T. reesei*セルラーゼ高生産変異株の日本型変異株群（図2）と工業用高生産株群を所有している。前者の高生産変異株群は，突然変異育種を通じて糖質加水分解酵素群の生産量と誘導性が変化しており，後者の工業用高生産株は遺伝子組換え育種により生産性や生産される酵素のバイオマス糖化能が高機能化している。当研究室ではこれまでに両者のオーミクスデータ（ゲノム，トランスクリプトーム，プロテオーム）および表現型データ（酵素生産性等）を蓄積しており，その解析データを活用するとともに，さらに本研究の目的に即したオーミクスデータの増強を進めている。現在，これら表現型データからDry解析用のデータセットを構築してネットワーク解析（2編2章）を実施し，糸状菌型のDBTLサイクル（図4）を循環させることにより，

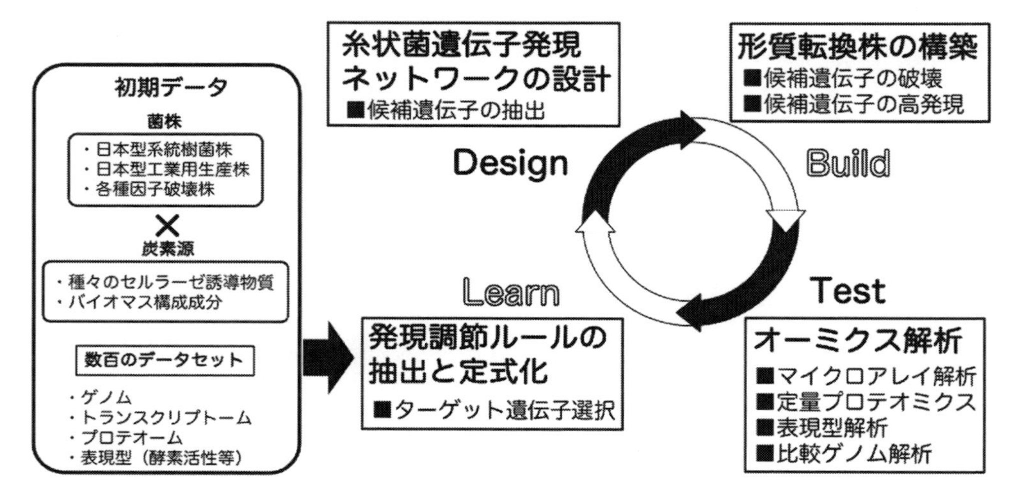

図4　*T. reesei* 菌株開発高速化を目指したDBTLサイクル

複数遺伝子制御の同定を試みている。このDBTLサイクルの循環を通じて複数遺伝子制御因子を同定することにより，*T. reesei* の真の遺伝子制御ネットワークを構築していくことで *T. reesei* の菌株開発の高速化に繋がる。

予測された因子の実証には，世界的標準株QM9414，高生産変異株PC-3-7株とおよび工業用生産株群を用いた。その結果，①特定の酵素の生産比率の向上，②ある酵素群の生産比率の向上，③分泌糖脂質加水分解酵素の生産性向上，といった影響をもたらす因子の同定に成功している。「酵素生産比率に変化をもたらす因子の同定」という目的から評価すると，開発した糸状菌遺伝子ネットワーク解析技術の的中率は100％である。しかしながら予測因子の機能の正確な予測については困難であるため，Wet解析からDry解析へのフィードバック積み重ねや予測法の改良により予測精度を向上させていく必要がある。

文　　献

1)　Bhowmick *et al.*, *Bioresour. Technol.*, **247**, 1144-1154 (2018)
2)　近藤昭彦，天野良彦，田丸　浩（監），バイオマス分解酵素の最前線，シーエムシー出版 (2012)
3)　日本エネルギー学会（編），バイオマスハンドブック，オーム社 (2002)
4)　Várnai, A. *et al.*, *Bioresour. Technol.*, **102**, 9096-9104 (2011)
5)　Kawamori, M. *et al.*, *Appl. Microbiol. Biotechnol.*, **24**, 449-453 (1986)
6)　Shida, Y., Furukawa T., Ogasawara, W. *Biosci. Biotechnol. Biochem.*, **80**(9), 1712-1729

(2016)
7) Ivanova, C. *et al., Biotechnol. Biofuels,* **10**: 209 (2017)
8) Liu, R. *et al., Biotechnol. Biofuels,* **10**: 194 (2017)
9) Cao, Y. *et al., Mol. Microbiol.,* **105**(1), 65-83 (2017)
10) Nitta, M. *et al., Fungal. Genet. Biol.,* **49**(5), 388-97 (2012)
11) Häkkinen, M. *et al., Biotechnol. Biofuels,* **28**;7(1): 14 (2014)

第3章　カルボンの生産性向上による代謝解析・酵素設計技術の有効性検証

吉田エリカ[*1]，大貫朗子[*2]，臼田佳弘[*3]，小森　彩[*4]，
小島　基[*5]，鈴木宗典[*6]，池部仁善[*7]，亀田倫史[*8]

微生物を用いた発酵生産においては，近年，アミノ酸，糖類，脂肪酸等の一次代謝産物だけでなく，二次代謝産物の重要性が増している。特にテルペン（イソプレノイド）化合物は，医薬品原料やフレーバー・フレグランスに加えて，米国を中心にバイオ燃料としても注目を集め微生物による発酵生産が検討されている[1)]。食品用香料（フレーバー）としては，天然香料が望まれているが，一般的には植物由来の精油から単離する必要があり，高価であると同時に植物原料によっては大量生産が難しいことが難点となっている。本章においては，テルペン系のフレーバーであるカルボン（carvone）をモデル化合物として，テルペン系フレーバーの微生物生産に向けた取り組みについて述べる。

(*R*)-カルボンはスペアミントに主として含まれる光学活性体であり，スペアミント様のフレーバーとしてチューインガム，歯磨き粉や医薬原料としての用途があり，世界市場規模は2400トン／年と推定される[2)]。その生産はスペアミントからの抽出あるいは，比較的安価に入手可能なリモネンからの化学合成が主な方法となっている。一般的に植物原料から抽出されるフレーバーは，その供給の不安定性から高価となる傾向にあり，そのために安価な合成品が使用されることが多い。近年の消費者のナチュラル志向の高まりにより，フレーバーにも糖原料からの微生物による直接発酵や天然原料からの微生物変換といったナチュラルな製法が求められている。カルボン等のテルペン系フレーバーも高品質で安価なナチュラル製品を供給することによ

＊1～3　味の素㈱　コーポレートサービス本部　イノベーション研究所
フロンティア研究所　先端育種研究グループ
＊1　Erika Yoshida　研究員，＊2　Akiko Onuki　主任研究員，
＊3　Yoshihiro Usuda　グループ長
＊4～5　神戸天然物化学㈱　開発本部　バイオ開発室
＊4　Aya Komori　研究員，＊5　Motoki Kojima　研究員，
＊6　Munenori Suzuki　研究員
＊7～8　(国研)産業技術総合研究所　人工知能研究センター　オーミクス情報研究チーム
＊7　Jinzen Ikebe　産総研特別研究員，＊8　Tomoshi Kameda　主任研究員

り，需要の伸びにも対応可能な安定供給を実現することとなる。そこで，「1. リモネンを原料としたカルボン変換微生物」，さらには，「2. グルコースを原料としてリモネンを高生産してカルボンを直接発酵する微生物」，これら２つの高性能な微生物を開発できるかがスマートセルインダストリーを実現する上で重要な課題と位置づけ検証を実施することとした（図１）。

リモネンからカルベオールへの変換反応（図１実線部）は位置特異的な水酸化反応であり，シトクローム P450（以下，P450 と略する）に触媒される一般的には位置選択性並びに活性の低い反応である。本反応を担う P450 の位置選択性や活性を向上させるための酵素改変が本微生物変換において極めて重要であり，神戸天然物化学社と産業技術総合研究所の共同で分子動力学（MD）シミュレーションを駆使した酵素改変を実施していく。カルベオール脱水素酵素（Carveol dehydrogenase（CDH））はカルベオールからカルボンを生成する酵素であり，この発現株構築は味の素社が担当する。P450 と CDH を発現させた菌株を構築し，リモネンからカルボンを生産するプロセスの開発を神戸天然物化学社と味の素社の共同で実施する。また，最終的にグルコースを原料として効率的にカルボンを直接発酵する微生物の構築を目指し，グルコースからリモネンを直接発酵で生産する菌の開発（図１点線部）を味の素社と神戸大学にて代謝設計・最適化，OGAB（Ordered Gene Assembly in *Bacillus subtilis*）法による長鎖 DNA 合成，HTP 微生

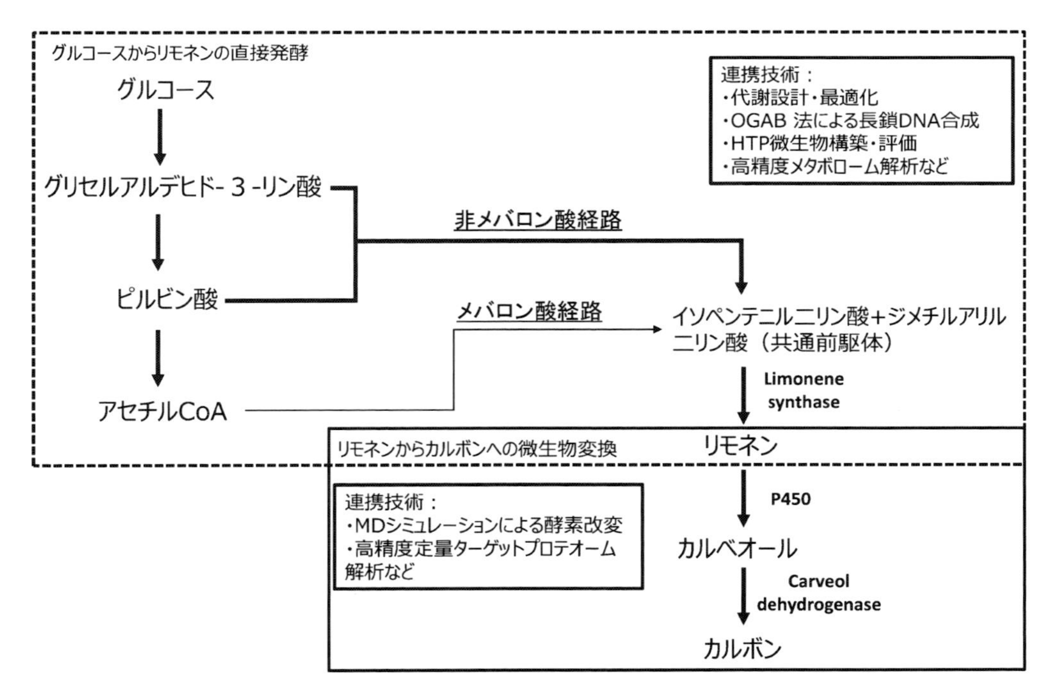

図１　リモネンからのカルボン変換菌株とグルコースからの発酵菌株の開発の概略図
実線部：リモネンからカルボンへの変換反応を示す。点線部：グルコースからリモネンの生産経路の概要を示す。それぞれに主な連携する技術を示した。

物構築・評価，高精度メタボローム解析等の技術と連携して実施していく。酵素変換と直接発酵いずれにおいても大阪大学と連携し高精度ターゲットプロテオーム解析を実施する予定である。

1　酵素設計技術を用いたP450の改変とリモネンからカルボンへの変換

P450は微生物から動植物にいたるまで広く分布している一群のヘムタンパク質である。主にモノオキシゲナーゼ様式の酸素添加酵素活性をもち，きわめて多様な立体構造を有する化合物群を基質としている。P450は脂肪酸代謝，解毒分解，薬物代謝，ステロイドホルモンの生合成などに関わっているほか，植物等から単離された複雑な化学構造を有する天然化合物の生合成に関与している。近年では抗マラリア薬に使用されるアルテミシニンの生合成研究で得られたP450関連の知見を利用して，P450（CYP71AV1）[3]の遺伝子導入酵母によるアルテミシニン前駆体の生産が開始されている。その他にも医薬原体を生産する過程でP450導入微生物が利用されている。したがって，発酵生産や微生物変換においてP450による酸素添加反応は重要な反応の一つといえるだろう。

神戸天然物化学社では化学合成法では困難な酸化反応を行うP450に着目し，大腸菌や酵母などを利用した微生物変換系の技術開発を行っている。微生物や動植物由来を含む数百種におよぶP450のライブラリーを有しており，創薬段階でのリード化合物の創製や医薬品代謝物の調製，工程短縮を目指したバイオプロセス開発，試作，製造に利用している。

P450を利用するにあたって酸化反応の位置選択性と低い反応性[4]が問題になることがある。モデル化合物の香料原料の（*R*）-カルボン生産を念頭に置くと，低い位置選択性による不純物の増加は最終製品の香調変化の原因となり，低い反応性は生産コストの増大原因となりえる。本有効性検証では特に前者の位置選択性に着目し，MDシミュレーションによる位置選択性の制御，すなわち選択性向上及び変更を目指した酵素改変を産総研とともに実施することとした。

最初にP450の位置選択性の制御の検討について実施事例を報告する。本章ではリモネンの酸化反応をモデルとした。リモネンの酸化反応を触媒するP450は複数報告されているが，神戸天然物化学社P450ライブラリー中から結晶構造が判明しているP450を改変候補とした。従来，酵素改変手法としてはPCR法を利用して無作為に変異を導入する方法が広く用いられている。しかし，この手法は数千以上の変異体の作製・評価を行う必要があるため，目的の改変酵素を得るのに多大な時間と労力が必要となる。ハイスループットな酵素改変の手法を確立させるためには，変異を導入するべき残基を絞り込み，実際に作製・評価する改変酵素数を低減させる必要がある。本章では，MDシミュレーションを用いて酵素の反応ポケット内部のリモネンの立体構造を*in silico*上で探索し，ドッキングに関与する残基を予測することで，変異を導入するべき残基の絞り込みを行った。

P450とリモネンの酵素反応は，酸化反応位置の異なる複数の生成物を生じることから，複数のドッキング構造が存在すると考えられる。本検証では，これらのドッキング構造を網羅的に探索でき，かつそれぞれの構造の安定性を統計的に評価できる手法が求められる。最も一般的なドッキング構造予測法であるドッキングシミュレーションでは，酵素の表面上に基質の様々な立体構造配座を発生させて安定なドッキング構造を探索する。この方法は高速な構造探索を可能とする反面，酵素を剛体として扱うため，酵素ポケット内部の構造変化を考慮することができない。モデルP450（アポ体）の結晶構造のポケット内部には，リモネンが活性部位に接触するのを妨げるように残基側鎖が突出しているため，ドッキング構造を網羅的に探索するためには，P450ポケット内部の構造変化を考慮できる手法が必須である。

一方MDシミュレーションでは，酵素，基質，またそれらを取り囲む水分子などの溶媒を構成する各原子が相互作用しながら運動を行うため，ポケットの構造変化を考慮した基質の構造探索が可能となる（図2）。本章ではまず，MDシミュレーションが実験結果を正しく再現できるのかを確認するため，モデルP450のポケットにリモネンの光学異性体であるS体とR体を配置した2つのMDシミュレーションをそれぞれ実行し，計算結果と実験の比較を行った。

リモネンのS体とR体の両光学異性体それぞれをモデルP450導入大腸菌にて微生物変換を行い，生成物をGC-MSを用いて分析すると，リモネンの2, 3, 6, 9位が単独または複数個所が酸化された化合物が検出される。これらの酸化物でも最も特徴的なのは3位酸化物で，S体では6％なのに対してR体では38％検出される（図3左）。MDシミュレーションでR体とS体のリモネンの酸化部位とP450の活性部位のコンタクト率について解析を行うと，実験と同様にR体の3位コンタクト率がS体に比べ有意に高い値をとることが示される（図3右）。以上の結果により，MDシミュレーションがリモネンの光学異性体の違いによる反応性の違いを正しく判別できる精度を持つことが確認された。

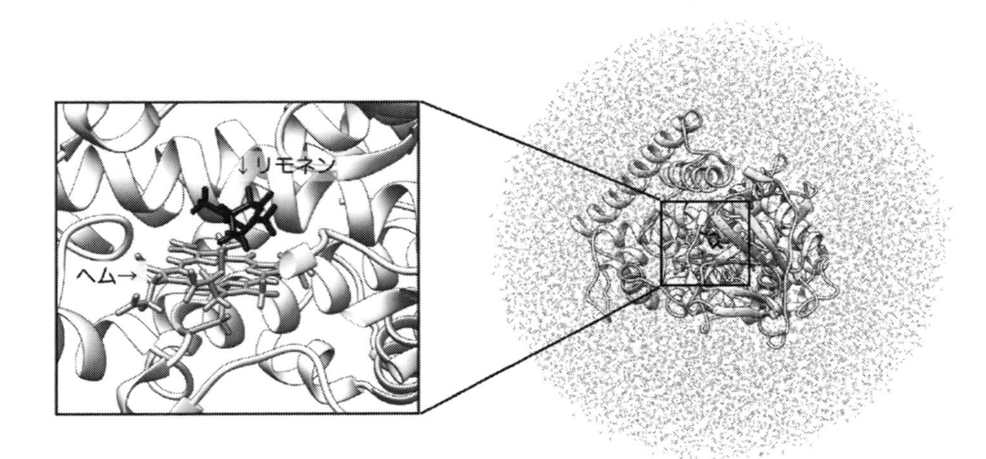

図2　分子動力学シミュレーションによる水球中のP450-リモネンドッキング構造

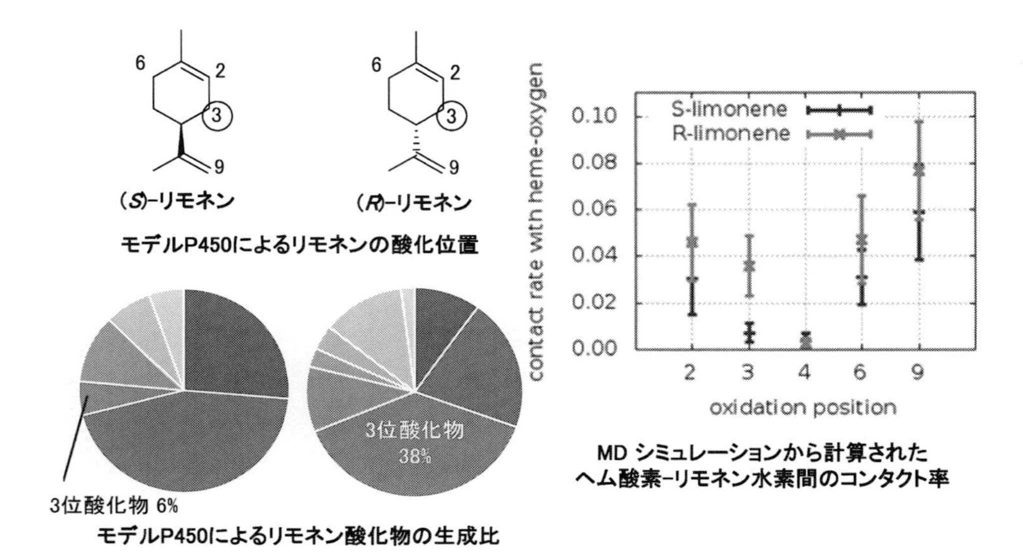

図３　モデル P450 によるリモネン酸化物生成比とヘム酸素-リモネン間のコンタクト率の比較

現在，MD シミュレーションの解析結果をもとに位置選択性の向上及び変更を目指し，改変酵素の作製・機能評価を進めている。

次に P450 を用いた生産性向上について検討の一部を報告する。モデル反応に使用する基質のリモネンは揮発性物質のため，揮発性物質に適した微生物変換系の構築を行った。反応条件の最適化により，リモネン酸化物の生産量を初期条件と比較して約 60 倍向上させた。さらに P450 は酸素添加反応を行う上で，酸素の存在と共にヘムを還元し P450 に結合した酸素分子を活性化するための還元力の供給が必要である。このことから P450 及び還元酵素の発現量調節，ヘムの生合成強化，酸素分子の供給の最適化等が反応性向上因子として考えられる。さらに，微生物変換系を用いた場合には基質の取り込み，生成物の排出等の様々な因子があげられる。本検証ではこれら数十の因子についてリモネン酸化反応に寄与する因子の絞り込みを行った。今後，絞り込んだ因子について本事業で開発中の情報解析技術等を用いてさらなる生産性の向上の検討を行っていく所存である。

カルベオールからカルボンの変換を担う CDH に関しては，スペアミント（*Mentha spicata*）由来の CDH がカルベオールから (*R*)-カルボンへの変換を触媒することが知られている[5)]。P450 と CDH を *Escherichia coli* で発現し，リモネンからカルボンへの変換反応を実施していく予定であるが，P450 の反応性が低いことが予想されるため，定量プロテオーム解析技術（QconCAT 法）を用いて，両酵素の発現量を検出して，最適な発現比率の検討を実施していく予定である。

2　リモネン発酵生産菌の構築

テルペン（イソプレノイド）化合物は，植物の細胞質で用いられるメバロン酸経路[6]，あるいは植物の葉緑体や多くの細菌で用いられる非メバロン酸経路[7]で生合成される。今回の検証には，理論的に収率が高く工業生産において制約が少ないことが期待される非メバロン酸経路を用いることとした（図1）。非メバロン酸経路は，ピルビン酸とグリセルアルデヒド-3-リン酸から，イソペンテニル二リン酸（IPP）と，ジメチルアリル二リン酸（DMAPP）を合成する経路であり，IPPとDMAPPを共通の前駆体として，多様なテルペン（イソプレノイド）化合物が生合成される。生産菌株の宿主としては，*E. coli* あるいは *Saccharomyces cerevisiae* が用いられる例が多い[8]。植物由来のP450の発現には *S. cerevisiae* が有利であるが，菌株改変のスピードや容易さが優れている *E. coli* を宿主として採用し，固有の非メバロン酸経路の強化を目指すこととした。

一般的にバクテリアでは，ファルネシル二リン酸シンターゼ（FPPS）により，DMAPPから中間体であるゲラニル二リン酸（GPP）を経由してファルネシル二リン酸（FPP）への反応が触媒され，GPPの菌体内プールは極めて少ないことが示唆されている[9]。したがって，モノテルペノイドを効率的に生産するには，GPPを反応産物とするゲラニル二リン酸シンターゼ（GPPS）を利用する必要があるが，*E. coli* 由来のFPPSをコードする *ispA* 遺伝子に変異を導入することでGPPSとしての機能を持たせた例が報告されている[9,10]。菌体内GPPプールを増加させる変異として知られているS80Fの変異を導入した *ispA** とリモネン合成酵素と共発現させることでリモネンを生産できることを味の素社において確認済みである[11]。リモネン合成酵素遺伝子としては，キラル分析により(*S*)-リモネン選択性の高いスペアミント（*Mentha spicata*）由来の遺伝子（*MsLMS*）を選択した。神戸大学において，*E. coli* BW25113株から非メバロン酸経路の遺伝子

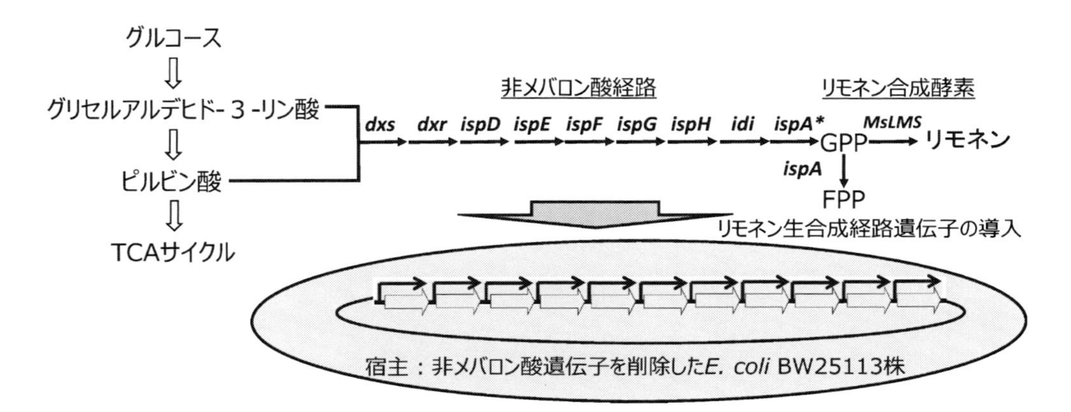

図4　グルコースからのリモネン生産菌構築の概念図
グルコースからの非メバロン酸経路によるリモネン生合成経路とそれに関わる遺伝子を示した。これら遺伝子を *E. coli* BW25113株から非メバロン酸遺伝子を削除した宿主に導入し，リモネン生産菌を構築する。

を欠損させた株がシャーシ株として作製されている。このプラスミド上に非メバロン酸経路遺伝子に加え *ispA** と *MsLMS* を導入することでリモネン生産菌の構築を実施する予定である（図4）。

具体的にはOGAB法による長鎖DNA合成技術により強度の異なるプロモーターで各遺伝子を発現させるプラスミドを取得し，Combi-OGAB法により異なるプロモーターで各遺伝子が発現するユニットがランダムな組み合わせで集積されたライブラリー株を構築し，リモネン生産能を評価する。この結果を解析し，次ラウンドのライブラリーのデザインを設計していく。この際，機械学習などの新たな手法を取り入れることで，ライブラリーのデザイン精度を向上させていく。また，拡張代謝モデルを構築し，一部の株はオミックス解析に供し，非メバロン酸経路以外の代謝の改善ポイントを予測し，次ラウンドの宿主の改良を実施するというDBTLサイクルの高速化を目指していく。

文　献

1) K. W. George *et al.*, "Biotechnology of Isoprenoids", p.355, Springer (2015)
2) B. M. Lange, "Biotechnology of Isoprenoids", p.319, Springer (2015)
3) C. J. Paddon *et al.*, *Nature*, **496**, 528 (2013)
4) M. K. Julsing *et al.*, *Currr Opin Chem Biol.*, **12**, 177 (2008)
5) K. L. Ringer *et al. Plant Physiol.*, **137**, 863 (2005)
6) D. Tholl, "Biotechnology of Isoprenoids", p.63, Springer (2015)
7) A. Boronat and M. Rodríguez-Concepción, "Biotechnology of Isoprenoids", p.3, Springer (2015)
8) Y. Chen *et al.*, "Biotechnology of Isoprenoids", p.143, Springer (2015)
9) K. K. Reiling *et al.*, *Biotechnol. Bioeng.*, **87**, 200 (2004)
10) J. Zhou *et al.*, *J. Biotechnol.* **169**, 42 (2014)
11) 味の素株式会社，リモネンの製造方法，特開 2017-104099 (2017)

第4章　*Streptomyces* 属放線菌を用いた物質生産技術：N-STePP®

仲谷　豪[*1]，山本省吾[*2]，石井伸佳[*3]，曽田匡洋[*4]

1　はじめに

Streptomyces 属放線菌（以下，Sm 属放線菌）は細菌に分類される一群であるが，胞子を形成し，糸状菌（カビ）のような形態を有するいわば“細菌とカビの間”の微生物である。Sm 属放線菌は抗生物質生産菌として著名であり，世界中の製薬企業ならびに研究機関が新規生理活性物質を求めて研究を続けていることは周知の事実である。結核治療薬のストレプトマイシンは，その名の通り Sm 属放線菌より発見され，発見者の S. A. Waksman はその功績によりノーベル賞を受賞した。また，北里大学特別栄誉教授・大村智氏が発見し，ノーベル賞受賞の功績となった寄生虫駆除薬イベルメクチンも Sm 属放線菌が生産する化合物の一つが改良されたものである。現在も Sm 属放線菌から次々と新しい化合物が発見されているが，それは本放線菌が他の微生物よりも多種多様な物質を合成する能力（遺伝子配列および実生産機能）を保有しているからに他ならず，新規物質を探求する研究者たちを魅了し続けている。これら物質の生合成経路は，放線菌自身の生育に必須の物質代謝経路（＝一次代謝経路）と区別して二次代謝経路と呼ばれ，Sm 属放線菌研究者は，まず第一に新規物質の発見とその構造の解明，第二に，時には20段階以上にも及ぶ研究対象物質の生合成経路の完全解明，そして第三にその各反応を触媒する酵素機能の解明に研究の主眼を置いてきたと言える。一方で，本放線菌の特徴として，多種多様な二次代謝経路遺伝子を有することの他，染色体が線状であること，G＋C 含量が非常に高い（約70％）こと，ゲノムサイズが他の細菌に比べて大きい（時に8 Mbp 以上）こと等が挙げられる。ゲノムサイズの大きさは，主たる生存環境である土壌中で生存するために様々な物質を合成・分解する必要性を反映した進化の証であり，上記二次代謝経路を含め，他の微生物にはない生態や機能は非常に興味深い。しかしながら，Sm 属放線菌の遺伝学的知見は，世界中で物質生産宿主として重宝されてる大腸菌や酵母に比べて少なく，多種多様な物質を生産するという長所を自由自在に活用できるまでには至っていないのが現状である。本章では，その長所を最大限に利用する技術の開発と，それと並行して実施している実用化研究例を一部紹介する。

＊1　Takeshi Nakatani　長瀬産業㈱　ナガセ R&D センター　基盤研究課　研究員
＊2　Shogo Yamamoto　長瀬産業㈱　ナガセ R&D センター　基盤研究課　主任研究員
＊3　Nobuyoshi Ishii　長瀬産業㈱　ナガセ R&D センター　企画開発課　主任研究員
＊4　Masahiro Sota　長瀬産業㈱　ナガセ R&D センター　基盤研究課　課統括，主任研究員

2 N-STePP®

長瀬産業㈱ナガセR&Dセンターおよびグループ会社のナガセケムテックスでは，従来の微生物発酵技術をさらに飛躍させる新しい技術として，約10年前からSm属放線菌を宿主とした物質生産技術開発に取り組んできた。本技術は，NAGASE's *Streptomyces* Technology for Precious Productsを略してN-STePP®と名付けられた。N-STePP®はSm属放線菌由来の酵素を自在かつ大量に発現させることが可能であり，既にN-STePP®を用いた酵素製品ならびに酵素生産物を市場に送り出している（表1）。ナガセR&Dセンターでは，これまでに培った酵素発現技術および発酵生産技術を次世代の物質生産技術，すなわちバイオケミカル生産技術へと応用すべく，N-STePP®のレベルアップに注力している。これまでに，組換え用ベクター，タンパク質高発現用ベクター，抗生物質を生産しない改良株等の基本ツールを独自に開発した他，物質生産用の各種培地，スケールアップ計算シミュレータ，代謝副産物解析等，バイオケミカル生産に向けた各種検討を行い，少しずつではあるが，大腸菌や酵母とは一線を画したモノづくりのプラットフォーム技術として着実に築き上げてきた。

一方で，研究開発開始当初も現在も我々が直面している問題は，Sm属放線菌の遺伝学的知見の乏しさにある。本属放線菌のゲノムサイズは平均して大腸菌の2倍であり，同機能を持つ（と推定できる）遺伝子（オルソログ）を複数個保有していることが多い。しかも，それらオルソログの多くは，実際に働いているのか，常に休止しているのか，生育環境によってどちらかが優勢になるのか等が未解明のままである。現在，目的物質を生産する場合において，宿主菌株の代謝経路を最適化するためにゲノムスケールモデルを用いてシミュレートすることは定法であるが，我々の知る限りSm属放線菌に関する信頼度の高いゲノムスケールモデルは存在しない。そのため，NEDOスマートセルプロジェクトを活用して，我々が宿主として用いている菌株のゲノムスケールモデルを構築し，トランスクリプトーム解析，メタボローム解析を実施し，さらに炭素フラックス解析を行うことで，Sm属放線菌を“丸裸”にすることを目指している。

このような基礎研究を続ける傍ら，一営利企業として，N-STePP®によるバイオケミカル製品開発も行っている。以下に紹介する2つの機能性アミノ酸は，これまでの研究成果が形となってあらわれた例である。

表1　N-STePP®で作られた酵素製品

酵素名または製品名	用途
ホスホリパーゼD	機能性リン脂質製造
PLA2ナガセ	機能性リン脂質製造
デナチーム CET-P1	キチン分解
デナチーム CBB-P1	キチン分解
デナチーム GEL-L1/R	酵母分解
デナチーム PMC SOFTER	食肉改質
デナチーム X-PRO DUET	健康食品製造

3　応用例1：天然紫外線吸収アミノ酸「シノリン」の生産

近年，紫外線がシミ，そばかす，たるみといった皮膚の老化（＝光老化）や皮膚ガンを引き起こすことが様々なメディアで報じられており，紫外線対策への人々の関心は高まる一方である。紫外線対策関連市場は年々拡大しており，初夏から秋の日差しが強い時期だけではなく，一年間を通じて紫外線から身を守ることが推奨されている。マイコスポリン様アミノ酸（以下MAAs）は，自然界，特に水棲生物に30種以上存在する天然の紫外線吸収物質群である。藻類やサンゴに含まれており，これら生物を紫外線による各種ダメージから守る働きをしている。構造によって吸収する波長域が変わるため，現在市場で使われている様々な紫外線防御剤（金属酸化物および化学合成品）の代替品としての利用が期待される。しかし，過去の文献等でMAAsの優れた有効性や安全性等が報告されながら，市場にはほとんど出回っていない。その理由としては，海藻等に含まれるMAAsの量がごく微量であり，抽出による精製では高純度の製品を創り出すことが容易でないことが考えられる。そこでナガセR&Dセンターでは，MAAsの一種シノリン（図1）をN-STePP®により大量生産することを目的に研究開発を開始した。

光合成細菌のシノリン生合成経路およびその遺伝子群は2010年にBalskusとWalsh[1]によって解明され，その後，Miyamotoら[2]が一部放線菌（*Actinosynnema* 属と *Pseudonocardia* 属）に類似遺伝子群の存在を突き止め，それらの機能を証明した。Sm属放線菌は分類学上，上記2属に近縁であることから，これら生合成遺伝子群をその細胞内に導入したところ，その生産量は導入当初から大腸菌，コリネ菌，酵母といった主要なバイオテクノロジーの宿主細菌による生産量を数十倍上回るものであった[3]。NEDOスマートセルプロジェクトを活用して行ったメタボローム・トランスクリプトーム解析から判明したことであるが，Sm属放線菌が大腸菌，コリネ菌，酵母に比べてシノリンを大量に生産した理由は，Sm属放線菌の炭素源代謝は，菌体の増殖が終了した後に，解糖系よりもペントース-リン酸経路（PPP）に大きく偏るためと推察している。Sm属放線菌では，菌体増殖後には多くのグルコースがPPPを経由してセドヘプツロース-7-リン酸（S7P）となり，シノリン生合成の前駆体として必要なS7Pが不足する状況にはならない（図2）。シノリンの生産にはS7Pの他にグリシンとセリンを必要とするが，これらアミノ酸は生体内で合成可能なことに加えて培地原料にも含まれている。したがって，Sm属放線菌はS7P生産

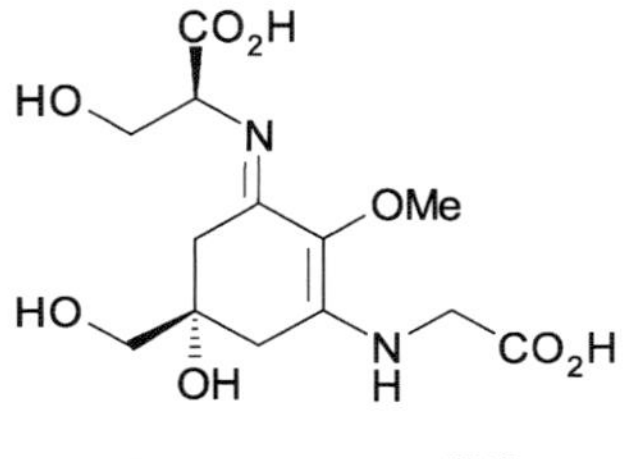

図1　シノリンの構造

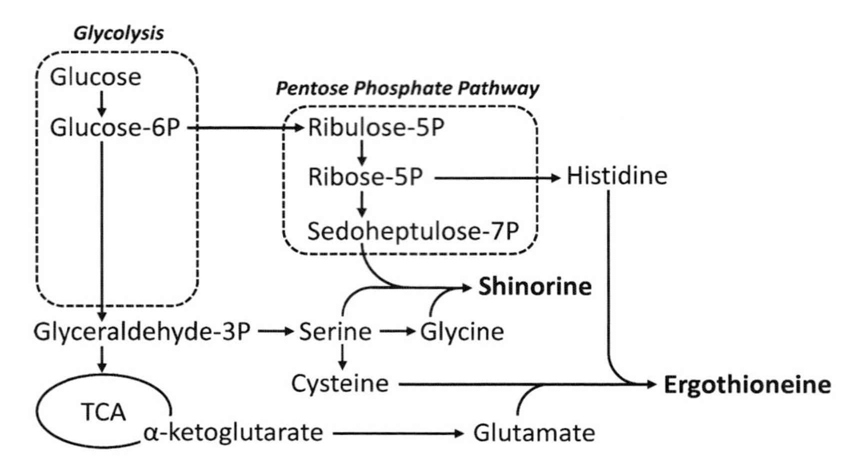

図２　シノリンとエルゴチオネインの生合成経路

が他の微生物よりも旺盛な分だけシノリン生産量が多かったと考えるのが妥当であろう。

その後，宿主細菌の改良，培地組成の最適化，培養方法の最適化等の各種検討により，シノリンの生産量は当初の数百倍以上に達した。さらに，我々が生産したシノリンは，グループ会社である㈱林原の研究所にて各種安全性試験に供され，化粧品素材としての使用に何ら影響のない安全性を担保していることが示されている。

4　応用例２：多機能アミノ酸「エルゴチオネイン」の生産

エルゴチオネイン（以下 EGT）は担子菌類（キノコ類）および糸状菌（カビ）が生産するアミノ酸の一種である（図３）。その存在は古くから知られており，強力な抗酸化力を示す。本アミノ酸の合成経路は2010年，Seebeck によって *Mycobacterium* の遺伝子群の中から発見された[4]。哺乳動物の染色体には EGT 合成遺伝子群は存在しないが，2005年にヒト細胞には EGT 特異的なインポーター（OCTN1）が存在することが明らかとなった[5]。この発見がきっかけとなり EGT の生理機能に関する研究が加速され，細胞やマウスを用いた OCTN1 のノックダウン実験により細胞内 EGT 含量の低下が深刻な酸化ストレスダメージを生じさせることが複数の研究により示された[6~8]。このような知見の蓄積から，近年では本物質があたかもビタミンのような重要な役割を果たしていることが示唆されている。また，血液脳関門を通過することも知られており[9]，脳機能の改善，うつ病や認知症の予防に繋がる素材として期待されている[8]。このように，多機能性を示すアミノ酸ゆえ，EGT 関連の特許出願数は年々増加しており，市場には既に EGT を含有するサプリメントや化粧品も登場し，今後の需要増が窺い知れる。その反面，同物質の供給は，不純物を多く含むキノコ抽出物やカビ抽出物に頼っており，化学合成品もまだまだ高価で使いにくいのが現状である。

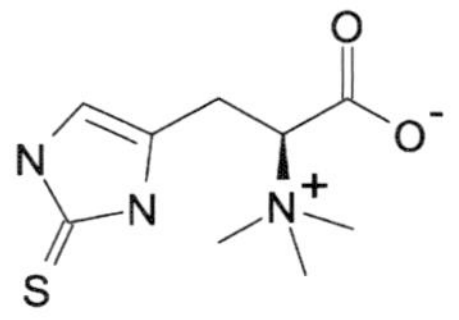

図3　エルゴチオネインの構造

ナガセR&Dセンターでは，前述のシノリン同様に，EGTをN-STePP®で大量生産することを試みた。多くのSm属放線菌はこの物質を生産する遺伝子群を染色体上に保有しており，N-STePP®用宿主も同様であることから，同遺伝子群の強化によって大量生産が容易と想像できた。また，ある遺伝子をその遺伝子が由来する宿主細胞に導入した場合，“セルフクローニング”と呼ばれる技術範囲となり，こうした宿主を用いた生産物は非遺伝子組換え品に該当するため，食品用途への展開が容易となる。これらの点において，EGT生産についてはN-STePP®は大腸菌や酵母のような汎用宿主を使った技術よりも優位であると考えている。

Sm属放線菌のEGT生合成遺伝子群はPCRで増幅され，N-STePP®用宿主へと導入された。我々の期待通り，EGT合成遺伝子導入株は，何ら改良を加えなくても液体培地1リットルあたり数百ミリグラムのEGTを生産した[9]。EGTを多く生産する担子菌類100グラムあたりのEGT含有量が5～100ミリグラムであるから，我々のEGT生産株はこの時点で担子菌類に匹敵する生産量を示したといえよう。また，担子菌類や糸状菌類とは異なり，N-STePP®でのEGT生産ではEGTの大部分は液体培地中に排出されるため，菌体からの抽出が必要なく，固液分離によって回収できる点で簡便である。EGT生産に関しても前述のシノリン同様に各種検討が行われ，現在の生産量は当初量をはるかに上回っている。一方で，検討の随所において，生産量が思ったように向上しない“踊り場”期間が長くなってきており，その原因として以下の理由が挙げられる。

我々が目指す生産プロセスの特徴は，EGTの前駆体であるシステインとヒスチジンの2種アミノ酸を加えることなく，グルタミン酸などのアミノ酸発酵と同様に，糖からEGTを生産する直接発酵法の確立を目指している点である（図2）。このため，生産性向上の主要課題として，システインとヒスチジンの供給律速が考えられる。しかし，代謝系を俯瞰すれば，EGTの骨格となるヒスチジンはペントースリン酸経路のリボース-5-リン酸から，システインは解糖系のホスホグリセリン酸から，それぞれ供給する必要がある。このように異なる代謝経路から2種のアミノ酸を効率的にEGTの生合成系に供給することは，従来の代謝工学的手法では至難の業であった。そこで，これら問題の解決及び更なる生産性向上のため，NEDOスマートセルプロジェクトでは，N-STePP®用宿主のゲノムスケールモデルを確立しフラックス解析等を実施することで，最適なEGT生産ルートおよび菌株の改変法の予測を行っている。さらに，EGT生産時におけるメタボローム・トランスクリプトーム解析により取得した代謝・転写プロファイルデータを用いて上述の代謝モデルを拡張することで，より高精度な予測の実現を目指している。

5　おわりに

既述の通り，ナガセR&Dセンターでは，Sm属放線菌を物質生産の宿主として用いるN-STePP®を独自技術として研究開発を続けており，シノリン，EGTという具体的な生産例を紹介した。Sm属放線菌を用いることについては，社内外からその理由を頻繁に問われることがある。確かに，Sm属放線菌は大腸菌や酵母に比べ，リソース（改良株，各種ツール，遺伝・代謝情報等）が少ない，培養に時間がかかる，宿主改良が難しい（安定しない）等の短所があり，物質生産宿主として利用するには課題が多い。一方，生産持続期間が長い（＞2か月），大腸菌や酵母が生産できない物質を容易に生産する等の長所もある。NEDOスマートセルプロジェクトおよび世界各国の類似研究開発が進展すれば，将来的には，目的物質の生産のみならず，製造設備にも適した代謝を持つ細胞＝スマートセルが簡単に設計できる時代がくるであろう。しかし，その実現にはまだまだ時間が必要である。当面は，大腸菌，酵母，カビ，コリネ菌，放線菌などのプラットフォーム技術をしっかりと育成し，「餅は餅屋」の通り，各プラットフォーム技術の得意な分野で既存のバイオ産業をさらに発展させることが望ましい。NEDOスマートセルプロジェクトによりSm属放線菌の課題を克服することが出来れば，Sm属放線菌の得意とする抗生物質の他，上記シノリンやEGTの様な機能性化合物を次々と，安価に，市場に供給することも近いであろう。

文　　献

1) E. P. Balskus & C. T. Walsh, *Science*, **329**, 1653 (2010)
2) K. T. Miyamoto *et al.*, *Appl. Environ. Microbiol.*, **80**, 5028 (2014)
3) 池田治生ほか，微生物を用いたマイコスポリン様アミノ酸を生産する方法，特許第5927593号 (2016)
4) E. P. Seebeck, *J. Am. Chem. Soc.*, **132**, 6632 (2010)
5) D. Grundemann *et al.*, *Proc. Natl. Acad. Sci. USA*, **102**, 5256 (2005)
6) Y. Kato *et al.*, *Pharm. Res.*, **27**, 5 (2010)
7) Y. Tang *et al.*, *J. Pharm. Sci.*, **105**, 1779 (2016)
8) T. Ishimoto *et al.*, *Plos One*, **9**, e89434 (2014)
9) N. Nakamichi *et al.*, *Brain Behav.*, **6**, e00477 (2016)
10) 仲谷豪ほか，エルゴチオネインの発酵生産，特許第6263672号 (2017)

第5章　スマートセルシステムによる有用イソプレノイド生産微生物の構築の取組み

阪本　剛[*1]，山田明生[*2]

1　はじめに

イソプレノイドとは2-メチル-1,3-ブタジエン（イソプレン）骨格を基本構造単位として生合成される天然物の総称である。個々の化合物の構造は多彩であり，その分子種は80,000に達する[1)]。これらには生体内において代謝，構造形成，及び，情報伝達などの重要な機能を有する分子が少なくなく，医薬品，化粧品，または，栄養補助食品としての実用化が期待されている。また，現状の産業において高分子化合物の原料となっている天然資源の枯渇やそれらの使用による環境悪化といったリスクを回避するため，高分子化合物の原料や燃料としての活用が期待されるイソプレノイドも存在する。しかしながら，こうした化合物は少なからず複雑な構造をとるがゆえに天然資源からの抽出や化学合成は容易ではない，または，天然資源を用いる既存の物質や技術を代替できるほどの性能や生産レベルに達していない，という理由から実用化される例は限られている。他方，イソプレノイドは各種の生体機能における重要性から，それらの複雑な生合成経路や調節機構，さらには当該経路を形成する酵素をコードする遺伝子の配列やそれらの生物種間における多様性について多くの研究が報告されており，そうした情報を基に合成生物学的手法によりイソプレノイドを効率よく生産する微生物菌株及びそれを用いた生産プロセスの研究が盛んに行われている。

イソプレノイドは，イソペンテニル二リン酸（IPP）及びジメチルアリル二リン酸（DMAPP）を前駆体として生合成されており，細胞にはこれらの代謝物の細胞内における蓄積を制御するシステムが備わっている。本研究は産業上有用な各種イソプレノイドの高効率かつロバストな生産に利用可能な共通プラットフォームとなる微生物菌株の構築を目指しており，本経路の重要中間体であるIPP及びDMAPPを効率よく生産しうる代謝経路を合成生物学的手法により構築する研究に取り組んでいる。本章では，以下，IPP及びDMAPPに至る生合成経路，及び，生合成経路の改良による有用イソプレノイドの生産に関わるこれまでの研究を概括した上で，この取組みを紹介する。

＊1　Takeshi Sakamoto　三菱ケミカル㈱　横浜研究所　バイオ技術研究室　主任研究員
＊2　Akio Yamada　三菱ケミカル㈱　横浜研究所　バイオ技術研究室　研究員

2 イソプレノイド生合成経路に関わる研究の概要

IPP及びDMAPPは当初，メバロン酸経路で生合成されると考えられていたため，合成生物学的手法によるイソプレノイド生産の研究はメバロン酸経路を利用したものが多い。しかしながら，1990年代に非メバロン酸経路の存在が報告されて以後，非メバロン酸経路を活用した有用イソプレノイドの生産研究が進むことにより，合成生物学的な観点で両経路を比較する研究も報告されるようになった。以下では，それぞれの経路を用いたイソプレノイド生産の代表例とそれぞれの経路における律速反応の解除に関する取組みを紹介する。

2.1 メバロン酸経路

メバロン酸経路（図1）は植物細胞の葉緑体を除く真核生物細胞，かび，酵母，及び古細菌に存在する。本経路を用いて有用イソプレノイドの生産を目指した研究例はC5のイソプレン，C10からC30のテルペン類，及び，カロテノイドなど幅広い。その中でも，代表例としては抗マラリア薬アルテミシニンの合成前駆体であるアモルファ-4,11-ジエンまたはアルテミシニン酸を生産する研究があげられる。Tsurutaらはアモルファ-4,11-ジエンを生産する大腸菌株の構築を目指して，大腸菌内在性の酵素に加え，出芽酵母，及び，*Staphylococcus aureus*由来の酵素をコードする遺伝子を用いて大腸菌内に人工的にメバロン酸経路を構築し，クソニンジン由来のアモルファジエン合成酵素をコードする遺伝子を導入することによりアモルファ-4,11-ジエンの

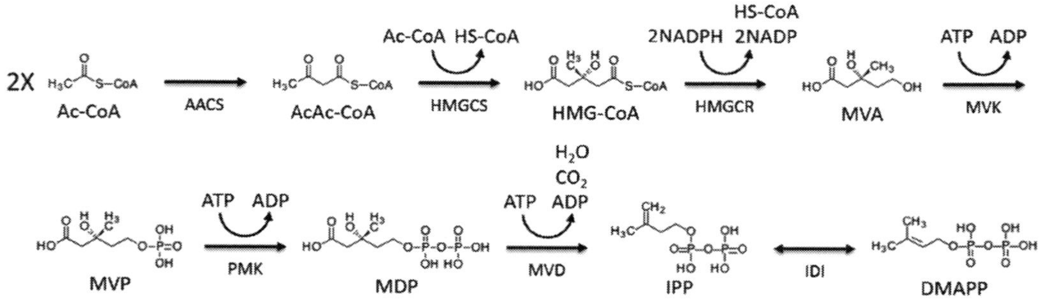

図1 メバロン酸経路
まずアセトアセチルCoA（AcAc-CoA）合成酵素（AACS）によりアセチルCoA（Ac-CoA）2分子からAcAc-CoAが合成される。続いて，ヒドロキシメチルグルタリルCoA（HMG-CoA）合成酵素（HMGCS）によりアセチルCoAがさらに1分子加わりHMG-CoAが合成され，HMG-CoA還元酵素（HMGCR）によってメバロン酸（MVA）が合成される。次に，メバロン酸キナーゼ（MVK），ホスホメバロン酸キナーゼ（PMK）によりメバロン酸が二リン酸化体（MDP）となったのち，ジホスホメバロン酸脱炭酸酵素（MVD）により3位の脱水と1位の脱炭酸が起き，IPPが合成される。最後に，IPP異性化酵素（IDI）によりIPPの可逆的な異性化反応によりDMAPPが合成される。以上の反応でIPPまたはDMAPP 1分子を合成するにあたりATP3分子を用いてADP3分子を放出し，NADPH2分子を消費して$NADP^+$2分子を放出する。

生合成経路を構築した。その結果，培養液1Lあたり27gのアモルファ-4,11-ジエンを蓄積することに成功した[2]。また，Paddonらは出芽酵母においてその本来のメバロン酸経路を改良した上で，クソニンジンのアルテミシニン酸生合成に関わる酵素をコードする遺伝子を発現させることで培養液1リットル当たり25gのアルテミシニン酸の蓄積を達成した[3]。こうした研究例ではメバロン酸経路の律速反応としてHMG-CoA還元反応が見出されることが多く，アモルファ-4,11-ジエンの研究では当該反応の律速を改善するため出芽酵母由来のHMGCRを含め複数の異種生物由来HMGCRを検討した上で，*S. aureus* 由来のmvaSを選択した。その一方で，Zhuらはファルネセンの生産研究において，*in vitro* reconstitutionを用いることによりメバロン酸経路ではIDIの濃度がファルネセン生産の初速度に最も影響があることを示し，さらにHMGCSも併せて濃度を高めることでより効果的にファルネセン生産速度が高まることを報告した[4]。

2.2　非メバロン酸経路

非メバロン酸経路（図2）は植物細胞の葉緑体，及び真正細菌に存在する経路である。本経路は糖などを原料にイソプレノイドを生産する上で高い炭素収率が期待されることからこれを活用しようとする研究が進んでいる。例えば，Ajikumarらは抗がん剤タキソールの合成前駆体であるタキサ-4(5),11(12)-ジエンを生産する大腸菌株の構築を目指して，カナダイチイのゲラニルゲラニル二リン酸合成酵素，及びタイヘイヨウイチイのタキサジエン合成酵素をコードする遺伝子をそれぞれ発現強化することでタキサ-4(5),11(12)-ジエンの生合成経路を構築した。この際，外来遺伝子に加え，大腸菌のDXS，IDI，ISPD，及びISPFの発現強度を調節することでタキサ-4(5),11(12)-ジエンの生産量が最大となる株を見出し，培養液1Lあたり1gのタキサ-4(5),11(12)-ジエンを蓄積することに成功した[5]。非メバロン酸経路を用いた有用イソプレノイドの生産において，上記の4つの反応に加えてIPSG及びISPHの反応が律速反応として取り上げられることが多い。LiらはISPGの反応産物であるHMBPPの蓄積が菌体生育とβカロテン生産に悪影響を及ぼすことを見出し，HMBPPが蓄積しないようにISPGとISPHの発現量を調節することが重要と示唆している[6]。また，これら二つの反応は酵素内の鉄硫黄クラスターが関与する酸化還元反応であることから，補酵素再生の促進による生産量増加の検討も行われている[7]。

3　イソプレノイド生産微生物構築におけるスマートセルシステムの活用

3.1　有用イソプレノイド生産微生物の構築

有用イソプレノイドを生産する微生物の開発においては，これまで律速反応などの課題を特定した上でその課題を解決するための酵素改良や細胞内制御メカニズムの解除を検討する取組みが多かった。しかしながら，この手法では解決する課題の優先順位の評価が容易ではなく，最終的な目標に到達するために研究に費やす時間やリソースの見通しが立ちにくいという問題がある。そのため，情報技術とバイオテクノロジーを融合させたスマートセルシステムを活用することで

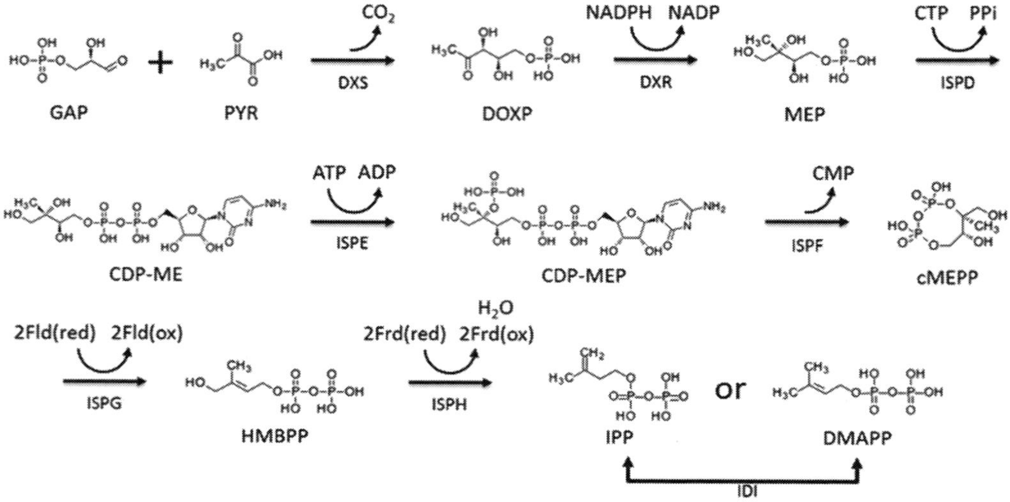

図２　非メバロン酸経路

1-デオキシキシルロース-5-リン酸（DOXP）合成酵素（DXS）によってグリセルアルデヒド-3-リン酸（GAP）とピルビン酸（PYR）が脱炭酸を伴って結合しDOXPが合成され，DOXP還元異性化酵素（DXR）により１位メチル基の転移と２位カルボニルの還元が起きて2-メチルエリスリトール-4-リン酸（MEP）が合成される。次に，MEP-シチジルトランスフェラーゼ（ISPD）によりCTPが結合して4-ジホスホシチジル-2-メチルエリスリトール（CDP-ME）が，CDP-MEリン酸化酵素（ISPE）により2-ホスホ-4-ジホスホシチジル-2-メチルエリスリトール（CDP-MEP）が合成される。更に，2-メチルエリスリトール-2,4-シクロ二リン酸（cMEPP）合成酵素（ISPF）によりcMEPPが合成されたのち，ヒドロキシメチルブテニル二リン酸（HMBPP）合成酵素（ISPG）により環化が解かれ，HMBPPが合成される。最後にHMBPP還元酵素（ISPH）によりIPPまたはDMAPPが合成される。なお，非メバロン酸経路を保有する生物もIDIを保有しており，異性化が起きることが知られている。以上の反応によりIPPまたはDMAPP１分子を合成するにあたりATPを１分子，CTPを１分子用いてADP，CMPを１分子ずつ放出する。また，NADPHを１分子，還元型フェレドキシン及びフラボドキシンを各２分子用い，それぞれの酸化型を放出する。

有用イソプレノイド生産微生物を高速に育種する技術の確立に期待が寄せられている。本研究ではまず非天然な反応を含む網羅的な生合成経路の探索を計算機上で行うことで最もイソプレノイド収率の高い代謝流束分布を設計し，この設計に基づいて代謝経路に多様性を有する菌株群を作製する。これらの菌株群について高精度オミクス解析を行い，イソプレノイド生産において理想とする代謝の状態とその時点の代謝の状態の乖離を表す代謝モデルを構築する。この代謝モデルを踏まえ，次なる菌株群を作製し，イソプレノイド生産性能を解析し，これを目標達成まで繰り返す。このように本研究は，スマートセルシステムのうち，特に，代謝経路設計技術，高精度オミクス解析による代謝モデル構築技術，ハイスループット微生物構築・評価技術を活用して菌株構築に取り組むものである。

様々な有用イソプレノイドの高効率かつロバストな生産プロセス構築に利用可能な共通プラッ

トフォームとして，イソプレノイド生産経路の重要中間体であるIPP及びDMAPPを効率よく生産しうる菌株の構築が求められている。しかしながら，これらの中間体の蓄積は細胞内で厳密に制御されていることから，IPP及びDMAPPを生産する代謝経路の構築とそのポテンシャル評価は容易ではないと考えられる。このため，本研究を進めるにあたり，標的とするイソプレノイドとして，産業上の有用性があり，IPPまたはDMAPPの蓄積を回避するためのカーボンシンクになりえる化合物を検討した。その結果，イソプレンを標的イソプレノイドして選択し，その対原料重量収率をもってIPP及びDMAPPの生産能力の指標とすることとした。

イソプレン生産菌株の研究では主にメバロン酸経路をベースとした代謝経路の構築が進んでおり，培養液1リットルあたり60gのイソプレンを蓄積する菌株の報告[8]があるほか，特許出願も多い。しかしながら，その対原料重量収率は理想とされるレベルに達しているとは言い難い。そこで，本研究では今一度こうしたイソプレノイドを効率よく生産する菌株を構築するため，目指すべき代謝流束分布の設計から取り組んだ。

前記の通り，イソプレノイド生合成経路には，メバロン酸経路と非メバロン酸経路が存在し，それぞれの反応にかかわる化合物及び酵素並びに補酵素やエネルギー通貨の種類や量に加え，相互にエネルギーや酸化還元の収支などが異なるため（図1，2），宿主，原料，培養環境などにより目的とする有用イソプレノイドの最適な代謝流束分布を設計することは容易ではない。このため計算科学的手法による代謝流束分布設計ツールとしてフラックスバランス解析（FBA）を活用することとした。

FBAとは生物を代謝反応式の集合体として表現した化学量論モデルを用い，任意の代謝反応を最大化する代謝流束分布を計算で予測する技術である。この際，炭素源・窒素源・酸素の供給，特定の代謝反応など，任意の反応の流束値に制限を加えることで，様々な条件下での理想の代謝流束分布を予測することが可能である。このFBAを実施するには生体内で生じている多様な化学反応を集積した化学量論モデルを構築する必要があり，Palssonらのモデルなどが報告されている[9]。本研究では，まずこうした化学量論モデルを構築の上，イソプレンの高生産が期待できる代謝流束分布を設計し，この設計に基づいて外来遺伝子を導入した菌株（当初菌株）をもってイソプレンの蓄積を確認するに至った。

次に，この当初菌株を元にイソプレノイド生産経路を構成する各種酵素の発現を強化した菌株群を作製し，それらのイソプレン蓄積量などのデータを解析した。イソプレンの分析には，本物質が水に溶けにくいことからヘッドスペースGCを活用し，1分析を数分で終える高速測定系を用いた。その結果，2種類の酵素の発現を同時に強化した菌株でイソプレン蓄積量が当初菌株の約20倍に増加する結果を得た。続いて，この菌株にさらにイソプレノイド生産経路またはその経路に関連する蛋白質の発現を強化した菌株群を作製し，それらについて順次，LC-MS/MSやCE-MSを用いたイソプレノイド生合成経路のメタボロームの分析を行った。これらで得られたデータの解析を通してイソプレノイド生合成の部分的な代謝モデルを構築し，現状のイソプレノイド生合成経路において律速となっている可能性がある反応を絞り込むことができた。今後，これらの仮説を検証する菌株を作製し，そのイソプレン生産性能を確認していく予定である。

3.2　今後の展望

ここまでの検討はイソプレノイド生産経路の律速解除に焦点を当てたものだったが，今後は細胞全体の代謝に目を向けて改良に取り組む予定である。この際，微生物の遺伝子配列空間に一度にできるだけ大きな多様性を発生させた菌株群を作製し，ゲノムスケールのマルチオミクスデータを解析することで潜在的な課題の発掘や解決すべき課題の優先順位づけが可能になると期待される。このために，遺伝子組換えによる菌株群の効率的な作製方法及びメタボロームの解析速度向上が課題となっている。前者については，これまで取り扱う遺伝子の数が多くなかったことから従来技術でも対応できたが，今後はベクタ上に搭載する遺伝子の数が増加する見込みであり，プラスミドデザインだけでなく実際の作製にも時間と労力を要することが想定される。このため，OGAB 法[10]を適宜活用することでプラスミドデザインの自由度及び菌株作製効率を高められると期待している。また，メタボローム解析ではサンプルの前処理が人手に依存しており，解析全体の律速工程となっている。よって，このサンプル調製を自動化することで分析スループットの向上に取り組んでいる。こうした要素技術の改善も踏まえたスマートセルシステムの活用により，有用イソプレノイド生産の共通プラットフォームとなる微生物を効率よく創製することに鋭意取り組んでいる。

文　献

1) T. A. Pembertone, *et al.*, *Biochemistry*, **56**, 2010-2023 (2017)
2) H. Tsuruta, *et al.*, *PLoS One*, **4**, e4489 (2009)
3) C. J. Paddon, *et al.*, *Nature*, **496**, 528-532 (2013)
4) F. Zhu, *et al.*, *Biotechnol. Bioeng.*, **111**, 1396-1405 (2014)
5) P. K. Ajikumar, *et al.*, *Science*, **330**, 70-74 (2010)
6) Q. Li, *et al.*, *Metabolic Engineering*, **44**, 13-21 (2017)
7) J. Zhou, *et al.*, *J. Biotechnol.*, **248**, 1-8 (2017)
8) G. M. Whited, *et al.*, *Ind. Biotechnol.*, **6**, 152-163 (2010)
9) University of California, San Diego Systems biology research group homepage, http://systemsbiology.ucsd.edu/Home
10) K. Tsuge, *et al.*, *Nucleic Acid Res.*, **31**, e133 (2003)

第6章　網羅的解析を利用した高生産コリネ型細菌の育種戦略

豊田晃一[*1]，久保田　健[*2]，小暮高久[*3]，乾　将行[*4]

はじめに

Corynebacterium glutamicum（以下コリネ型細菌）は高GC含量のゲノムDNAを持つグラム陽性菌で，グルタミン酸やリジン等のアミノ酸の工業生産に広く用いられている優秀な産業微生物である。我々は，コリネ型細菌が嫌気条件下では細胞複製をしないものの解糖系等の代謝活性が高く維持されるというユニークな特徴を見出し，これを活かした高効率なバイオプロセスの開発に成功した[1)]。すなわち，コリネ型細菌を高密度に培養容器に充填し無通気状態で物質生産に専念させることで高速，高収率な生産を可能にした。この技術を応用することで，エタノール，イソブタノールなどのバイオ燃料生産や有機酸，アミノ酸といったグリーン化学品の生産研究を行っている。本章ではコリネ型細菌を利用した有機酸生産とタンパク質分泌生産の実例を4つ取り上げ，網羅的解析を利用した高生産菌を育種する戦略について概説する。

1　トランスクリプトーム解析を用いた乳酸生産濃度向上戦略

乳酸は生分解性プラスチックとして広く用いられているポリ乳酸の原料として注目されており，コリネ型細菌はその生合成経路を有している（図1）。微生物を利用した物質生産において解糖系を流れる炭素フラックスを強化することは第一に狙うべき課題である。しかし単に解糖系の遺伝子発現を高めても期待するほどの効果が得られない場合がよくある。中央代謝系は生物にとって極めて重要な経路のため，転写・翻訳・酵素活性等様々なレベルで複雑な制御が働いているためだと考えられる。我々は物質生産研究の過程で非常に興味深い現象を発見した。フルクトース利用に関わるフルクトース-1-リン酸キナーゼ遺伝子*pfkB1*を破壊したΔ*pfkB1*株はフルクトースを炭素源として好気的に培養すると増殖は遅れるものの最終的には野生株と同等以上の濃度まで増殖する。ところがこのフルクトースで培養した細胞を，酸素制限条件下に置くと驚く

＊1　Koichi Toyoda　(公財)地球環境産業技術研究機構　バイオ研究グループ　主任研究員
＊2　Takeshi Kubota　(公財)地球環境産業技術研究機構　バイオ研究グループ　主任研究員
＊3　Takahisa Kogure　(公財)地球環境産業技術研究機構　バイオ研究グループ　主任研究員
＊4　Masayuki Inui　(公財)地球環境産業技術研究機構　バイオ研究グループ
グループリーダー，主席研究員

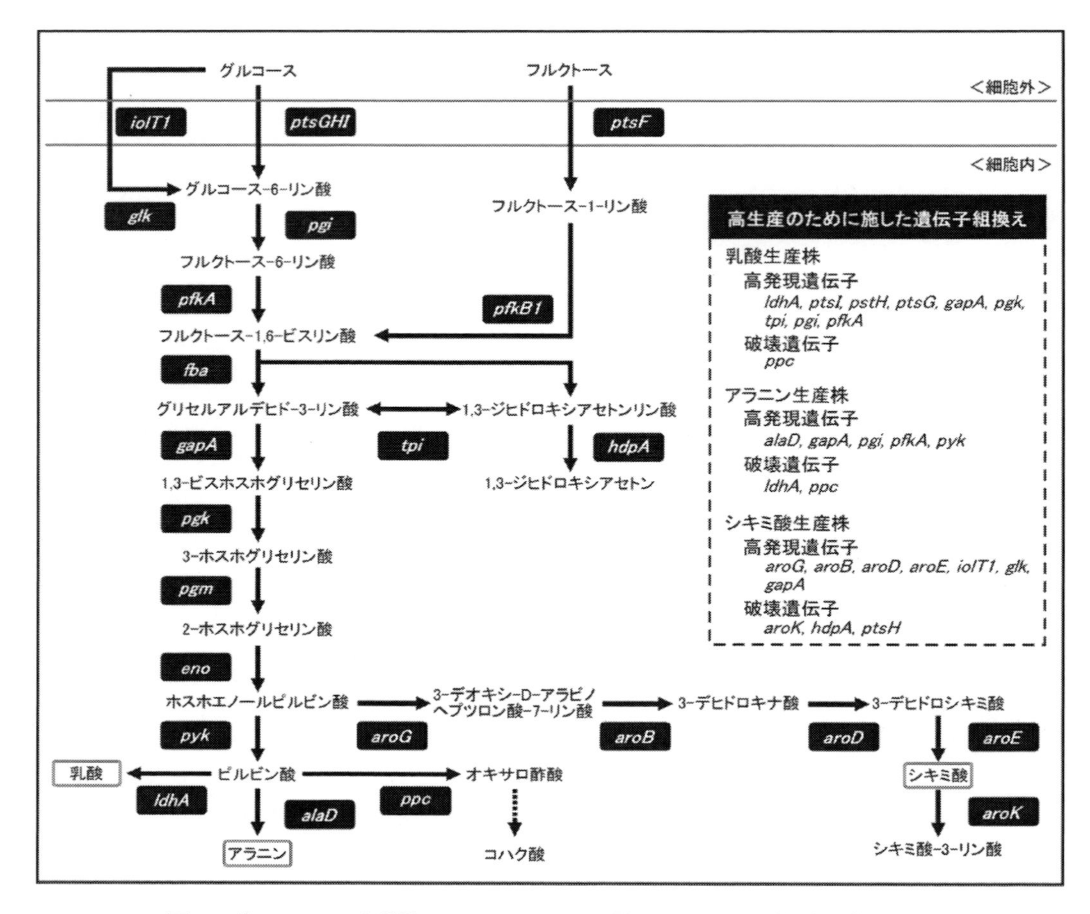

図1　グルコースから乳酸，アラニン，シキミ酸に至るコリネ型細菌の代謝経路

べきことに野生株よりもグルコース消費速度が高まることがわかった。この予想外の結果の原因を探るため，解糖系を中心に細胞内代謝物の網羅的解析を行った。すると，フルクトースで培養した細胞にはグルコースで培養した細胞と比較して約200倍のフルクトース-1-リン酸が含まれていることがわかった。さらに詳細に解析するため，トランスクリプトーム解析を行った。Δ*pfkB1*株をグルコースで培養した際に対し，フルクトースで培養した際の各mRNA発現量を比較するとホスホトランスフェラーゼシステム（PTS）に関わる遺伝子群，解糖系の中央に位置する遺伝子群および乳酸生産遺伝子が2倍以上発現していることがわかった。この状況を野生株で再現し，フルクトースで培養しなくても酸素制限条件下でグルコース消費速度の高い株の構築を目指した。トランスクリプトーム解析によって発現上昇が確認できた*ptsI*，*ptsH*に加え*ptsG*（それぞれPTSに関わる遺伝子）を遺伝子組換えにより構成的に発現するよう改変した株は野生株と比較して約10％のグルコース消費速度向上が確認できた。さらに同じく発現上昇が確認できた*gapA*，*pgk*，*tpi*（それぞれ解糖系の遺伝子），*ldhA*（乳酸生産遺伝子）の発現量を高めた株

は約48％のグルコース消費速度向上が確認できた。しかしこの発現強化株はΔ*pfkB1*株をフルクトースで培養した際のグルコース消費速度に到達していなかったため，さらなる改変の余地があると考えられた。そこで解糖系の遺伝子を中心に複数の遺伝子について発現量を高める組換えを重ね，*pgi*，*pfkA*（それぞれ解糖系の遺伝子）の発現を高めた発現強化株を作製した。この株はグルコースで培養しても，Δ*pfkB1*株をフルクトースで培養した際と同等のグルコース消費速度を示すようになった。この最終的に構築した株を用いて嫌気条件下でグルコースを炭素源として高密度菌体反応による乳酸生産を行うと，48時間で215 g/Lの乳酸を生産した[2]。

2　メタボローム解析を用いたアラニン生産濃度向上戦略

アラニンは独特の甘みと旨みを有するアミノ酸であり，食品，化粧品，医薬品分野での用途が存在する。コリネ型細菌のアラニン生産株は，嫌気条件下における乳酸，コハク酸等の有機酸生産経路を遮断するとともに，NADH依存的にピルビン酸の還元的アミノ化反応を触媒するアラニンデヒドロゲナーゼ遺伝子*alaD*を高発現させることによって構築できる（図1）。しかし，構築したアラニン生産株において，元株と比べ，糖消費速度が大幅に低下するという問題が生じた。この現象は，嫌気条件下においてNAD^+の再生に関わる有機酸生成経路を遮断したことにより細胞内の$NADH/NAD^+$濃度比が高まり，これに感受性を示す解糖系酵素であるグリセルアルデヒド-3-リン酸デヒドロゲナーゼ（GAPDH）が活性阻害を受けることに起因すると考えられた。実際，アラニン生産株においてGAPDHをコードする遺伝子*gapA*を高発現させ，GAPDH活性を元株の6倍に強化したところ，嫌気条件下における糖消費が顕著に促進され，アラニン生産濃度が元株に比べ2.7倍に向上した[3]。このことによる糖代謝への影響をメタボローム解析により調べたところ，元株と比べてGAPDH強化株ではGAPDHより上流の解糖系代謝産物濃度が低下する一方，ピルビン酸を含む解糖系下流の代謝産物濃度が顕著に上昇していることがわかった。これらの結果は，GAPDH反応が確かに嫌気条件下における糖代謝の律速段階であることを示している。さらに，*gapA*に加え，*pgi*，*pfkA*，及び*pyk*の4種の解糖系遺伝子を高発現させたところ，解糖系を強化していない元株に比べてアラニン生産濃度は6.4倍に向上し，嫌気条件下での高密度菌体反応において48時間で217 g/Lのアラニンを91.8％の高対糖収率で生産させることに成功した[4]。

3　メタボローム解析を用いたシキミ酸生産濃度向上戦略

シキミ酸は植物や微生物における芳香族化合物生合成経路上の代謝中間体である。特徴的なキラル構造を有し，インフルエンザ治療薬タミフルの合成原料として使われている極めて有用な化合物である。現在，シキミ酸の生産は植物からの抽出法に依存しているが，生産性が低く，高コストなことが問題であり，発酵法による高効率生産法が望まれていた。そこで我々は，グルコース等の安価な糖原料からシキミ酸を高効率に発酵生産可能な代謝改変コリネ型細菌の開発を目指した。コリネ型細菌のC6/C5混合糖同時利用株[5]を親株として，①シキミ酸経路遺伝子*aroGBDE*の高発現，②シキミ酸の消費抑制を狙った，シキミ酸キナーゼ遺伝子*aroK*の破壊，③シキミ酸の前駆体であるホスホエノールピルビン酸（PEP）の供給強化を狙った，PEPを消費しない糖取り込み経路（*iolT1-glk*）の高発現，等の遺伝子改変を施すことによってシキミ酸生産株を構築した（図1）。このシキミ酸生産株と元株における糖代謝の違いを調べるためメタボローム解析を行ったところ，解糖系のGAPDHよりも上流の代謝産物濃度が元株に比べてシキミ酸生産株で高く，また，解糖系由来の副生物であるジヒドロキシアセトン（DHA）の蓄積が認められた。シキミ酸生産は好気条件下で行うが，嫌気条件下のアラニン生産の場合と同様にGAPDHがシキミ酸生産においても律速となっていることをこの結果は示唆していた。そこで，上記シキミ酸生産株において*gapA*を高発現させるとともに，DHA生成に関与するジヒドロキシアセトンリン酸脱リン酸化酵素をコードする*hdpA*遺伝子を破壊したところ，糖消費とシキミ酸生産が大幅に向上し，48時間の高密度菌体反応において141 g/Lのシキミ酸を51％の対糖収率で生産させることに成功した[6]。さらに，構築したシキミ酸生産株はC6/C5混合糖同時利用株を親株としていることから，非可食バイオマス由来のC6/C5混合糖を原料とした場合でも，グルコースを原料とした場合と比較し，同程度のシキミ酸の高効率生産が可能であった。

4　計算機およびトランスポゾンライブラリーを用いたタンパク質分泌生産量の向上戦略

組換えタンパク質の生産は食品分野における酵素に加え，抗体などの医薬分野や動物細胞培養時の培地への添加剤など，需要の増加と共に市場が拡大しつつある。細胞外分泌によるタンパク質生産は精製プロセスの簡略化が容易であるため様々な宿主について開発が進められている。生産用途のタンパク質の分泌機構としてはSec経路とTat（Twin-arginine translocator）経路が用いられる。N末端にコードされる20～40残基ほどのシグナルペプチドと呼ばれる配列の特長によってどちらの経路を経由するかが決まる。どちらの配列も細胞膜外へ輸送後，シグナルペプチダーゼによって切断される。Sec経路では膜外へ輸送後にタンパク質がフォールディングされるのに対し，Tat経路では細胞質においてフォールディングが完了した後に膜外へ輸送される。そのため，補因子を有するタンパク質はTat経路にて輸送されるケースが多い。

コリネ型細菌の培養上清中にはタンパク質分解活性がほとんど検出されず，タンパク質の分泌生産宿主として大きな利点を有している。本項目ではコリネ型細菌におけるタンパク質の分泌能向上に向けて我々が実施した網羅的な配列解析および変異体解析について概説する。

目的タンパク質を高生産させるためには適切なシグナルペプチドを付加する必要がある。過去にタンパク質分泌に利用されたコリネ型細菌のネイティブシグナルペプチドとしては，主要分泌タンパク質として検出されるPS1やPS2由来のものがある[7]。我々はより分泌能の高いネイティ

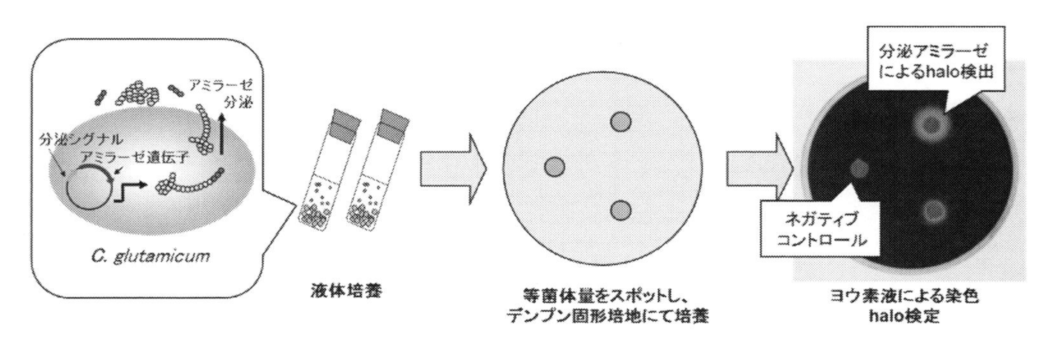

図2　シグナルペプチドスクリーニング系

プシグナルペプチドの同定を目的に網羅的なシグナルペプチドの探索，機能検証を行った[8)]。SignalP プログラムを用いた *in silico* 解析により，405個のタンパク質がシグナルペプチドを有していると推定された。各遺伝子の推定シグナルペプチドコード領域をアミラーゼ遺伝子上流に融合させ，アミラーゼ分泌能を指標としたスクリーニング系を構築した（図2）。融合が確認できた363個の推定シグナルペプチドのうち108個（Sec 経路：98個，Tat 経路：10個）が分泌活性を有しており，PS2 シグナルペプチドの分泌活性を上回る活性を有する31個のシグナルペプチドを同定した。最も高い活性を示したシグナルは Tat 経路型であったことからより複雑なタンパク質分泌にも適用可能と考えられる。さらに，高活性ペプチドの切断サイト隣接部位に特徴的なグルタミン残基が存在することを見出し，この残基の導入が分泌活性向上に寄与することを示した。

我々はさらなる高効率な分泌をめざし，宿主の改変を進めた。トランスポゾンを用いた網羅的な遺伝子破壊スクリーニングにより，分泌能向上に寄与する因子の探索を行ったところ，シグマ因子 SigB が取得された[9)]。シグマ因子は RNA ポリメラーゼのサブユニットの一つでありプロモーター認識を行う。特に，SigB は環境ストレス時の発現制御に関与することがわかっている。実際に *sigB* 破壊株を用いることで，野生株における最高活性シグナルペプチドを用いたタンパク質分泌量が3倍に増加することを確認した。*sigB* 破壊の効果は分泌するタンパク質の種類によらず，GFP，アミラーゼどちらも親株の3倍以上に分泌量が向上した。一方，異なるシグナルペプチドを用いた場合は効果が一様でなく，Tat 経路，Sec 経路の偏りがないことから，分泌機構ではなくシグナルペプチド特異的な効果と考えられるが，その分子生物学的機構は現在のところ解析中である。

おわりに

このようにコリネ型細菌を利用した有機酸生産とタンパク質分泌生産のRITEで実施した例を，生産菌の育種戦略と共に紹介した。いずれもオーミクス解析や計算機を活用することで物質生産において遺伝子改変を行うべき対象を特定でき，より戦略的に研究を進めることが可能となった。また，ハイスループットなスクリーニング系を構築することで例えば目的タンパク質に適したシグナルペプチドの選択，最適化が進むとともに，得られた知見の蓄積によりタンパク質の特徴から最適シグナルペプチド配列の予測が可能となることが期待される。

文　献

1) M. Inui *et al., J Mol Microbiol Biotechnol,* **7**, 182 (2004)
2) S. Hasegawa *et al., Appl Environ Microbiol,* **83**, e02638 (2017)
3) T. Jojima *et al., Appl Microbiol Biotechnol.* **87**, 159 (2010)
4) S. Yamamoto *et al., Appl Environ Microbiol,* **78**, 4447 (2012)
5) M. Sasaki *et al., Appl Microbiol Biotechnol,* **85**, 105 (2009)
6) T. Kogure *et al., Metab Eng,* **38**, 204 (2016)
7) Y. Kikuchi *et al., Appl Environ Microbiol,* **69**, 358 (2003)
8) K. Watanabe *et al., Microbiology,* **155**, 741 (2009)
9) K. Watanabe *et al., Appl Microbiol Biotechnol,* **97**, 4917 (2013)

第7章　紅麹色素生産の新展開

片山直也[*1]，大段光司[*2]，塚原正俊[*3]，
熊谷俊高[*4]，油谷幸代[*5]，藤森一浩[*6]

本章では，「植物等の生物を用いた高機能品生産技術の開発」の(3)－7紅麹菌を用いた色素生産制御による有効性検証課題において，最新のバイオテクノロジー技術の一つであるスマートセル技術を活用することによって紅麹色素生産性向上に関する諸課題を解決し，従来法を凌駕する実用工業生産株の開発に向けた取り組みについて紹介する。

1　はじめに

食品における色は，食品が有する味や香り，食感と同等あるいはそれ以上に重要な品質そのものであり，おいしさや嗜好，さらには購買行動に直結する重要な要因である。そのため，食品開発では，古くから色彩を自在に調整する技術開発が望まれ，様々な技術や素材が食品に応用されてきた。食品の色彩を調整しうる「食品用色素」は天然系色素と合成色素に分類される。かつて日本では天然系色素，欧米では合成色素が好まれていた。最近ではグローバル食品企業が，合成色素を天然系色素に切り替える方針転換を示しており，全世界的に天然系色素のニーズが高まっている。さらに，天然系色素の生産量は原料供給に依存しているため，天然系色素の原料調達は年々難しくなってきている。「紅麹色素」は，紅麹菌が生産する食品用の天然系色素で，様々な色の調合に必要な基本色の一つであること，中性域で自然な赤色を呈することなどから，恒常的な需要がある。また，紅麹色素はタンパク質への着色に優れており，広い用途が見込まれている素材である。

＊1　Naoya Katayama　江崎グリコ㈱　健康科学研究所
＊2　Kouji Odan　江崎グリコ㈱　健康科学研究所
＊3　Masatoshi Tsukahara　㈱バイオジェット　代表取締役
＊4　Toshitaka Kumagai　㈱ファームラボ　代表取締役
＊5　Sachiyo Aburatani　(国研)産業技術総合研究所　生体システムビッグデータ解析オープンイノベーションラボラトリ（CBBD-OIL）　創薬基盤研究部門（兼）副ラボ長
＊6　Kazuhiro Fujimori　(国研)産業技術総合研究所　生物プロセス研究部門　バイオデザイン研究グループ　主任研究員

2　紅麹菌と産業利用の変遷

日本国内で紅麹菌が用いられている食品として，沖縄の伝統食品「豆腐よう」が挙げられる（図1）。豆腐ようは豆腐を原料とした発酵食品で，その製造過程では紅麹菌が有するプロテアーゼ等の酵素活性を活用すると共に，紅麹が有する「紅色」を彩られた食品である[1)]。紅麹菌は紅麹（Red ferment rice），紅豆腐（ホンフールー），紅酒（アンチュ）等の発酵食品・酒類の他，漢方薬の原料や紅麹を用いて調理した紅槽肉等，東アジア地域において広く利用されてきた。沖縄の豆腐ようは，これらの製造技術が伝来し，沖縄で発展したと考えられている。特に，中国では西暦1600年以前の古い時代から紅麹の製造が行われていた記録が残っており，長い食歴を有する発酵原料の一つであると言える。

現代に入り，紅麹菌の産業利用は，紅麹菌そのものを使った古来の発酵食品製造から，紅麹菌より抽出した食品用色素へとその利用方法を拡大してきた。グリコ栄養食品㈱では，1955年代より紅麹色素の研究開発を継続しており，様々な特徴を有した紅麹色素を製造・販売している。明るい赤色を呈するモナスカラー300LAや，赤みが深い色調を呈するモナスカラー300LDをはじめ，耐酸性・耐塩性に優れたSTモナスカラー300AR，耐光性に優れたSTモナスカラーLL等各種製品を揃えている（表1）。今後，世界的な天然系色素のニーズ拡大への対応や，医薬品・化粧品・健康食品・サプリメント・工業用化学品等一般食品以外への用途拡大が予想されることから，生産性の飛躍的向上を実現する画期的な技術革新が求められている。

3　紅麹菌の分類学的な位置づけと二次代謝経路

紅麹菌は*Monascus*属に属する微生物の総称である。分類学上あるいは塩基配列上の比較により日本人にはなじみの深い*Aspergillus*属（コウジカビ）や*Penicillium*属（アオカビ）に近縁で，同じ系統樹に収斂する。現在，*Monascus*属は9種に分類されているが，世界各国で工業利用されているのは，主に，*M. purpureus*, *M. pilosus*, *M. ruber*である。*Monascus*属は，紅麹色素以

図1　紅麹菌を使用した沖縄の伝統的な発酵食品「豆腐よう」

表1　紅麹色素製品のラインアップ

商品名	特徴	用途
ST モナスカラー LL（液体）	通常のベニコウジ色素より耐光性を高めた色素です。特にカニ風味蒲鉾に着色した場合，優れた耐光性を発揮します。	カニ風味蒲鉾（表面塗布）
ST モナスカラー 300AY（液体）	モナスカラー300LA の耐酸性，耐塩性を高めた色素です。	カニ風味蒲鉾，畜肉加工品，漬物，菓子類，水産練り製品，タレ類，加工乳
ST モナスカラー 300AR（液体）	モナスカラー300LD の耐酸性，耐塩性を高めた色素です。	カニ風味蒲鉾，畜肉加工品，漬物，菓子類，水産練り製品，タレ類，加工乳
モナスカラー 300LA（液体）	一般的なベニコウジ色素です。明るい赤黄色を呈します。	カニ風味蒲鉾，畜肉加工品，漬物，菓子類，水産練り製品，タレ類，加工乳
モナスカラー 300LD（液体）	モナスカラー300LA よりも赤みが深い色調を呈します。	カニ風味蒲鉾，畜肉加工品，漬物，菓子類，水産練り製品，タレ類，加工乳
モナスカラー 1000P（粉体）	粉末タイプの高濃度品です。	カニ風味蒲鉾，畜肉加工品，漬物，菓子類，水産練り製品，タレ類，加工乳

外にも，カビ毒シトリニンやモナコリン生産のためのポリケタイド合成酵素を含む二次代謝経路を複数有しており，色素以外の有用物質生産も期待されている。特に，*M. ruber* で見つかったモナコリンKが，コレステロール降下剤として広く利用されるようになったスタチン開発の端緒となったことはよく知られている。

紅麹色素は Acetyl-CoA 及び Malonyl-CoA を出発物質とする代謝経路によって生産される多数の色素分子の混合物である。赤色色素，橙色色素，黄色色素に分類される6種類の成分色素が主成分として知られており，これらの構成比により色調が決定される。そのため，商業上利用価値の高い赤色色素の成分比率を高めることが課題の一つとなっている。また，類似生合成経路のカビ毒シトリニンを制御することも紅麹色素の品質管理という観点において重要な課題である。シトリニンは，紅麹菌だけでなく他のカビ類も生産しており，食品汚染の重要課題でもあることから紅麹菌以外のカビ類では比較的よく研究されてきている。これら紅麹色素やカビ毒シトリニンに代表される二次代謝産物の生産に必要な遺伝子は，染色体上で分散せずに一塊の遺伝子クラスターを形成していることが多く，便宜上，色素クラスター，シトリニンクラスターと呼ばれている[2)]。

4　紅麹色素に関する従来の研究と遺伝子組換え技術

日進月歩で進化するバイオテクノロジーの世界とは裏腹に，遺伝子，ゲノムあるいは遺伝子組換え技術を適用した紅麹菌研究の歴史は浅い。2007年，大阪大学の清水らによる *M. purpureus*

NBRC 30873 株の部分ゲノム塩基配列を取得し，シトリニンクラスターとして *pksCT* を含む 6 遺伝子を部分的に同定し，そのうちの 1 つの遺伝子を破壊したという報告が，紅麹菌における遺伝子・ゲノム研究の先駆けである[3]。その後，しばらく間をおいて，2013 年頃から中国，韓国の研究者よりいくつかの報告がなされている。Chen らのグループは，*M. ruber* M7 株を用いた一連の研究で，色素生産に関わる二次代謝経路を構成する遺伝子クラスターを見出し，色素生産に重要な転写因子を同定した[4]。また，ごく最近，Li らは，*M. aurantiacus* Li AS3.4384 という株において，遺伝子組換え技術を用いて紅麹色素代謝経路の研究を行っている[5]。このように従来技術により紅麹色素生産性を向上したという研究報告はまだ無いが，早晩そのような研究報告が出てくると予想される。

5 紅麹菌 GB-01 株の全ゲノム塩基配列の取得

スマートセル技術の最大の利点は，上記のような従来技術と比較し，開発にかかる時間を最小限に抑え，効率的に物質生産を実現する微生物を作成することにある。そのためには，次世代シーケンス技術によって対象とする株の全ゲノム塩基配列を取得しなければ何も始まらない。全ゲノム配列情報から，タンパク質をコードする遺伝子を網羅的に予測し，ターゲットとする物質の代謝経路を推定することができるため，効率的育種を実現するために必須である。紅麹菌ゲノム塩基配列の決定については，2014 年に Yong らによって中国の工業生産株 *M. purpureus* YY-1 株について発表されたが[6]，公的なデータベースへの登録を行っておらず，中国国内のサーバに保管しているこのデータに著者らはアクセスできないため，その精度については検証できていない。さらに，その他の紅麹菌のドラフトゲノムとして，*M. purpureus* NRRL 1596, *M. ruber* NRRL 1597 等が公的データベースで公開されているものの，種や株が違うこと，いずれも不完全な部分配列であること，精度が低い等の理由から，スマートセル技術の開発には不適切な情報であった。

著者らは，2010 年から紅麹菌ゲノムの全容解明に着手しており，本プロジェクトによって国産紅麹菌の完全長ゲノム塩基配列の取得を第一に行った。具体的には，江崎グリコ社の保有する工業生産株の一つ GB-01 を基準株として選抜し，次世代シーケンサーを用いて GB-01 株の全ゲノム塩基配列のドラフトシーケンスを取得した（現在投稿準備中）。その結果，約 24 Mb 程度と推定されている紅麹菌ゲノムの大部分をカバーすることができた。得られたゲノム情報から 8000 を超える遺伝子が予測され，さらに，ポリケタイド合成酵素の推定に基づき，紅麹色素クラスターとシトリニンクラスターを同定した（図 2）。これまで，多種の部分ゲノム配列から推定された紅麹色素クラスターと比較すると，遺伝子塩基配列や，遺伝子の向きに若干の違いは認められるものの，あるべき遺伝子はすべて内包していることが確認された（未発表）。シトリニンクラスターも同様で，これまでに知られているすべての構成遺伝子に加えて，いくつか未知の遺伝子の存在も見出すことができた。著者らの構築した GB-01 株のドラフトゲノム塩基配列の

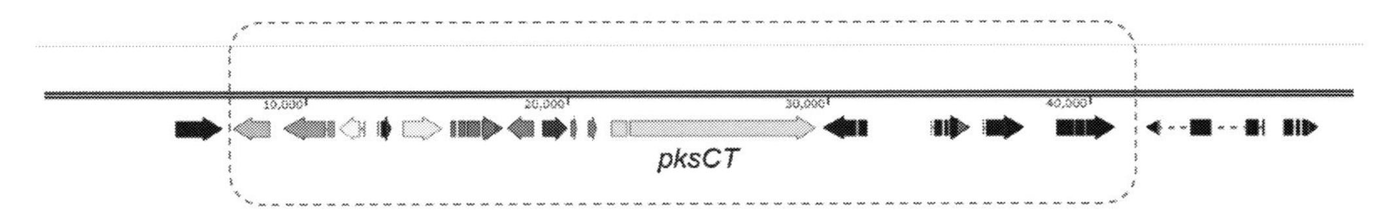

図２　*M. purpureus* GB-01 株のシトリニンクラスター

精度は，実際に GB-01 株のゲノムあるいは調製した mRNA より cDNA を合成し，ゲノム塩基配列に基づいて作製したオリゴ DNA をプライマーとして用いた PCR クローニングが可能なレベルであり，この後，スマートセル技術を開発するにあたり，十分に高い精度を持っていることが分かった。さらに，GB-01 株の全ゲノム塩基配列が明らかになったことで，8000 余の遺伝子の発現を制御する転写制御領域（プロモーター）も明らかにすることができ，それぞれの遺伝子のプロモーターの持つ発現強度情報を網羅的に取得することができたのは，今後，紅麹菌に遺伝子組換え技術を適用する上で大きな成果であった（未発表）。

6　スマートセル実現にむけた新規数理モデル開発と遺伝子改変

スマートセル技術を工業生産株に適用可能な技術として開発・改良していくためには，複数の代謝産物量を同時制御するための技術開発が必要である。本課題の紅麹色素生産性向上の実現のためには，紅麹色素量の生産性向上，シトリニン生産性の抑制，という２つの代謝産物の同時制御が必須であることから，この複数代謝産物の同時制御モデルとして最適である。そこで，著者らは本課題を通じて，遺伝子発現制御ネットワークモデルを拡張した統合オミクスモデルという新規数理モデルの開発を行っている（第２編第４章）。これは，紅麹菌の全遺伝子の遺伝子発現（トランスクリプトーム）データをもとに，紅麹色素やシトリニン代謝において重要な役割を果たしている転写調節因子や酵素遺伝子の発現制御構造をネットワークモデルとして推定する数理解析技術である。これにより，既知の知見や従来法では気づくことが難しい未知の制御構造を推定し，推定した制御構造から，紅麹色素量とシトリニン量を効率的に調節する制御因子の探索を行うという全く新しい発想の研究方法である。この方法によって，複数の代謝経路，例えば，色素生産性向上と同時にカビ毒シトリニン低減を実現するような改変候補遺伝子の同定が可能になる。

統合オミクスモデル開発に必要な紅麹菌の遺伝子発現情報を網羅的に取得するため，著者らは次世代シーケンサーを用いた RNA-seq という手法を用いて，この１年余の間に，70 を超える様々な培養条件，変異体の全遺伝子発現データを取得してきた。そして，構築した全ゲノム塩基配列情報とこれらの遺伝子発現情報から紅麹色素とシトリニン代謝を調節しうる遺伝子発現制御ネットワークモデルを構築し，改変候補遺伝子の選定を行った。その結果，紅麹色素生産性向上が期待できる新規の過剰発現候補２遺伝子，破壊候補２遺伝子を同定した（未発表）。このうちの1つは，過剰発現させると，色素生産性を向上するだけでなく，シトリニン生産を低減させる効果があると期待されるものであった。現在，この数理モデルの精度を検証するために，これらの候補遺伝子を過剰発現あるいは破壊した遺伝子組換え紅麹菌を作成しているところである。このスマートセル技術によって，従来の育種やバイオテクノロジーでは成しえなかった，迅速かつ確実に生産性向上株を作り出すことができるかどうか，今後の研究の進展を期待されたい。

7 さいごに

本章で示したように，スマートセル技術や新規数理モデルが，紅麹菌に代表される産業上有用な工業用微生物に適用可能であることを実証することには大きな意義がある。本研究で示す新しい研究方法は，紅麹菌に限局することなく，その他の工業用微生物による物質生産にも適用可能であると考えられるからである。糸状菌は，各種が持つ特殊かつ複雑な二次代謝経路によって多種多様な物質生産能力を持っているが，我々はまだその力を十分に引き出せてはいない。本研究が，今後，我が国の微生物を利用した有用物質の商業生産技術の発展に僅かでも貢献できれば幸いである。

文　　献

1） 安田　正昭，*Mycotoxins*，**63**, 67 (2013)
2） W. Chen *et al.*, *Comp.Rev. in Food Sci. & Food Safety.*, **14**, 555 (2015)
3） T. Shimizu *et al.*, *Appl. Env. Microbiol.*, **73**, 5097 (2007)
4） N. Xie *et al.*, *Biotech. Lett.*, **35**, 1425 (2013)
5） Z.-Q. Ning *et al.*, *Int. J. Food Microbiol.*, **241**, 325 (2017)
6） P. C. Y. Woo *et al.*, *Sci. Rep.*, **4**, 6728 (2014)

第8章　植物由来カロテノイドの微生物生産

久保亜希子[*1]，佐原健彦[*2]，竹村美保[*3]，三沢典彦[*4]

1　はじめに

カロテノイドは，すべての光合成生物，及び一部の真菌（カビ，酵母），細菌（真正細菌），アーキア（古細菌）が生産する天然色素であり，自然界で最も多く存在している。現在までに，自然界から750種以上のカロテノイドが単離・同定されている。このうち，我々に最も身近な光合成生物である，農作物・果樹や花卉植物などからなる高等植物由来のカロテノイドは多数報告されている。その中で商業化されている主要カロテノイドは，リコペン（リコピンとも呼ばれる；Lycopene），β-カロテン（β-Carotene），α-カロテン（α-Carotene），ルテイン（Lutein），ゼアキサンチン（Zeaxanthin），β-クリプトキサンチン（β-Cryptoxanthin），カプサンチン（Capsanthin），カプソルビン（Capsorubin），アスタキサンチン（Astaxanthin）である。これらのカロテノイドの化学構造を，高等植物由来の希少カロテノイドの化学構造と共に図1に示した。なお，図1のカロテノイドに限らず健康に良い機能性が期待される多くのカロテノイドは，一般に製造コストがかかるため高価であり，それが十分な供給を阻む要因となっていると考えられる。そこで近年，カロテノイドを微生物で安価に生産するためのバイオテクノロジー研究が盛んに行われている。なお，バイオテクノロジー研究のうち，このような代謝経路（生合成経路）を扱う技術分野は，代謝工学（metabolic engineering）またはパスウェイエンジニアリング（pathway engineering）と呼ばれてきたが，近年では合成生物学（synthetic biology）に位置付けることができる。

本稿ではまず，高等植物由来カロテノイドの市場性と機能性について説明した後，大腸菌（*Escherichia coli*）や酵母［出芽酵母（*Saccharomyces cerevisiae*）など］といった微生物を用いた，産業上有望なカロテノイド生産研究について，最新の成果・話題にも触れつつ説明していきたい。

＊1　Akiko Kubo　江崎グリコ㈱　健康科学研究所　研究員
＊2　Takehiko Sahara　（国研）産業技術総合研究所　生物プロセス研究部門
バイオデザイン研究グループ　主任研究員
＊3　Miho Takemura　石川県立大学　生物資源工学研究所　准教授
＊4　Norihiko Misawa　石川県立大学　生物資源工学研究所　教授

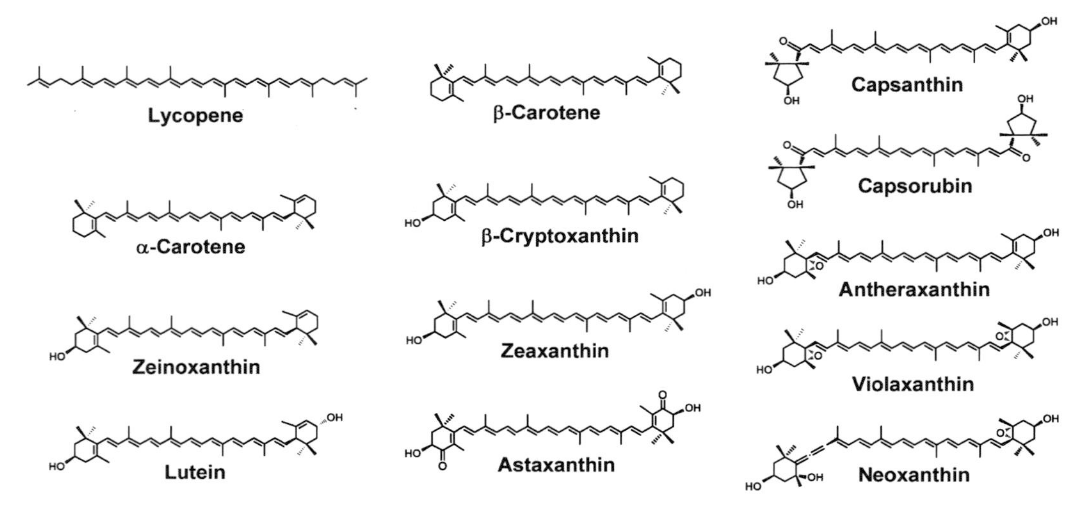

図1　高等植物由来カロテノイドの化学構造
炭素と水素からのみなるカロテノイドは「カロテン」，酸素など他元素を分子内に含むカロテノイドは「キサントフィル」と呼ばれる。なお，アスタキサンチンは光合成生物では，花卉植物の一部（アドニス属）や緑藻の一部（ヘマトコッカス属など）でのみ作られる。

2　植物由来カロテノイドの市場性と機能性

カロテノイドは古くから食品の着色料として利用されてきた。1950年代にβ-カロテンが上市されて以来，加工食品の着色や，養殖魚や鶏卵色の発色改善が主な用途だったが，製造法の確立とともに多くのカロテノイドが食品添加物として認められた（表1）。緑黄色野菜の高い栄養価が広く認識され，カロテノイドの抗酸化機能が明らかになると，特に酸化と老化や疾病との関連が注目されるようになり，サプリメントや健康食品に多く利用されるようになった。平成30年3月2日時点で届け出されている機能性表示食品のうち，カロテノイドを機能性関与成分とするものは，ルテイン69件，アスタキサンチン21件（ルテインとアスタキサンチン両方を含む2件を含む），リコペン13件，β-クリプトキサンチン10件となっている。

2014年の世界のカロテノイド市場は14.5億ドルであり，カロテノイド別の内訳は，アスタキサンチンが最も多く3.7億ドル，次いでカプサンチン2.6億ドル，ルテイン2.2億ドルと続く[1]。また，用途別では，食品・サプリメント用途は8.7億ドル，飼料用途は5.2億ドル，化粧品用途は4300万ドルである。世界のいずれの地域でもカロテノイド市場は成長傾向にあり，特にアジア地域での成長が著しい。2019年の世界市場は17億ドルを超えると予想されている[1]。

近年は合成着色料より天然着色料が消費者に好まれる傾向にあり，植物由来カロテノイドの利用が拡大している。ヘマトコッカス（*Haematococcus*）属緑藻やパラコッカス（*Paracoccus*）属細菌を用いた効率培養によるアスタキサンチンの商業生産が日本企業により開始されるなど，バ

表1　食品添加物として認められているカロノイド類

名称	基原	主成分*1
デュナリエラカロテン	デュナリエラ（緑藻）	β-カロテン
ニンジンカロテン	ニンジンの根	β-カロテン（主要），α-カロテン
パーム油カロテン	アブラヤシの果実	β-カロテン（主要），α-カロテン
トマト色素	トマトの果実	リコペン
クチナシ黄色素	クチナシの果実	クロシン及びクロセチン
アナトー色素	ベニノキの種子	ビキシン及びノルビキシン
オレンジ色素	ミカン科アマダイダイの果実または果皮	β-クリプトキサンチン
トウガラシ色素	トウガラシの果実	カプサンチン*2
マリーゴールド色素	マリーゴールドの花	ルテイン
ファフィア色素	酵母（担子菌）	アスタキサンチン
ヘマトコッカス藻色素	ヘマトコッカス（緑藻）	アスタキサンチン(脂肪酸エステル体)

＊1　化学構造は図1を参照のこと。ただし，クロシン，クロセチン，ビキシン，ノルビキシンといったカロテノイド開裂物（アポカロテノイド）の構造は載せていない。
＊2　微量のカプソルビンを含む。

イオテクノロジーによるカロテノイド生産も注目を集めている。植物抽出法と比較して，原料品質のバラツキや価格変動の影響を受けにくいのが長所である。

カロテノイドは天然に750種類以上が存在し，その性質や生理機能は様々である。アスタキサンチンは甲殻類や魚類に含まれる赤橙色の色素であり，養殖魚用の色揚げ剤として利用されてきた。近年，抗酸化作用による美容作用[2)]，脳機能改善[3)]，眼精疲労予防[4)]，動脈硬化抑制[5)]など多くの機能性が明らかにされ，健康補助食品や化粧品の素材として注目されている。ルテインは葉菜類に広く含まれ，ヒト体内では目の網膜周辺部や黄斑に多く分布する[6)]。加齢黄斑変性症の多い欧米を中心に目の健康に関与するカロテノイドとして研究が進んでおり，日本でも知名度が高まっている。リコペンはコレステロール値の改善機能が示唆されている[7)]。β-クリプトキサンチンは骨粗しょう症[8)]，糖尿病[9)]，動脈硬化[10)]などの発症リスクの低減効果があることが報告されている。

江崎グリコ㈱では研究例が少ない赤パプリカ由来カロテノイドに着目し，健康機能研究とともに，その抗酸化機構や体内動態などの基礎研究を進めている。カロテノイドの抗酸化活性は，活性酸素種に対する化学構造の安定性に大きく依存するが，パプリカ特有のカプサンチンやカプソルビンの五員環構造が$^1O_2$と・OHの両者の顕著に高い消去活性に寄与していることが示唆された[11)]。パプリカカロテノイドはこれらに加え生活習慣病予防機能が期待できるβ-クリプトキサンチンを含めた7種類のキサントフィル類とβ-カロテンを含有しており，キサントフィル類の良好な供給源である。臨床試験において，パプリカカロテノイドは経口摂取により血中へ吸収され，血漿および赤血球の総カロテノイド濃度，特に総キサントフィル濃度の大幅な濃度上昇をもたらすことが確認された[12)]。生理機能としては，運動機能の向上効果や皮膚の紫外線ダメージ低減効果，体脂肪低減作用を臨床試験にて既に確認しており，ヒトの健康への寄与が期待される。

3　大腸菌による植物由来カロテノイドの生産研究

大腸菌は分子生物学において基礎研究に用いられるだけでなく，応用研究にも広く用いられている。たとえば，バイオ医薬品であるインスリンは大腸菌によって作られているが，これは大腸菌にインスリンタンパク質を作る遺伝子を導入することによりできる。本来カロテノイド生産能を持たない大腸菌にカロテノイドを生合成させるためには，大腸菌が持つその最終前駆体であるFPP（Farnesyl diphosphate）から目的とするカロテノイドまでの生合成に必要な遺伝子群を大腸菌内に導入し機能させればよい。その結果，各々の外来遺伝子を基にタンパク質（酵素）が合成（翻訳）され，目的とするカロテノイドが生成されるはずである。植物由来のカロテノイドのうち，リコペン，β-カロテン，ゼアキサンチン，アスタキサンチンは一部の細菌でも生産しているため，植物由来ではなく細菌由来のカロテノイド生合成遺伝子群を導入することで，これらのカロテノイドを生産できる。たとえば，パントエア属細菌 *Pantoea ananatis* 由来の *crtE*［Geranylgeranyl diphosphate (GGPP) synthase］，*crtB*（phytoene synthase），*crtI*（phytoene desaturase），*crtY*（lycopene β-cyclase），*crtZ*（β-carotenoid 3,3'-hydroxylase）遺伝子を大腸菌に導入することにより，フィトエン，リコペン，β-カロテン，ゼアキサンチンを大腸菌で生産できる（図 2）[13]。さらに，これらの遺伝子群に加えて，パラコッカス属細菌またはブレバンディモナス（*Brevundimonas*）属細菌由来の *crtW*（β-carotenoid 4,4'-ketolase）遺伝子を導入すると，その大腸菌はアスタキサンチンを作るようになる[14]。一方，ルテイン，ビオラキサンチン，ネオキサンチンといったカロテノイドは，高等植物を含む陸上植物，または緑藻など藻類でのみ生合成されるため，これらの真核生物由来の遺伝子が必要となる（図 2）。

陸上植物あるいは藻類（以後，広い意味で「植物」と記載）の遺伝子を大腸菌で機能させる場合，注意すべきことがいくつかある。一つ目は，植物ではカロテノイド生合成は葉緑体で行われているため，核ゲノムにコードされているカロテノイド生合成酵素遺伝子は N 末端に葉緑体移行シグナルを有している。しかしながら，大腸菌は葉緑体移行シグナルを切断する能力を持たないため，葉緑体移行シグナルの存在が酵素活性に影響する場合がある。そのため，葉緑体移行シグナルの有無によって，大腸菌内での酵素活性に影響がないか調べる必要がある。二つ目は，植物の遺伝子の遺伝暗号の使用頻度が大腸菌の遺伝暗号の使用頻度と異なる点である。遺伝子によっては，大腸菌での翻訳効率が悪くなってしまうため，大腸菌用に遺伝暗号を改変した人工遺伝子を用いた方がよい場合もある。最後に，植物由来の酵素は，大腸菌にはない修飾を受けたり，補因子が必要な場合があるので，そのような情報をできる限り集めておくことが重要である。

3.1　大腸菌で生産可能な植物由来カロテノイド

前述したカロテノイド以外で，これまでに大腸菌での生産例がある植物由来カロテノイド，及び生産例がないものについて述べる。

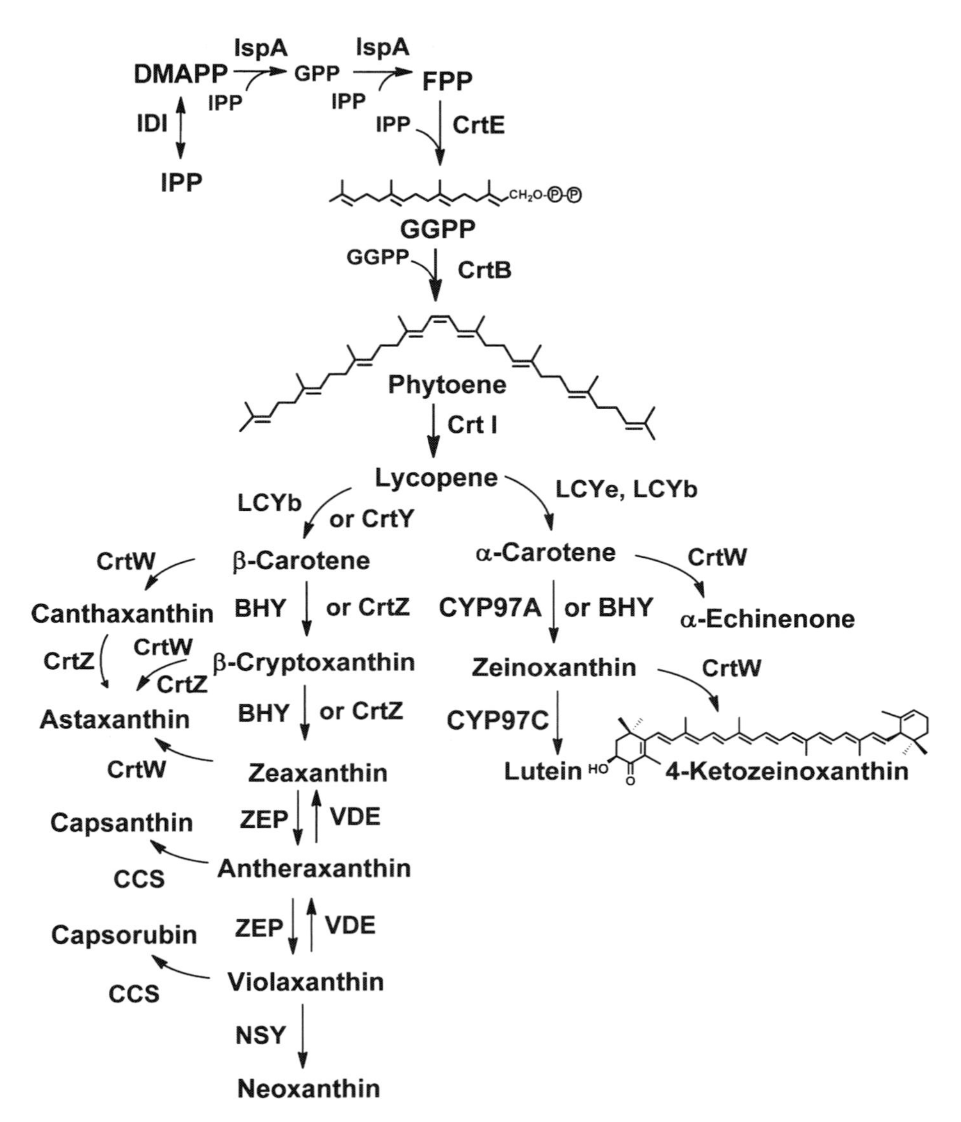

図2　大腸菌に導入された植物由来カロテノイドの生合成経路
ただし，カプサンチン，カプソルビン，ネオキサンチンは図中の生合成遺伝子を導入しても大腸菌では生合成されない。

(1)　α-カロテノイドの生産

β環とε環を持つカロテノイドをα-カロテノイドと呼び，α-カロテン，ザイノキサンチン（ゼイノキサンチン；Zeinoxanthin）やルテインなどがある（図1）。これらのα-カロテノイドの生合成経路は図2に示されている。これまでに，我々はゼニゴケ由来の *LCYb*, *LCYe*, *BHY*, *CYP97C* 遺伝子をクローニングし，大腸菌に組み合わせて導入することにより，α-カロテン，ザイノキサンチン，ルテインの合成に成功している[15,16]。これらの遺伝子は特に遺伝暗号の改変は行っておらず，N末端シグナルを除去しなくても活性は見られた。さらに，ゼニゴケ由来の *LCYb*, *LCYe*, *BHY* 遺伝子に加えて，*Brevundimonas* 属細菌 SD212 株由来の *crtW* 遺伝子を組み合わせることで，自然界に存在しない新規カロテノイドである α-エキネノン（α-Echinenone）や 4-ケトザイノキサンチン（4-Ketozeinoxanthin）の生産に成功した（図2）[16]。

(2) ε-カロテノイドの生産

β-カロテノイドが両端に β 環を持つのに対し，ε-カロテノイドは両端に ε 環を持つ。植物は LCYb と LCYe の両方を有しているが，多くの植物は ε-カロテンを合成していない。しかしながら，レタスなどの一部の植物は ε-カロテンを蓄積している。これはおそらく，多くの植物では LCYb 活性が LCYe 活性に比べて強いためではないかと考えられる。一方，大腸菌では LCYe のみを発現させることができ，ε-カロテンを効率的に合成することができる。

(3) エポキシカロテノイドの生産

エポキシカロテノイドであるビオラキサンチン（Violaxanthin）は，ゼアキサンチンに ZEP（zeaxanthin epoxidase）が働くことによりアンテラキサンチン（Antheraxanthin）を経て生成される（図2）。微生物はビオラキサンチンを生産していないため，植物の遺伝子を用いる必要があるが，これまで大腸菌によるビオラキサンチン生産の報告は一つしかなく，生産量も低かった[17]。しかしながら最近になって，植物由来の *ZEP* 遺伝子を大腸菌用にコドン改変したものを用いることにより，安定的にビオラキサンチンを生産できるようになった（未発表）。

(4) 大腸菌で生産例がない植物由来カロテノイド

アンテラキサンチン・ビオラキサンチンが安定的に生産できるようになったことで，さらに下流のカロテノイドの合成が可能となっている。たとえば，ビオラキサンチンにネオキサンチン（Neoxanthin）合成酵素が働くと，ネオキサンチンが合成されるはずである。しかしながら，これまでに大腸菌でネオキサンチンを生産したという報告はない。植物のネオキサンチン合成に働くとされる遺伝子はこれまでに3つ報告されているが，*in vitro* での活性が報告されているものは一つしかなく，残り二つは触媒酵素というより制御因子としての可能性が高い[18~20]。*in vitro* での酵素活性が報告されている *NSY* 遺伝子についても，大腸菌内ではネオキサンチン合成活性を示さない[18]。他にも，カプサンチン，カプソルビンは，それぞれアンテラキサンチン，ビオラキサンチンに CCS（capsanthin-capsorubin synthase）が働くことにより合成される。これまでに，*in vitro* で活性が報告されている CCS が二つあるが，それらが大腸菌内で働くという報告はなく，大腸菌でのカプサンチン，カプソルビンの生産はまだ成功していない[21,22]。いずれの場合も，大腸菌で目的のカロテノイドが生産されない理由は今のところ不明であるが，理由の一つとして，活性に必要な因子が大腸菌内では不足している可能性が考えられる。今後は，これらの遺伝子が何故大腸菌内で機能しないかを明らかにすることが必要となる。それにより，大腸菌内で機能させるための方策が見つかると考えられる。

3.2　大腸菌を用いたカロテノイド生産の生産性向上の試み

大腸菌にカロテノイド生合成遺伝子を導入しただけでもカロテノイドは生産されるが，生産性を向上させる様々な試みがこれまでになされている。たとえば，カロテノイドの初発物質であるIPP（Isopentenyl diphosphate）とDMAPP（Dimethylallyl diphosphate）の異性化を触媒するIDI（IPP isomerase）を強化すると，下流のカロテノイドの生産が増加することがわかっている[23]。具体的には，IPP isomerase遺伝子（*Idi*）を導入しない場合，リコペンの生産量は0.2 mg/g DCWだが，導入すると約5倍の1.0 mg/g DCWとなる。β-カロテンも0.5 mg/g DCWから1.3 mg/g DCWへと増加する。同様に，カロテノイド生合成の上流を強化する試みとして，メバロン酸経路の導入がある。大腸菌は非メバロン酸経路によってのみIPPとDMAPPを合成しているので，メバロン酸経路によるIPPの増産が可能と考えられ，実際，リコペンの生産が1.0 mg/g DCWから9.8 mg/g DCW（メバロン酸経路の基質となるリチウムアセト酢酸を添加した場合）に増加する[24]。また，*Idi*をさらに付加することで，12.0 mg/g DCWまで生産性を上げることができる。また，この論文ではアスタキサンチンの生産性も調べており，最大で1.0 mg/g DCWの生産性を示している。

これまでに述べた試みは，プラスミドを用いて様々な遺伝子を導入することにより，生産性の向上を目指している。一方で，大腸菌のゲノムそのものを改変することにより，カロテノイドの生産性を向上させる試みもなされている。たとえば，野生型の大腸菌株HSM174（DE3）にリコペン生産プラスミドを導入するとリコペン生産量は1.2 mg/Lであるが，*gdhA*遺伝子欠損株では18.5 mg/Lとなる[25]。さらに，複数の遺伝子を欠損させると最大で50.8 mg/Lにもなる。このように，大腸菌の本来の代謝を改変することにより，よりカロテノイド生産に特化した大腸菌を作ることが可能である。

一般的に，生合成経路の下流の産物ほど，その生産量は減少する傾向が見られる。例えば，アスタキサンチンは上流のβ-カロテンやゼアキサンチンに比べて，半分以下の生産量しかない。それに対して，上述したようなメバロン酸経路の付加などにより，生産性向上が可能であると考えられる[24]。これとは別に，より酵素活性の高いCrtZ，CrtWを探し出し，両者の活性のバランスを最適に調節することによって，7.4 mg/g DCWのアスタキサンチン生産を実現したと言う報告もある[26]。本稿で取り上げた植物由来のカロテノイド，ルテインやビオラキサンチンなども，上流のリコペンやβ-カロテンなどに比べるとかなり減少する。これら植物由来のカロテノイドを生産する場合，植物由来の遺伝子を用いるが，コドン改変が有効である。我々の研究では，パプリカ由来の*ZEP*遺伝子をコドン改変せずに用いた場合，全くビオラキサンチンが生産できなかったが，コドン改変により14 μg/g DCWとわずかではあるがビオラキサンチンの生産ができるようになった（未発表）。さらに，導入した遺伝子の翻訳効率を上げるために，*ZEP*遺伝子の開始コドン周辺の配列を改良した結果，ゼアキサンチンからビオラキサンチンへの変換効率が約80％となり，142 μg/g DCWにまで生産性を向上させることに成功した（未発表）。

以上述べてきたように，生産性を向上させる試みは，それぞれ単独でも効果があるが，組み合わせることによってさらに効果が上がるものと期待される。このほかにも，大腸菌の細胞膜を操作することにより，カロテノイドの生産性・蓄積能を向上させると言った研究等もあり，まだまだ生産性を向上させることができるものと期待される。今後は，大腸菌株の種類，ベクターの種類，遺伝子の種類・組み合わせ，培養条件等を組み合わせ，それぞれのカロテノイドに最適な生産方法を見つけていくことが必要であると考えられる。

4　酵母による植物由来カロテノイドの生産研究

酵母を宿主として用いた有用物質生産は，その発酵能によるバイオエタノールの生産から，バイオ医薬品としてのヒト由来タンパク質の生産など多岐にわたり，特にいくつかの酵母は，その安全性，整備されたゲノム情報，また物質生産において有用な遺伝子工学的技術や遺伝子改変ツールの整備など，宿主としての優れた特徴から広く利用されている。本項では，酵母を宿主としたカロテノイド生産研究について概説する。

4.1　カロテノイド生産酵母における生産性向上の試み

天然にカロテノイド生産能を有する酵母を用いた技術開発では，主にその生産性の改善のため育種が行われている。赤色酵母である *Xanthophyllomyces dendrorhous*（旧名 *Phaffia rhodozyma*）は，主にβ-カロテン，カンタキサンチン，ゼアキサンチン，アスタキサンチンを生産し，商業的価値を有するカロテノイドの生産という点において有用であり，アスタキサンチン生合成経路の解明，ゲノム解析[27]や遺伝子改変技術の開発が進められている。本酵母野生型株が生産するアスタキサンチンは，0.2～0.4 μg/g DCW（乾燥菌体重量）とあまり多くないが，突然変異による育種と代謝工学的アプローチによる *crtYB*（Bifunctional lycopene cyclase/phytoene synthase）遺伝子及び *crtS*（astaxanthin synthase）遺伝子の過剰発現によって，9.7 mg/g DCW までアスタキサンチンの生産性が改善され，現在アスタキサンチンの商用生産に用いられている緑藻 *Haematococcus pluvialis* による生産性と同レベルのアスタキサンチン生産性を実現している[28]。また，油脂酵母である *Rhodosporidium toruloides* は，窒素源を限定された培養条件において細胞内に中性脂質を高度に蓄積する[29]と共に，天然にトルラロジン，トルレン，γ-カロテン，β-カロテンなどのカロテノイドを生産する[30]など，産業用酵母として優れた特性を有している。そのため，近年，遺伝子改変技術の開発やゲノム解析[31]が進められている。本酵母においても同様に突然変異による育種の結果，野生型株では 0.1～0.2 mg/g DCW[32]であったカロテノイド生産量が，窒素源を限定された培養条件において 0.75 mg/g DCW まで改善された[33]。また，出芽酵母 *S. cerevisiae* 由来の薬剤耐性に関わるトランスポーターである *PDR10* 遺伝子を導入することで，生産されたカロテノイドを細胞内に蓄積した脂質から分離すると同時に，培地中への分泌が可能になる[34]など，これらの酵母が有する特性を利用した新たな技術開発が試みられている。

4.2　カロテノイド非生産酵母での代謝経路の導入によるカロテノイド生産

一方，天然にはカロテノイドを生産できないトルラ酵母 *Candida utilis*，メタノール資化性酵母 *Pichia pastris*，耐熱性酵母 *Kruyveromyces marxianus*，出芽酵母などにおいても，カロテノイド生産技術に関する研究開発が多く行われている。これらの酵母では，内在性のメバロン酸経路により FPP を生合成した後，これを基質として細胞膜成分の一つであるエルゴステロールを生合成するが，そこにカロテノイドの生合成経路を導入することで，これまでにリコペン，β-カロテン，アスタキサンチンなどの生産が試みられている。これらの酵母には，これまでの研究開発において蓄積された様々な遺伝子改変技術や高精度なゲノム情報などが整備されており，複数の遺伝子が関与するカロテノイド生合成経路を宿主酵母細胞内に構築する上で有用な宿主である。

トルラ酵母 *C. utilis* を宿主として用いたカロテノイド生産は，カロテノイド生産細菌である *P. ananatis* 由来の *crtE*, *crtB*, *crtI* 遺伝子の利用により，リコペンの生産に成功し，さらに内在の HMG-CoA reductase 触媒ドメイン（*tHMG1*）の高発現化と，内在性 *ERG9*（squalene synthase）遺伝子の破壊を組み合わせることで，7.8 mg/g DCW のリコペンの生産に成功している[35]。また，メタノール資化性酵母である *P. pastris* においても，同様にメバロン酸経路によって生合成される FPP を出発物質として，*P. ananatis* 由来 *crtE*, *crtI* 及び *crtB* の導入によって，4.6 mg/g DCW のリコペンの生産に成功している[36]。耐熱性酵母である *K. marxianus* では，*X. dendrorhous* 由来のカロテノイド生合成遺伝子（*crtE*, *crtI* 及び *crtYB*），*H. pluvialis* 由来 *chyB*（β-carotene hydroxylase）遺伝子，*Chlamydomonas reinhardtii* 由来変異型 *Bkt* 遺伝子［*crtW* のホモログ（オルソログ）］，及び *HMG* 遺伝子の追加導入による高発現化により，アスタキサンチンを 9.972 mg/g DCW まで生産可能な株の構築に成功している[37]。

出芽酵母における試みは，前述の実用酵母と同様，代謝工学的アプローチにより，主にリコペン，β-カロテン，アスタキサンチンの生産性の改善についての研究が多くなされているが，一方で異なるアプローチによる生産性の改善も試みられている。出芽酵母では内在性遺伝子のノックアウトライブラリーが利用可能であり，本ライブラリーを用いた網羅的な解析が行われた結果，エルゴステロール，アミノ酸および脂肪酸合成関連遺伝子など，カロテノイド増産効果を示す 24 遺伝子が同定されている[38]。また，β-カロテン生産株（*X. dendrorhous* 由来 *crtE*, *crtI* 及び *crtYB* 遺伝子導入株）における内在性 catalase 遺伝子（*CTT1*）の破壊によって過酸化水素に対する耐性が低下した株を用いて，過酸化水素添加培地での培養による突然変異によって，親株（6 mg/g DCW）の 3 倍以上（18 mg/g DCW）までβ-カロテンの生産性が改善された[39]。このことは，突然変異によるβ-カロテンの生産性の向上が，過酸化水素による酸化ストレスの緩和に寄与していると考えられる。

このように，代謝工学的アプローチによる株の構築だけでなく，ノックアウトライブラリーの利用や，新たな手法による突然変異での育種技術など，ゲノム情報や多様な遺伝子改変技術（合成生物学的技術）を駆使した育種が可能であることは出芽酵母の一つの利点である。

4.3 出芽酵母を宿主として用いた新たな取り組み

前述のように，現在，酵母を宿主としたカロテノイド生産に関わる技術開発の多くが，リコペン，β-カロテン，アスタキサンチンの生産性向上に関わるものであり，植物由来稀少カロテノイドや新規カロテノイドなどの生合成を試みる研究は未だ手付かずのままである。そのため，我々は，酵母において未だ生産例がない幾つかの植物由来カロテノイドをターゲットとして，出芽酵母を宿主として用いた生産技術の開発を現在進めている。これまでに，いくつかの植物由来遺伝子の発現を出芽酵母において試みているが，酵母細胞内において機能を有する形で発現させることが困難なケースがあり，植物由来カロテノイドの生産を行う上での問題点として明らかになりつつある。そのため，これらの酵素を酵母細胞内において正常に機能させるためのタンパク質発現技術の改良を進めている。今後，酵母における育種技術やタンパク質発現技術のさらなる進展に伴って，これまで生産が困難であった有用カロテノイドの利用が促進されることが期待される。

5 おわりに

大腸菌や酵母などの微生物を用いた，産業上有望なカロテノイド生産研究については，リコペン，β-カロテン，ゼアキサンチン，アスタキサンチンといった植物由来のカロテノイドの組換え微生物（大腸菌や出芽酵母）での生産に我々が世界で初めて成功するなど[13, 40, 41]，日本は優位に立っていたが，10年ほど前から押し寄せた合成生物学の波に乗り遅れた感があり，日本の優位性が次第に失われたようだ。3年前から始まったNEDO「スマートセルインダストリー」プロジェクトは再び，この分野において我々がナンバーワンに浮上し産業化を成し遂げるドライビングフォースとなるものと期待される。

文　　献

1) U. Marz, “The global market for carotenoids. July 2015”, BCC Research, code FOD025E, (2015)
2) K. Tominaga *et al.*, *Acta Biochim. Pol.*, **59**, 43-47 (2012)
3) M. Katagiri *et al.*, *J. Clin. Biochem. Nutr.*, **51**, 102-107 (2012)
4) 長木康典ほか，眼科臨床紀要，**3**, 461-468 (2010)
5) Y. Kishimoto *et al.*, *Eur. J. Nutr.*, **49**, 119-126 (2010)
6) P. S. Bernstein *et al.*, *Prog. Retin. Eye Res.*, **50**, 34-66 (2015)
7) S. Oshima *et al*, *J. Agric. Food Chem.*, **44**, 2306-2309 (1996)
8) M. Sugiura *et al.*, *Osteoporos. Int.*, **19**, 211-219 (2008)

9）J. Montonen *et al., Diabetes Care,* **27**, 362-366 (2004)
10）M. Nakamura *et al., Atherosclerosis,* **184**, 363-369 (2006)
11）T. Maoka *et al., Mar. Drugs,* **14**, 93-98 (2016)
12）A. Nishino *et al., J. Oleo Sci.,* **64**, 1135-1142 (2015)
13）N. Misawa *et al., J. Bacteriol.,* **172**, 6704-6712 (1990)
14）S.-K. Choi *et al., Mar. Biotechnol.,* **7**, 515-522 (2005)
15）M. Takemura *et al., Plant Cell Physiol.,* **55**, 194-200 (2014)
16）M. Takemura, *et al., Planta,* **241**, 699-710 (2015)
17）C. Zhu *et al., Biochim. Biophys. Acta.,* **1625**, 305-308 (2003)
18）F. Bouvier *et al., Eur. J. Biochem.,* **267**, 6346-6352 (2000)
19）H. Neuman *et al., Plant J.,* **78**, 80-93 (2014)
20）H. M. North *et al., Plant J.,* **50**, 810-824 (2007)
21）Z. Jeknić *et al., Plant Cell Physiol.,* **53**, 1899-1912 (2012)
22）F. Bouvier *et al., Plant J.,* **6**, 45-54 (1994)
23）S. Kajiwara, *et al., Biochem. J.* **324**, 421-426 (1997)
24）H. Harada *et al., Appl. Microbiol. Biotechnol.,* **81**, 915-925 (2009)
25）J. Wang *et al.,* **36**, 1021-1027 (2014)
26）Q. Lu *et al., Mar. Drugs,* **15**, 296-304 (2017)
27）R. Sharma, *et al., BMC Genom.,* **16**, 233 (2015)
28）S. Gassel *et al., Appl. Microbiol. Biotechnol.,* **98**, 345-350 (2014)
29）C. Hu *et al., Bioresour. Technol.,* **100**, 4843-4847 (2009)
30）J. J. Lee *et al., J. Agric. Food Chem.,* **62**, 10203-10209 (2014)
31）J. Hu *et al., Genome Announc.,* **4**, e00098-16 (2016)
32）C. Dias *et al., Bioresour. Technol.,* **189**, 309-318 (2015)
33）C. Zhang *et al., Biotechnol. Lett.,* **38**, 1733-1738 (2016)
34）J. J. Lee *et al., Appl. Microbiol. Biotechnol.,* **100**, 869-877 (2016)
35）H. Shimada *et al., Appl. Environ. Microbiol.,* **64**, 2676-2680 (1998)
36）V. Juturu *et al., Chembiochem.,* **19**, 7-21 (2018)
37）Y.-J. Lin *et al., Bioresource Technology,* **245**, 899-905 (2017)
38）B. Özaydın *et al., Metab. Eng.,* **15**, 174-183 (2013)
39）L. H. Reyes *et al., Metab. Eng.,* **21**, 26-33 (2014)
40）N. Misawa *et al., J. Bacteriol.,* **177**, 6575-6584 (1995)
41）S. Yamano *et al., Biosci. Biotechnol. Biochem.,* **58**, 1112-1114 (1994)

第9章　油脂酵母による油脂発酵生産性改善へ向けた技術開発

高久洋暁[*1]，荒木秀雄[*2]，小笠原　渉[*3]，田代康介[*4]，
蓮沼誠久[*5]，油谷幸代[*6]，矢追克郎[*7]

1　油脂産業の現状と油脂酵母

近年，世界需要を牽引してきた先進国とともに，新興国の目覚ましい成長によるエネルギー，食糧等のあらゆる資源の需要増加に拍車がかかり，資源の争奪，価格の乱高下の問題が引き起こされている。このような状況は，我々の生活に密接に関わっている油脂でも同様で，需要，価格で大きな変動が起こっている。油脂の用途は主に食用と工業用に大別される。炭水化物及び蛋白質と並び三大栄養素の1つである油脂は，食用では調理の際にサラダ油として，また油脂原料をマーガリン，ドレッシング等に加工して使用される食品加工油脂がある。工業用では燃料や潤滑油としてそのまま使用される他，油脂原料は，脂肪酸，脂肪酸アルコール，脂肪酸エステルなどへ合成変換され，シャンプーやリンス，化粧品などのオレオケミカル製品へと形を変えている。さらに主要油脂3品（大豆油，菜種油，パーム油）は，長年にわたって化石燃料に依存してきたことにより深刻化している環境汚染や地球温暖化の問題，化石燃料の枯渇から，バイオディーゼル（BDF）の原材料としての活用も広がっている。このような需要に応答するため，植物油の拡大生産への期待が高いが，耕作領域の拡大の限界，環境への懸念，政策環境の変化などの要因により制約される。そのような理由からも，植物油の代わりに，持続性を有し，低コストで油脂を生産できる油脂酵母への注目度がここ数年で大きく上昇している。

油脂酵母は，主にグリセロールの3つの水酸基に脂肪酸がそれぞれエステル結合したトリアシ

＊1　Hiroaki Takaku　新潟薬科大学　応用生命科学部　教授
＊2　Hideo Araki　不二製油グループ本社㈱　未来創造研究所　主席研究員
＊3　Wataru Ogasawara　長岡技術科学大学大学院　技術科学イノベーション専攻　教授
＊4　Kosuke Tashiro　九州大学　大学院農学研究院　生命機能科学部門　遺伝子制御学　准教授
＊5　Tomohisa Hasunuma　神戸大学　大学院科学技術イノベーション研究科　教授
＊6　Sachiyo Aburatani　(国研)産業技術総合研究所　生体システムビッグデータ解析オープンイノベーションラボラトリ（CBBD-OIL）　創薬基盤研究部門（兼）副ラボ長
＊7　Katsuro Yaoi　(国研)産業技術総合研究所　生物プロセス研究部門　研究グループ長

表1　様々な油脂酵母の油脂生産能力の比較

油脂酵母	基質	油脂生産性 (g/L)	油脂含有率 (%)	培養法	文献
Lipomyces starkeyi	グルコース＋キシロース	12.6	61.5	回分	2)
Lipomyces starkeyi	グルコース＋キシロース	34.5	37.4	流加	3)
Rhodosporidium toruloides	グルコース	10.3	65.2	回分	4)
Rhodosporidium toruloides	グルコース	72.7	48.0	流加	5)
Yarrowia lipolytica	グリセロール	2.0	30.7	回分	6)
Rhodotorula glutinis	グリセロール	5.6	25.0	回分	7)

ルグリセロール（TAG）を合成し，細胞内に乾燥菌体重量の20％以上蓄積することができる能力を有する[1]。油脂酵母として *Lipomyces starkeyi*, *Yarrowia lipolytica*, *Rhodosporidium toruloides*, *Rhodotorula glutinis* などが知られており，その中には乾燥菌体重量の60％以上も細胞内に油脂を蓄積する酵母も存在する（表1）。図1は子嚢菌門に属する油脂酵母 *L. starkeyi* と担子菌門に属する赤色油脂酵母 *R. toruloides* の油脂低蓄積期及び油脂高蓄積期の姿を走査型電子顕微鏡（SEM）及び透過型電子顕微鏡（TEM）で観察したものである。油脂低蓄積期において，それぞれの油脂酵母の細胞表層にしわが見られるが，油脂高蓄積期には，そのしわはなくなり，細胞自体が大きく生長していた。油脂低蓄積期には，複数の小さな脂肪球が確認されたが，油脂高蓄積期においては，*L. starkeyi* は1つの大きな脂肪球，*R. toruloides* は2つの大きな脂肪球を細胞内に有していた。さらに *R. toruloides* の2つの脂肪球の間には，脂肪球を隔てるように核が存在していた。その蓄積したTAGの脂肪酸組成は，植物油（パーム油）の脂肪酸組成によく類似していることから，植物油代替油としての利用が考えられる。また，油脂低蓄積期には，ミトコンドリア，核，脂肪球を含む細胞内小器官が細胞内に広く行き渡っているのに対し，油脂高蓄積期には，脂肪球が拡張し，いくつかの細胞内小器官を残し，ほとんどの細胞内小器官は見えなくなり，細胞質の再構築が起こっているようであった。油脂酵母は，培地中の窒素源が枯渇し，過剰量の糖が残っている条件下では，炭素フラックスをエネルギー生産から油脂合成へ転換する[1]。窒素源枯渇の結果，ミトコンドリアのイソクエン酸ハイドロゲナーゼの阻害が起こり，ミトコンドリア内のクエン酸の蓄積に繋がり，その結果，細胞内AMP濃度は減少する[8]。これは油脂酵母特有の特徴である。この蓄積したクエン酸は，細胞質へ移行後，ATP-クエン酸リアーゼによりアセチルCoAへ変換され，TAG合成に重要なアシルCoAの合成へ利用されていく。油脂酵母の生育は，このような窒素源枯渇の起こる条件下の培養で，次の3つの時期に分けることが可能である。1つ目は細胞の急激な増殖が見られる「対数増殖期」，2つ目は窒素源枯渇により細胞の生育が抑えられ，油脂の蓄積が見られる「油脂蓄積期」，3つ目は細胞の生育は止まり，蓄積した油脂が徐々に分解していく様子が見られる「定常期，油脂蓄積後期」である。油脂酵母は，糸状菌や微細藻類のような他の油糧微生物以上に，単細胞型であり倍加時間が短い，多様な原料で生育可能，大型の発酵槽における培養が簡易などの利点を持っている。本稿では，上記し

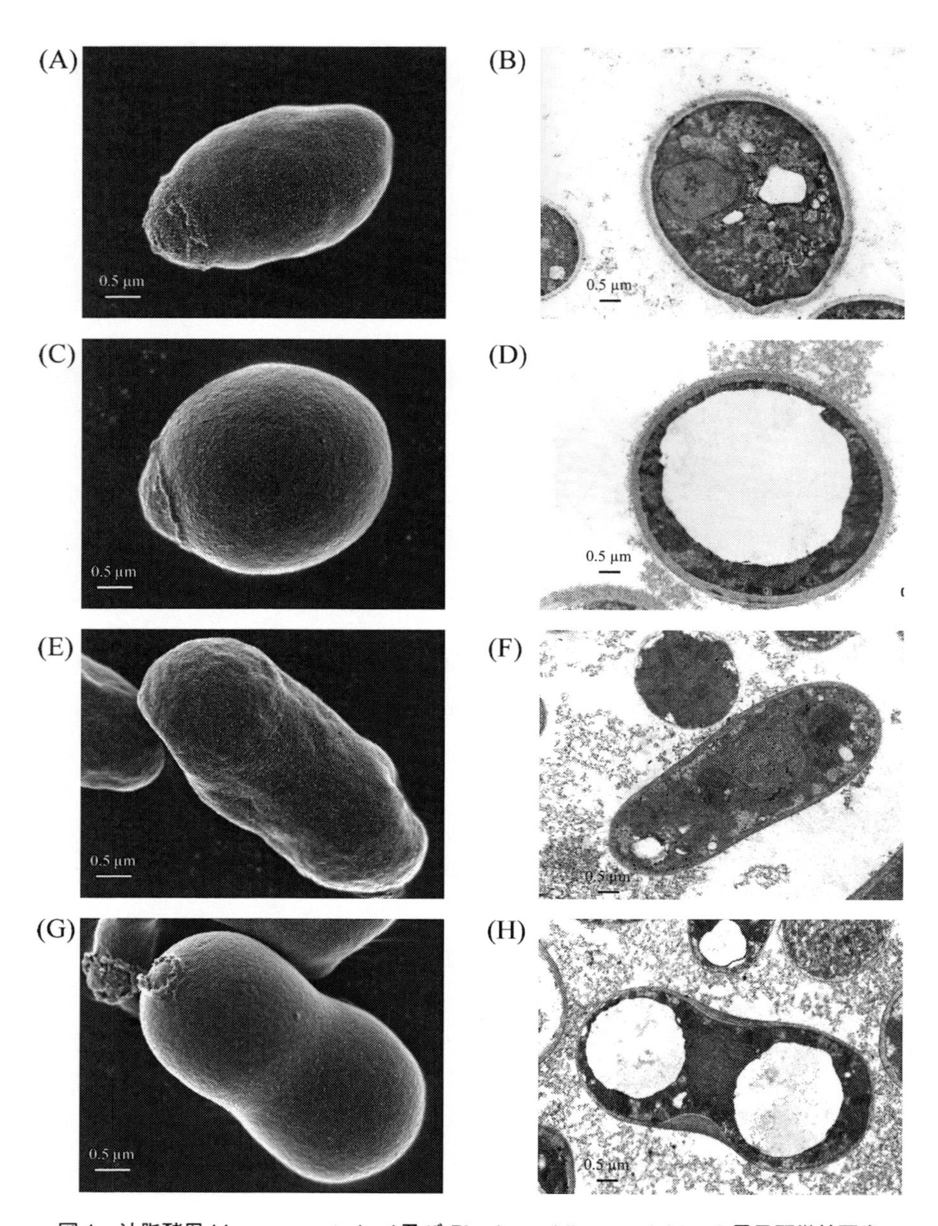

図1　油脂酵母 *Lipomyces starkeyi* 及び *Rhodosporidium toruloides* の電子顕微鏡写真
(A) *L. starkeyi* 油脂低蓄積期細胞 (SEM), (B) *L. starkeyi* 油脂低蓄積期細胞 (TEM),
(C) *L. starkeyi* 油脂高蓄積期細胞 (SEM), (D) *L. starkeyi* 油脂高蓄積期細胞 (TEM),
(E) *R. toruloides* 油脂低蓄積期細胞 (SEM), (F) *R. toruloides* 油脂低蓄積期細胞 (TEM),
(G) *R. toruloides* 油脂高蓄積期細胞 (SEM), (H) *R. toruloides* 油脂高蓄積期細胞 (TEM)。

たユニークな特徴を有する油脂酵母，特に *L. starkeyi* に焦点をあて，今後の油脂産業の発展に大きく貢献可能な油脂酵母 *L. starkeyi* の改良技術について概説する。

2　油脂蓄積変異株の取得とその油脂蓄積性[9]

酵母における TAG の合成・分解経路については，酵母 *Saccharomyces cerevisiae* や油脂酵母 *Y. lipolytica, R. toruloides* において研究が進んでいる[8,10,11]。筆者らは，*L. starkeyi* の TAG の合成・分解経路を明らかにし，さらにその油脂生産に重要な因子を特定するために，*L. starkeyi* の油脂高蓄積変異株及び油脂低蓄積変異株を取得し，解析を行っている。油脂蓄積変異株を取得するために，*L. starkeyi* CBS1807 株に変異原物質エチルメタンスルホン酸又は UV 処理を施し，変異を誘発させた変異株群を培養し，密度勾配遠心法で分画した。水と油の密度の違いを考慮すると，油脂高蓄積細胞と油脂低蓄積細胞の密度も異なり，油脂高蓄積細胞は低密度画分に，油脂低蓄積細胞は高密度画分に分画される。油脂高蓄積変異株の取得においては，遠心後の低密度画分を分取，培養し，密度勾配遠心法による分画を繰り返して油脂高蓄積細胞の濃縮を行い，油脂低蓄積変異株の取得においては，遠心後の高密度画分を分取し，同様の方法で油脂低蓄積細胞の濃縮を行い，それぞれ目的の油脂蓄積変異細胞を含む濃縮画分を取得した。その後，それらの画分からコロニーとして候補株を単離し，①油脂染色蛍光試薬 Nile red で候補株を染色し，フローサイトメトリーによるその油脂生産性の評価，②顕微鏡における脂肪球の大きさの観察評価，③候補株から油脂を抽出し，油脂の定量評価の３つの評価法を組み合わせてスクリーニングを実施したところ，野生株と比較して油脂生産性の高い油脂高蓄積変異株 A42, E15, E47, K13, K14, 油脂生産性の低い油脂低蓄積変異株 m45, m47 の獲得に成功した。油脂高蓄積変異株 A42, E15, E47, K13, K14 の細胞あたりの TAG 生産量は，培養４日目において，野生株の 1.5, 2.0, 1.4, 1.8, 2.4 倍であった。顕微鏡写真からも明らかであるように，油脂高蓄積変異株の細胞内の脂肪球は野生株と比較して大きく，さらに細胞の粒子径も大きくなっていた（図２)。また，油脂低蓄積変異株 m45, m47 の細胞あたりの TAG 生産量は，培養４日目において，野生株の 0.5, 0.6 倍であった。細胞内には小さいが，大きさの異なる脂肪球が複数存在し，細胞の粒子径は大きくなっていた（図２)。

3　油脂酵母の TAG 合成・分解[9]

油脂酵母の TAG 合成・分解経路には，図３に示すように解糖系，TCA 回路，TAG 及びリン脂質（PL）合成系，アシル CoA 合成系，TAG 分解系，β 酸化系が関与している。細胞に取り込まれたグルコースは，グルコース-6-リン酸，フルクトース-6-リン酸，フルクトース-1,6-ビスリン酸の順に変換される。フルクトース-1,6-ビスリン酸は，アルドール開裂により，ジヒドロキシアセトンリン酸とグリセルアルデヒド-3-リン酸になる。グリセルアルデヒド-3-リン酸

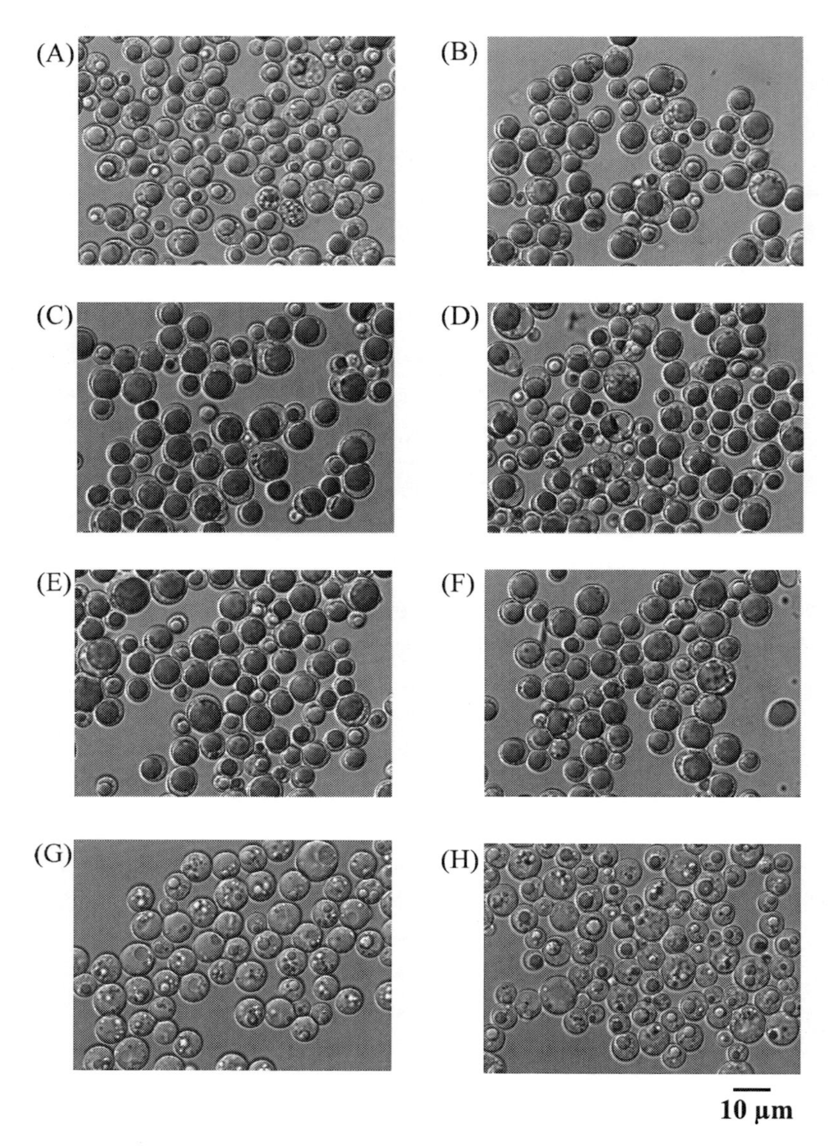

図２　油脂酵母 *Lipomyces starkeyi* の油脂蓄積変異株の油脂蓄積形態
(A) 野生株 CBS1807, (B) 油脂高蓄積変異株 A42, (C) 油脂高蓄積変異株 E15, (D) 油脂高蓄積変異株 E47, (E) 油脂高蓄積変異株 K13, (F) 油脂高蓄積変異株 K14, (G) 油脂低蓄積変異株 m45, (H) 油脂低蓄積変異株 m47。

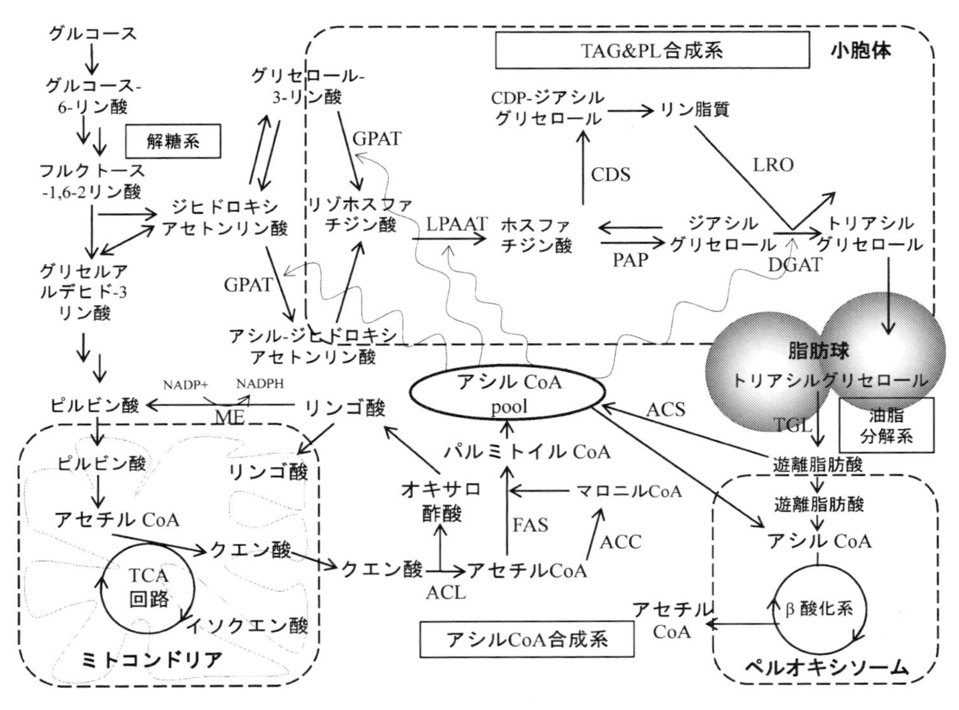

図3　油脂酵母 *Lipomyces starkeyi* の TAG 合成・分解

GPAT，グリセロール-3-リン酸アシルトランスフェラーゼ；LPAAT，リゾホスファチジン酸アシルトランスフェラーゼ；PAP，ホスファチジン酸ホスファターゼ；CDS，CDP-DAG シンターゼ；DGAT，アシル CoA：DAG アシルトランスフェラーゼ；LRO，リン脂質：DAG アシルトランスフェラーゼ；TGL，TAG リパーゼ；ACS，アシル CoA シンターゼ；ME，リンゴ酸酵素；ACL，ATP-クエン酸リアーゼ；ACC，アセチル CoA カルボキシラーゼ；FAS，脂肪酸合成酵素

は複数の反応を経てピルビン酸へ変換され，解糖系で生じたそのピルビン酸は，ミトコンドリア内でアセチル CoA に変換された後に，オキサロ酢酸と反応してクエン酸を生じる。TCA サイクルで生じたクエン酸はミトコンドリアから細胞質に放出され，一般的な微生物には存在せず，油脂酵母や哺乳類特有の酵素である ATP クエン酸シンターゼによりオキサロ酢酸とアセチル CoA に変換される。オキサロ酢酸はその後リンゴ酸を経てリンゴ酸酵素によりピルビン酸に変換される。この時にピルビン酸と同時に生産される NADPH は，脂肪酸合成のために脂肪酸合成酵素複合体に利用される。アシル CoA 合成系では，主にクエン酸から生じたアセチル CoA がアセチル CoA カルボキシラーゼによりマロニル CoA に変換される。その後，脂肪酸合成酵素複合体により炭素数が 16 又は 18 の飽和脂肪酸が合成され，アシル CoA が生じる。アシル CoA は TAG 合成，アシル基の不飽和化及び伸長のために小胞体へ運ばれる（図3）。フルクトース-1,6-ビスリン酸から生じたジヒドロキシアセトンリン酸は，グリセロール-3-リン酸またはアシル-ジヒドロキシアセトンリン酸を経てリゾホスファチジン酸（LPA）へ変換される。この時にア

シルCoAのアシル基をグリセロール骨格に付加する酵素はグリセロール-3-リン酸アシルトランスフェラーゼである。LPAはリゾホスファチジン酸アシルトランスフェラーゼによりアシルCoAのアシル基を付加され，ホスファチジン酸（PA）へ変換される。PAは，PAホスファターゼの作用によりリン酸が外れるとジアシルグリセロール（DAG）を生じる。また，PAはCDP-DAGシンターゼによりCDP-DAGを経てリン脂質（PL）になる。アシルCoA:DAGアシルトランスフェラーゼはアシルCoAのアシル基を，リン脂質:DAGアシルトランスフェラーゼはPLのアシル基をそれぞれDAGに結合させ，TAGを合成する（図3）。脂肪球に蓄積したTAGは必要に応じてTAGリパーゼによりグリセロールと脂肪酸へ分解され，遊離した脂肪酸はアシルCoAシンターゼによりアシルCoAとして再構成される。糖枯渇条件下において，アシルCoAと遊離脂肪酸はペルオキシソームに入り，β酸化反応により分解され，エネルギー生産へと繋げられる（図3）。

4 油脂蓄積変異株のTAG合成・分解経路関連遺伝子の発現挙動

野生株と油脂高蓄積変異株のTAG合成・分解経路に関与する遺伝子の発現挙動を比較解析した結果，すべての油脂高蓄積変異株において，アシルCoA合成系に関与する遺伝子が野生株と比較して高発現していることが明らかとなった。さらに，油脂高蓄積変異株のペントースリン酸経路は野生株と比較して活性化されており，脂肪酸の合成に必要なNADPHの供給は，リンゴ酸酵素よりむしろペントースリン酸経路が主要となっていることが示唆された。また，油脂の生産性の向上の程度が大きかったE15，K13，K14に関しては，アシルCoA合成系に関与する遺伝子だけでなく，TAG合成系においてアシル基のグリセロール骨格への付加に関与する酵素遺伝子の発現も上昇していた（高久，未発表）。油脂低蓄積変異株m45においては，窒素飢餓条件下で誘導的に発現が上昇するTAGリパーゼ遺伝子が培養初期から構成的に発現していることが明らかとなった（高久，未発表）。以上のように油脂蓄積変異株の解析により，油脂合成・分解に関与する重要遺伝子が同定されつつあるが，それらの有用な情報を活用した産業利用のための*L. starkeyi*の改良には遺伝子組換え技術が必要である。

5 油脂酵母*L. starkeyi*の遺伝子組換え技術[9]

様々な酵母において遺伝子組換え技術の基礎となる形質転換系の開発が行われており，その手法として酢酸リチウム法，スフェロプラスト-PEG法，エレクトロポレーション法などがある。*L. starkeyi*の形質転換系については，2014年に我々のグループからスフェロプラスト-PEG法[13]，Jeffriesらのグループから酢酸リチウム法[14]が報告されている。また，最近ではアグロバクテリウム法[15]の報告例もある。このように形質転換系の開発は行われているが，*L. starkeyi*の遺伝子組換え技術の弱点は，目的の遺伝子部位における相同組換え効率（遺伝子ターゲティング効率）

の低さと形質転換効率の低さである。細胞内に導入された遺伝子の染色体上への挿入には，DNA修復機構のDNA二本鎖切断修復（相同組換え・非相同末端結合）と同様の機構が働いている。すなわち，遺伝子ターゲティング効率が低い*L. starkeyi*の細胞内では，相同組換え（HR）よりも非相同末端結合（NHEJ）が主要機構として働いていると考えられた。そこで，*L. starkeyi*のNHEJ経路に関与している蛋白質（DNA二本鎖切断を認識し，結合し，それ以上の分解を阻止するLsKu70p/LsKu80p，切断されたDNA断片の結合に寄与するLsLig4p）をコードする遺伝子を破壊することにより，NHEJの機能を低下させ，遺伝子ターゲッティング効率が向上した宿主の作製を試みた。それぞれの欠失株の中でも，LsLig4p欠失株の遺伝子ターゲティング効率が劇的に向上した（70％程度）。また，上記3種類の蛋白質の3重欠失株においては，遺伝子ターゲティング効率が約80％まで向上した[15]。さらにHR効率の改善には，相同組換えに必要な相同領域の長さも関与することが知られている。*L. starkeyi*の野生株を宿主としたときには，目的の位置で組換えを起こすためには，少なくとも5'側と3'側の相同領域の長さが2000塩基以上必要であったが，LsLig4p欠失株では，相同領域の長さが1000塩基あれば十分に遺伝子組換え体を得ることができた[15]。また，我々はエレクトロポレーション法の開発により，*L. starkeyi*の形質転換効率の低さを補うことにも成功している。遺伝子ターゲッティング効率が向上したLsLig4p欠失株を宿主としてそれぞれの形質転換法の評価を行った結果，エレクトロポレーション法の形質転換効率は，酢酸リチウム法の約140倍，スフェロプラスト-PEG法の約23倍に向上した（高久，未発表）。さらに我々は，*L. starkeyi*の遺伝子組換え技術を高度化するツールとして，Hygromycin耐性遺伝子，Geneticin耐性遺伝子，Norseothricin耐性遺伝子，Zeocin耐性遺伝子の選択マーカー遺伝子としての有効性，構成的に高発現する*LsTDH*，*LsACT1*遺伝子のプロモーター，ターミネーターの有効性も見出している。また，目的タンパク質を高発現させる手段として，遺伝子挿入標的部位を染色体上に50コピー以上存在することが予想されている18S rDNA領域にすることで，同時に染色体上に5コピーまで目的遺伝子を同時挿入できる組換え技術の開発にも成功している[12]。

6　今後の開発

現在，油脂酵母*L. starkeyi*の油脂蓄積変異株のゲノム比較解析，トランスクリプトーム解析，メタボローム解析を鋭意進めており，さらにプロテオーム解析も実施予定である。油脂高蓄積だけでなく，油脂低蓄積の変異株のオミクスデータを活用した遺伝子発現制御ネットワーク構築などの解析技術は，*L. starkeyi*における油脂発酵生産性の向上に必要な代謝制御情報，さらには重要遺伝子の同定，改変に関する的確でスマートな戦略提案を可能にしてくれるだろう。

謝辞

本研究の一部は，NEDO「植物等の生物を用いた高機能品生産技術の開発」，JSPS 科研費 18K05401，農林水産省「農林水産業・食品産業科学技術研究推進事業」，内田エネルギー科学振興財団の支援を受けて行われた。

文　献

1) C. Ratledge, *Biochimie*, **86**(11), 807 (2004).
2) X. Zhao *et al., Eur. J. Lipid Sci. Technol.*, **110**(5), 405 (2008)
3) E. Tapia *et al., AMB express*, **2**(1), 64 (2012)
4) C. Hu *et al., Bioresour. Technol.*, **100**(20), 4843 (2009)
5) Y. Li *et al., Enzyme Microb. Technol.*, **41**(3), 312 (2007)
6) A. André *et al., Eng. Life Sci.*, **9**(6), 468 (2009)
7) E. R. Easterling *et al., Bioresour. Technol.*, **100**(1), 356 (2009)
8) Z. Zhu, *et al., Nat. Commun.*, **3**, 1112 (2012)
9) 高久洋暁ほか，オレオサイエンス，**17**(3), 107 (2017)
10) B. Koch *et al., FEMS Microbial. Rev.*, **38**, 892 (2014)
11) A. Beopoulos *et al., Prog. Lipid Res.*, **48**, 375 (2009)
12) Y. Oguro *et al., Biosci. Biotechno.l Biochem.*, **79**(3), 512 (2015)
13) C. H. Calvey, *et al., Curr. Genet.*, **60**(3), 223 (2014)
14) X. Lin, Xinping, *et al., Appl. Biochem. Biotechnol.*, **183**(3), 867 (2017)
15) Y. Oguro, *et al., Curr. Genet.*, **63**(4), 751 (2017)

第10章　情報解析技術を活用したアルカロイド発酵生産プラットフォームの最適化

中川　明[*1]，南　博道[*2]

高等植物は，様々な二次代謝産物を産生，蓄積することが知られている。これらの二次代謝産物は，メバロン酸経路もしくは非メバロン酸経路を経て合成されるテルペノイド，芳香族アミノ酸由来のフェノール性化合物（フェニルプロパノイド，フラボノイド）とアルカロイドの3つのグループに分類される。その中でも，アルカロイドは，生理機能，薬理機能が多種多様で医薬品として幅広く利用されており，主に植物体からの抽出によって生産されている。しかしながら，植物体に含まれるアルカロイドは乾燥重量の数パーセントにも満たず，植物体の生育には数ヶ月～数年を要するため，その効率的な生産は容易ではない。これまでに遺伝子組み換え植物体や培養細胞を用いた大量生産が試みられてきた。しかしながら，個々の成功例はあるものの，普遍的な大量生産の方法は確立されていない。そのため，合成生物学の手法を用いた微生物による生産に注目が集まっている。これまでは，微生物の産生するポリケタイド等の研究が盛んに行われてきたが，近年，植物の二次代謝産物においても，テルペノイドやフラボノイドに関して数多くの成功例が報告されている。実際にテルペノイドの一種で，マラリア治療薬であるアルテミシニンの前駆体に対して，酵母を用いた実用生産が行われている[1)]。一方，芳香族アミノ酸由来のアルカロイド，特にモルヒネ等のベンジルイソキノリンアルカロイド（BIA）に関しては，我々が発表するまで微生物生産の成功例はなかった[2)]。

BIAはおよそ2,500種類報告されており，その強い生理活性から，医薬品や医薬品原料として用いられている。例えばモルヒネには強い鎮痛作用があり，ガン患者等に処方されている。また，漢方の止瀉薬として用いられてきたベルベリンには，近年，糖尿病症状緩和効果が報告され，実際に処方されている。しかしながら，その多くは含有量の低さから製品化されておらず，生薬の有効成分として認知されている程度で研究が進んでいないのが現状である。微生物を利用したBIA生産は，早い生育，高い反応特異性のため，煩雑な化学合成法や時間的空間的コストを要する植物栽培による生産よりも優れている側面がある。我々は，これまでに微生物酵素（tyrosinase，DOPA decarboxylase，monoamine oxidase）を用いたチロシンからの改変型BIA生合成経路を構築することで，安価で入手し易い基質であるグルコースやグリセロールから，

＊1　Akira Nakagawa　石川県立大学　生物資源工学研究所　応用微生物学研究室　講師
＊2　Hiromichi Minami　石川県立大学　生物資源工学研究所　応用微生物学研究室　准教授

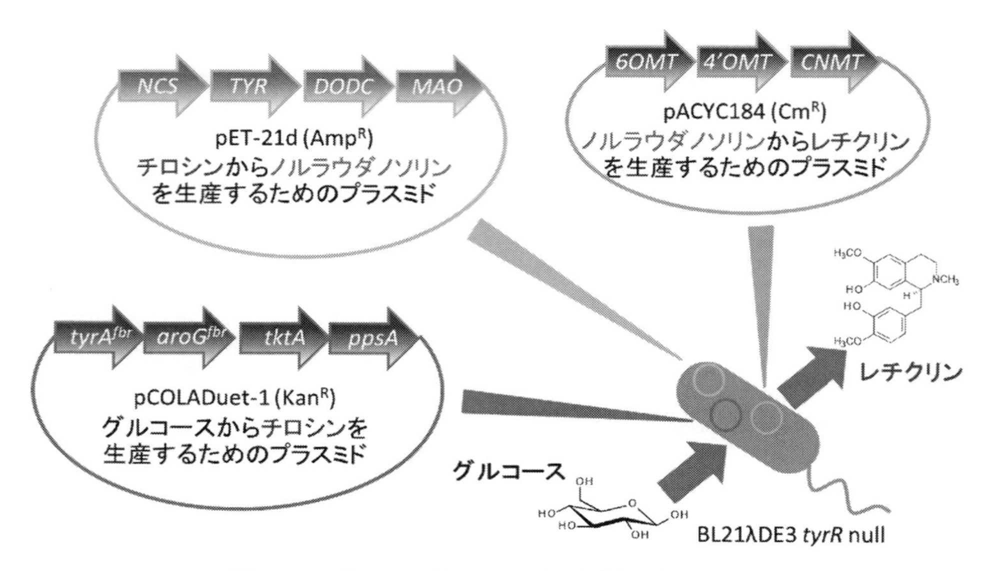

図1　アルカロイド（レチクリン）生産大腸菌株の作製

BIA の重要な中間アルカロイドであるレチクリンの生産システムを大腸菌において確立した[3)]。11 遺伝子の過剰発現系及び 1 遺伝子の欠失を組み込むことによって，46 mg/L のレチクリン生産に成功している（図 1）。我々に続き，カリフォルニア大学の Smolke ら，複数の研究グループも酵母を用いたアルカロイド生産を報告している（～80.6 μg/L）[4, 5)]。

さらに，重要な中間体であるレチクリンの生産により，それ以降のアルカロイドも微生物によって生産することが可能となった。BIA の中でも，モルヒネ等のケシアルカロイドは医薬品原料として需要も高く，その生合成に関する研究がアメリカやカナダを中心に盛んに行われている。2015 年には，唯一単離されていなかったモルヒネ生合成酵素である STORR［(*S*)-to (*R*)-reticuline］が単離されたことにより[6)]，酵母において，ガラクトースから鎮痛剤であるオキシコドンのもとになるテバイン（6.4 μg/L），さらには，麻薬性鎮痛薬であるヒドロコドン（0.3 μg/L）の生産が報告された[7)]。次いで我々も，大腸菌を 4 段階に分けて培養することで，酵母よりも効率的な 2.1 mg/L のテバインおよび 0.36 mg/L のヒドロコドンの生産に成功している[8)]。

このように，微生物発酵法によるアルカロイド生産は世界的に注目されているが，未だに実用生産システムは確立されておらず，その目処さえ立っていない。アルカロイドの生合成経路はアミノ酸から 10～20 段階に及ぶため，生産効率を上げることは容易ではない。数段階の酵素反応であれば，全ての生合成酵素の組み合わせを検討し，その発現量を調整することで最適な生合成経路を構築し，効率的な生産を行うことは可能である。しかし，近年の生合成工学における多段階の物質生産では，全ての生合成遺伝子の組み合わせを検討することは現実的ではなく，また培養条件の検討だけでは生合成経路の最適化は困難である。二次代謝産物の生合成酵素は基質特異性が高く，特定の生合成経路により生産されている。一方，二次代謝産物に共通な生合成経路上流部分（アミノ酸等の一次代謝産物の生合成経路）の生合成酵素は基質特異性の低いものが多く，また同じ活性を持つ酵素が複数存在するなど，生物種によっては同じ一次代謝産物に対する生合成経路が異なることもある。そのため，大腸菌や酵母の異種発現系での二次代謝産物生産では，上流のアミノ酸等を以下に効率よく生産させるか，すなわち様々な組み合わせが考えられる生合成経路をいかに効率的に構築するかが重要となる。

実効性の高い代謝経路を効率的に設計するためには，これまでに蓄積された網羅的な化学構造・酵素反応データを実装するだけでなく，このデータをもとに化学・生物情報解析により未知の化合物・酵素反応をも推定可能な，代謝経路設計技術が不可欠である。そこで，計算効率・探索範囲・利便性を飛躍的に向上させた代謝経路設計ツールであるM-pathおよびBioProV（2編1章1節参照），さらに統合オミクス解析技術（2編4章参照）の利用を検討した。

M-pathおよびBioProVの具体的な新規生合成経路構築としては，化合物の構造変換からの経路推定，すなわちターゲットとなる化合物を生産する経路を構築できるかどうかを検証する方法と，KEGGのデータから2項関係を抽出し，対象とする宿主およびその近縁種が持つ2項関係だけを選択し全代謝経路を再構築した上で，ターゲット化合物の生合成経路を探索する手法の開発と適用を行った。M-PathおよびBioProVによる情報解析により，チロシンから3,4-dihydroxyphenylacetaldehyde（3,4-DHPAA）までの新規代謝経路の設計を行い，NITEの微生物遺伝子機能検索データベース（MiFup）[9]を用いて，それらの生合成遺伝子群を選定した。実際に選定された*Kulyveromyces marxianus*由来フェニルピルビン酸デカルボキシラーゼを用いた生産システムでは，従来の経路よりも2倍のレチクリン生産量を示した。さらに，レチクリン生産において律速反応であったチロシンからドーパへの変換反応を触媒する酵素，tyrosinaseに対して，MiFupを用いて代替酵素を予測した結果，4種類の生物種，ショウジョウバエ（*Drosophila meranogaster*），うずら（*Phasianidae* sp.），うなぎ（*Anguilla anguilla*），ラット（*Rattus norvegicus*）由来のチロシン水酸化酵素が選抜された。チロシン水酸化酵素は，その反応にテトラヒドロビオプテリン（BH_4）を補酵素として必要とする。そこで，BH_4生産に必要な3種類の生合成酵素，guanosine triphosphate cyclohydrolase I（MtrA），6-pyruvoyltetrahydropterin synthase（PTPS），sepiapterin reductase（SPR）とともに，4種類のチロシン水酸化酵素をそれぞれ生合成経路に導入し比較した結果，ショウジョウバエ由来のチロシン水酸化酵素が生産効率の改善に有効であることが明らかとなった（図2a）。14遺伝子の過剰発現系及び1遺伝子の欠失を組み込むことによって，グルコースから163.5 mg/Lのレチクリンが生産された（図2b）[10]。レチクリンはケシ乳液に320 mg/L含まれるが，蓄積に80日以上かかるため，栽培面積，栽培日数，収穫コストを考えると，現在の植物からの抽出法に比べ，大腸菌による発酵生産の方がより実用的である。

統合オミクス解析技術については，宿主微生物のゲノム情報を元に，その微生物の持つタンパク質の機能を推定し，推定したタンパク質機能から取りうる代謝経路全体像を再構築した。そして，遺伝子発現データから，アルカロイド生産時に活性化している経路を推定した結果，KEGG

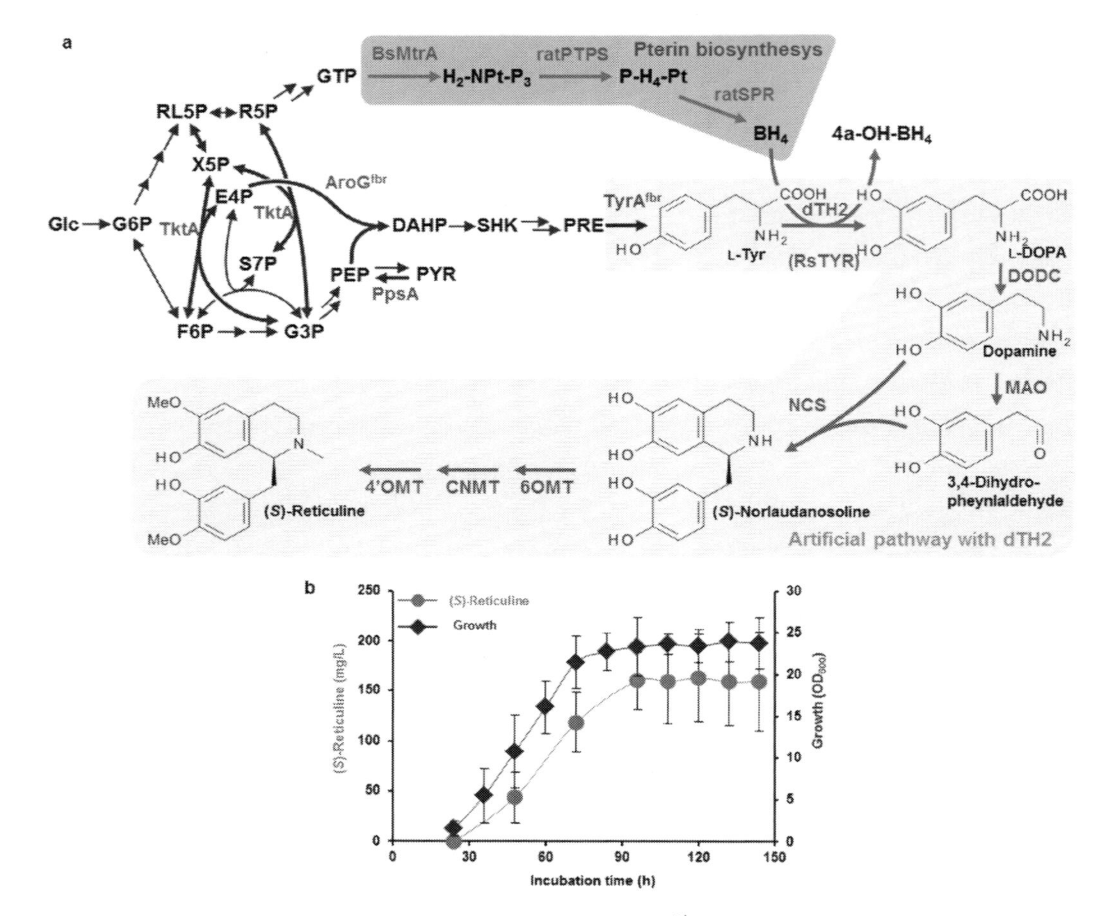

図2　a：大腸菌における改変型レチクリン生合成経路[10)]，b：ジャーファーメンターによるレチクリン発酵生産[11)]

上に登録されている436の代謝経路のうち，16の代謝経路が活性化していた。アルカロイド生産時にピルビン酸デヒドロゲナーゼ複合遺伝子（*aceEF*）の発現量低下によるアセチルCoAの枯渇，7-carboxy-7-deazaguanine synthase（*queE*）によるBH_4生成阻害の可能性が示唆された。現在，*aceEF*のリプレッサーである*pdhR*の破壊による生産能向上，および*queE*破壊による生産能向上を検討している。

生合成工学の進展により，植物二次代謝産物の生合成経路を微生物内に構築し，生産することが可能となった。しかしながら，そのほとんどが植物の生合成経路の再構成であり，微生物内において効率的な経路となっていない。必要となる多段階の生合成経路の最適な構築方法は未だ確立されておらず，一部の化合物を除いて，実用レベルの生産には成功していない。今回の実証研究が示すように，情報解析の手法を活用することで，効率的な生合成経路の構築が可能となった。

今後，生合成工学の分野において情報解析を活用することで，これまでは不可能であった植物二次代謝産物全般の実用生産プラットフォームが構築され，多種多様な二次代謝産物の実用生産が行われるものと期待される。

文　献

1) C. J. Paddon *et al.*, *Nature*, **496**, 528 (2013)
2) H. Minami *et al.*, *Proc. Natl. Acad. Sci. USA*, **105**, 7393 (2008)
3) A. Nakagawa *et al.*, *Nat. Commun.*, **2**, 326 (2011)
4) W. C. DeLoache *et al.*, *Nat. Chem. Biol.*, **11**, 465 (2015)
5) I. J Trenchard *et al.*, *Metab. Eng.*, **31**, 74 (2015)
6) T. Winzer *et al.*, *Science*, **349**, 309 (2015)
7) S. Galanie *et al.*, *Science*, **349**, 1095 (2015)
8) A. Nakagawa *et al.*, *Nat. Commun.*, **7**, 10390 (2016)
9) MiFuP, http://www.bio.nite.go.jp/mifup/
10) E. Matsumura *et al.*, *Sci. Rep.*, **8**, 7980 (2018)

第11章　計算化学によるコンポーネントワクチン開発のための分子デザイン

宮田　健*1，新川　武*2，玉城志博*3，
梅津光央*4，新井亮一*5，亀田倫史*6

1　はじめに

ワクチンは感染症対策にとって最も重要かつ費用対効果の高い手段である[1,2]。感染症は医療の問題だけでなく，感染者や死亡者の増加による労働力の低下，経済活動の低迷，貧困の増大という悪循環を引き起こす重要な社会問題として考える必要がある。特に，未だ有効なワクチンが開発されていない世界三大感染症と呼ばれる，エイズ/HIV・マラリア・成人肺結核による死亡者数は年間200～300万人と推計されている[3]。特に，先進諸国のなかで唯一日本だけがHIV感染患者数が増加しており，我が国にとっては深刻な問題である。また，グローバル化の進展に伴い，三大感染症以外にも対策が必要な感染症が増大し，幅広い分野においてワクチンの需要が益々高まっている。例えば，新型インフルエンザによるパンデミックやバイオテロリズムに対応するための適切な防疫対策，超高齢化社会に向けたProactive（早期介入）な医療としての成人・高齢者向け予防・治療用ワクチン開発等が挙げられる。さらに，獣医畜産領域においては，家族（社会）の一員としての伴侶動物に対するワクチンの需要があり[4]，また，産業動物の場合は生産者側にとって重要な費用対効果の高い対策法のひとつとしてワクチンが存在し，これは「食の安全・安心」に直結する重要な役割を担っている。このようにワクチン開発を含む感染症対策は世界的に喫緊の問題である。

2　ワクチンの種類と特徴

基本的にワクチンは大きく4種類に分類することができる（図1）。①病原体を弱毒化した弱

＊1　Takeshi Miyata　鹿児島大学　農学部　食料生命科学科　准教授
＊2　Takeshi Arakawa　琉球大学　熱帯生物圏研究センター　感染免疫制御学分野　教授
＊3　Yukihiro Tamaki　琉球大学　熱帯生物圏研究センター　感染免疫制御学分野　助教
＊4　Mitsuo Umetsu　東北大学　大学院工学研究科　教授
＊5　Ryoichi Arai　信州大学　繊維学部　准教授
＊6　Tomoshi Kameda　(国研)産業技術総合研究所　人工知能研究センター
オーミクス情報研究チーム　主任研究員

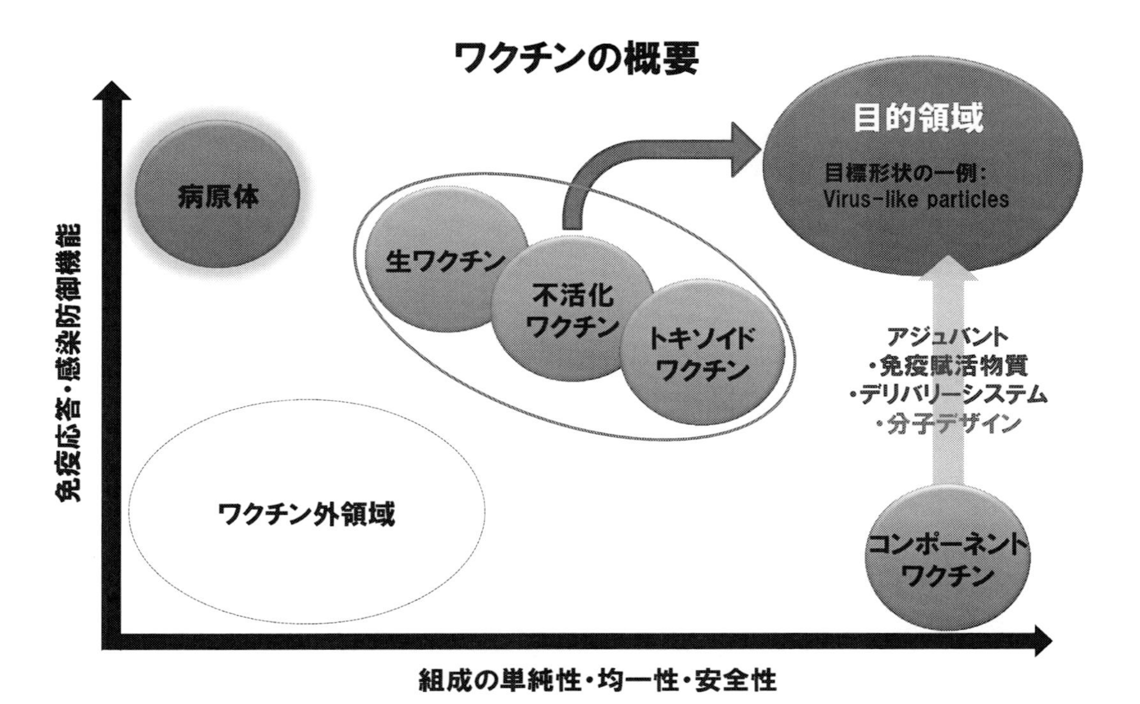

図 1　ワクチンの種類とコンポーネントワクチンの方向性

毒生ワクチン，②紫外線やホルマリン等によって病原体が増殖しない状態にした不活化ワクチン，③破傷風毒素やジフテリア毒素といった毒素を不活化したトキソイドワクチン，そして，④コンポーネント（サブユニット）ワクチンである。現在，市販されているワクチンとしては，いくつかの弱毒生ワクチンやトキソイドワクチンを除けば，ほとんどが不活化ワクチンである。コンポーネントワクチンは比較的新しい種類のワクチンであり，病原体の一部（コンポーネントまたはサブユニット）を用いるのが特徴であり，病原体の構成成分を分離精製して作出する方法や遺伝子工学的に病原体由来のタンパク質を異種タンパク質として各種組換え生物（大腸菌，酵母，昆虫細胞，カイコなど）で産生し，精製したタンパク質を遺伝子組換えタンパク質抗原として作出する方法がある。市販の組換えワクチンの事例として，出芽酵母（*Saccharomyces cerevisiae*）にＢ型肝炎ウイルスの表層抗原タンパク質（HBsAg）を発現させたＢ型肝炎ワクチンがあり，前臨床試験段階では多くの組換えタンパク質抗原の発現とそのワクチンへの応用研究が進められている[5,6]。また，ワクチンの開発対象として様々な寄生虫（例えば，マラリア原虫や住血吸虫など）があるが，これら寄生虫の種類によっては培養の困難さや病原体の大きさなどの理由から従来の製造法（弱毒化や不活化）では開発が不可能な場合がある[3,7,8]。つまり，寄生虫に対するワクチン開発には，組換えタンパク質によるコンポーネントワクチンの開発が重要であると言える。組換えコンポーネントワクチンは，目的タンパク質抗原のみを発現させるため，ワクチンとしての純度や均一性が高く，標的とする抗原に対する防御抗体のみ誘導できるため，免疫学的に効率が良いと同時に病原体を培養するリスクがなくなるため，製造面においても安全性が高くなる利点がある。このような種々の利点を考慮すると，今後，遺伝子組換えコンポーネントワクチン開発の重要性は増大すると想像できる。実際，現代のワクチン開発の世界的な動向として，遺伝子組換え技術によるコンポーネントワクチンが開発路線の主流になりつつある。しかしながら，開発の妨げとなる大きな障壁が存在する。それは組換えタンパク質は一般的に免疫原性が非常に低いということである。このハードルを克服するためには，いくつかの戦略がある（図1）。具体的にはアジュバント（免疫賦活物質やデリバリー機能）の活用や標的抗原の分子デザインによる高機能化が挙げられる。

3　ワクチン抗原における分子デザインについて

ワクチン開発における高機能化分子デザインのひとつに，免疫原性を高めることがあるが，その具体例として抗原提示細胞（樹状細胞やB細胞等）へピンポイントにデリバリー（配達）するターゲティング機能の付加が挙げられる。ワクチン抗原を，抗原提示細胞運搬機能を有する足場物質と遺伝子工学的または化学的方法で融合させることで，効率的な免疫応答を惹起できる可能性がある[9,10]。このように，分子デザイン技術により，高機能化ワクチン抗原が作出できるようになってきた。また，もうひとつ重要な分子デザインの方向性として，分子安定性の向上がある。医薬品であるワクチンは性質上，長期保存性や熱等による物理化学的なストレスに対しての安定性が求められる。分子安定性は生産性とも関連することから，組換えタンパク質ワクチン抗原分子の安定性を向上させる分子デザインやそれを構築する技術がより重要になってくるであろう。

4　分子の安定性：耐熱性付与

これまでに著者らは，コレラ毒素（CT）の受容体（GM1ガングリオシド）結合サブユニットであるB鎖5量体タンパク質（CTB）をワクチン抗原分子として利用する研究を進めてきた。CTB自体は抗原でもあるが，他のワクチン抗原との融合化によってその融合抗原の免疫原性を向上させることが可能である[11]。CTBは，単量体同士の相互作用によって5量体を形成し，5量体を形成して初めて，その本来の機能を発揮する。しかし，比較的熱に弱く，5量体を形成する単量体同士は容易に乖離し，単量体へと移行する。ワクチン抗原や融合タンパク質の足場物質としての機能にはCTB5量体の形成が重要であることから，著者らは分子安定性を向上させる目的で，CTBに耐熱性を付与する分子デザインを施した。具体的には，CTB単量体分子内2ヵ所にシステイン残基（Cys）を変異導入することで，5量体内で隣接する単量体間にジスルフィド結合を形成させ，その結果，熱負荷をかけても，5量体を保持できるCTB5量体分子の作出に

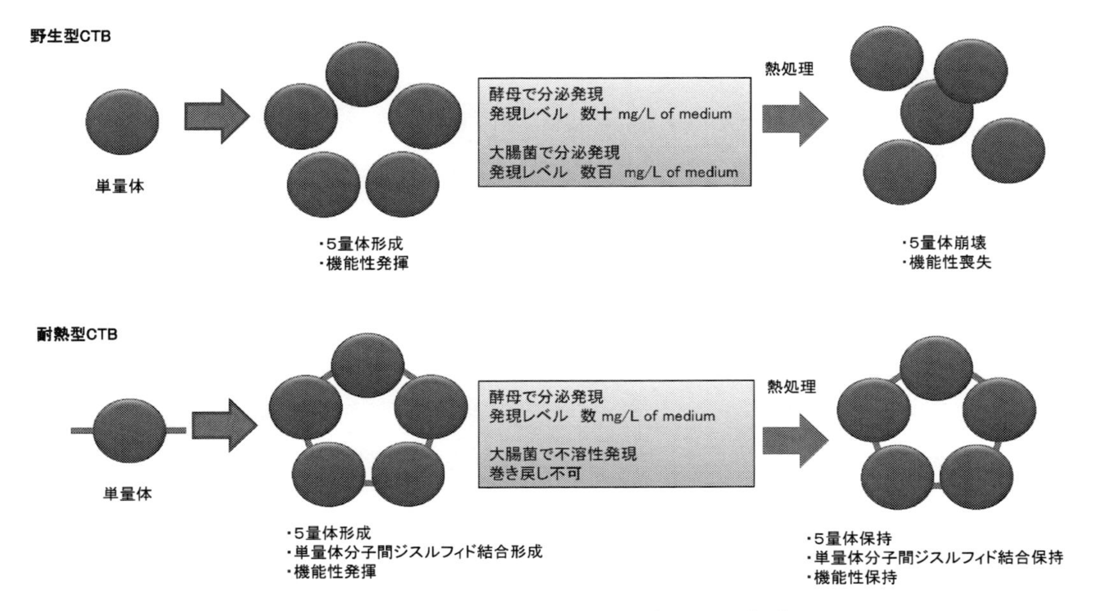

図2　易熱性分子から耐熱性分子への分子デザインと発現レベル

成功した（図2下）[12]。本デザインでは，耐熱性を付与するためにジスルフィド結合を活用したが，組換えタンパク質におけるジスルフィド結合の形成は大腸菌発現系では比較的効率が低いため，この変異導入CTBの実験では，発現宿主として酵母（*Pichia pastoris*）を利用した[12]。この耐熱性CTBは，培養上清中に分泌発現したが，その発現量は，野生型に比べて大幅に低下していた（図2下）。組換えタンパク質の生産量の観点では大腸菌は酵母よりも格段優れているため，今回，我々は，大腸菌でも耐熱性を発揮し，かつ，生産性の高い変異導入CTBを構築するため，計算化学技術を活用した。

5　計算化学とライブラリー法を融合したコンポーネントワクチン開発

現在の遺伝子操作技術では，タンパク質中の任意の箇所へ遺伝子変異を導入することは容易であり，かつ，同時に作成できる変異体数も$10^{9\sim13}$程度と膨大である。しかし，これらの変異体を単クローン化し，各々の変異体の機能性を評価するスクリーニング技術は作成可能な変異体数に追いついていない。例えば，上述の2つのCys残基変異を挿入した変異体CTB（T1C/T92C）[12]について，同じ2ヵ所（1番および92番目のアミノ酸残基）へCys以外のアミノ酸変異を挿入する組み合わせは400通り（20×20）あるが，一般的なライブラリーコドンであるNNK[13]を使って作製した変異体群から各変異体を単クローン化するには，寒天培地上の形質転換大腸菌コロニーを経験上2,000個は検証する必要がある。しかし，計算化学的手法によって，置換するアミノ酸ペアの有用候補を絞り込むことができれば，検証するクローン数を大幅に削減することができる。

この計算化学的手法の最大の魅力は，実際に目的タンパク質を構築する必要がないことであるが，計算化学が導いた解が必ずしも実際の最適値を示す保証はない。そこで，我々は計算化学によって導き出された変異体候補を含む小規模な変異体ライブラリーを作製することで，計算化学により指向性を決める進化工学的操作を行った。まず，400 CTB 変異体の全てを分子動力学シミュレーションで立体構造の変性しにくさを評価し，上位5変異体を選抜した。そして，これらの5変異体中の1番目と92番目の残基に出現しているアミノ酸各5種類が各々の位置でランダムに出現するライブラリー（5×5＝25）を作製し，それらの変異体の熱負荷に対する耐性を実験的に評価した。すなわち，各々の変異体を効率的に作成するため，1つの残基に複数のアミノ酸を変異導入できる22c-trick法[14]を応用したPCRによって鋳型DNAを増幅することで，変異体群の遺伝子断片を作製した。そして，これらをワンポットで発現ベクターへ接合すると共に大腸菌へ形質転換し，寒天培地プレートへ展開することで形質転換大腸菌を単コロニー化して，各々のコロニーをウェル培養することで各CTB変異体を取得した。その結果，約100度での熱処理後のCTB変異体の機能をGM1ガングリオシドに対する結合活性で比較したところ，野生型は熱処理後120分経過しても活性は60％程度しか回復しなかったのに対して，複数の変異体が70％以上の回復率を示した（図3）。特に，図3中の変異体2は，野生型および変異体1が12分の経過時間で40％以下の活性回復率しか示さないのに対し，60％の回復率を示した。この結果は，計算化学により進化工学操作における変異体ライブラリーの方向性を決めることは，タンパク質進化を効率的に行えることを示唆していると考えられる。

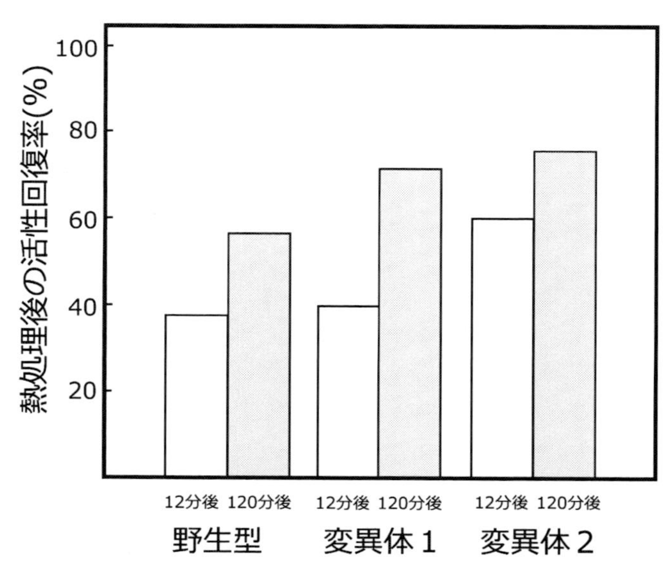

図3　10分間熱処理した後の経過時間に対するCTB変異体のGM1ガングリオシドに対する結合活性変化

6　まとめ

分子を「創る」ためには，「設計」「合成」「評価」が必要である。Ulmerが1983年にタンパク質工学を提唱してから，多くの研究者が目的の機能をもつタンパク質を有機分子のように自在に創りだせる「タンパク質工学」を夢見て35年が経過した[15]。現在では，タンパク質を「創る」という長年の研究が，タンパク質が目的の機能を発現する分子へ進化していくプロセスを試験管内で模倣する進化工学などを生み出し，「合成」と「評価」については他の素材と匹敵する技術が成熟してきている。その一方，「設計」においては，目的の立体構造へ確実にフォールディングするようにポリペプチドのアミノ酸配列を完全に人工的に設計することは未だ難しく，設計の面では有機分子に遅れをとっているかもしれない。しかし，近年の計算化学の進歩は今回示したように，タンパク質の進化の方向性をある程度「設計」できる段階にまで到達している。今後，計算化学と進化工学の組み合せにより，変異体の機能性情報が蓄積していくことによって，タンパク質のより良い「設計」が可能になるはずである。

文献および注釈

1) WHO Fact Sheet 288. 2005. Immunization against disease of public health importance.
2) Plotkin, S. L., and S. Plotkin. 2008. A short history of vaccination, p.1-16. *In* S. Plotkin, W. A. Orenstein, and P. A. Offit (ed.), Vaccines. Elsevier-Saunders, Phildadelphia, PA.
3) Safrit J. T. *et al., Vaccine*, **34**, 2911-2925 (2016).
4) Meeusen E. N. *et al., Clin Microbiol Rev.* **20**, 489-510 (2007).
5) Frey S. *et al., Curr. Opin. Biotechnol.*, **52**, 80-88 (2018).
6) Rappuoli R. *et al., Lancet*, **378**, 360-368 (2011).
7) Demirjian A. *et al., Expert Rev. Vaccines*, **7**, 1321-1324 (2008).
8) Genton B. *Expert Rev. Vaccines*, **7**, 597-611 (2008); McManus D. P. *et al., Clin. Microbiol. Rev.*, **21**, 225-242 (2008).
9) O'Hagan D. T. *et al., Nat. Rev. Drug Discov.*, **2**, 727-735 (2003).
10) Miyata T. *et al., Infect. Immun.*, **79**, 4260-4275 (2011).
11) Miyata T. *et al., Infect. Immun.*, **78**, 3773-3782 (2010).
12) Miyata T. *et al., Vaccine*, **30**, 4225-4232 (2012).
13) NNKコドン：Nは4種すべての塩基が混合した塩基記号，KはGとTが混合した塩基記号。NNKコドンは，20種類のアミノ酸を表現できながら終止コドンの出現を最小限に抑えたコドンである。
14) Kille S. *et al., ACS Synth. Biol.*, **2**, 83-92 (2013).
15) Ulmer K. M., *Science*, **219**, 666-671 (1983).

第12章　微生物の膜輸送体探索と産業利用 —輸送工学の幕開け—

七谷　圭[*1]，中山真由美[*2]，新谷尚弘[*3]，阿部敬悦[*4]

全ての生物の細胞は，脂質二重膜により外環境と細胞内を隔てることにより，生命活動に必要な物質の漏出を防ぐと同時に生体に有害な物質の侵入を防ぎ，生体の恒常性を維持している。したがって，脂質二重膜は，生物が生命活動を維持する上で必要不可欠な構造である。一方，微生物を用いた物質生産においては，脂質二重膜は，目的産物生合成代謝系の細胞内濃縮という点では生産性向上に寄与する一方で，基質取込みや産物の排出面では障害となるため，微生物細胞を用いた物質生産の効率化を考える上で，生産物の細胞外への排出は欠かせないプロセスである。しかしながら，物質生産の効率化に向けた研究開発において，長らく膜輸送をコントロールする技術が注目される機会はなかった。これは，世界的にも同様の状況にあり[1]，膜輸送研究の難しさ（詳細は後述する）に起因していると考えている。近年，コリネ型細菌のグルタミン酸排出輸送体の同定[2]に端を発し，発酵法による化合物生産における膜輸送の重要性が認識され，基質の取り込みや生産物の排出をコントロールする技術として『輸送工学』[3]という言葉が誕生した。特に，生産物が極性のある化合物で膜不透過性の場合，生産物の菌体外への排出には膜輸送体が必須であり，膜輸送体の欠如や能力不足は生産物の菌体内への蓄積を招く。菌体内に蓄積した生産物は，フィードバック阻害により生合成反応を阻害し，生産効率の低下を招く。また，宿主微生物が本来生産しない化合物の生産を目指す際には，宿主となる微生物が最終産物の排出を担う膜輸送体を有していない可能性もあり，このような場合には新たに排出輸送体を導入することが必須となる。本章では，微生物の膜輸送体に関する基礎的な背景と膜輸送体の産業応用の現状について実施例を交えて紹介する。

1　微生物の膜輸送体研究の現状

膜輸送体は，疎水性の生体膜に局在し機能を果たしているため，親水性の基質へ結合する親水

＊1　Kei Nanatani　東北大学　大学院農学研究科　助教
＊2　Mayumi Nakayama　東北大学　大学院農学研究科　特任助教
＊3　Tahahiro Shintani　東北大学　大学院農学研究科　准教授
＊4　Keietsu Abe　東北大学　大学院農学研究科　教授

性領域と疎水性の生体膜に結合する疎水性領域の両方を分子内に持ち，可溶性の酵素タンパク質などと比較して研究を進める上での取り扱いが難しい傾向にある。例えば，PDB（Protein Data Bank, https://www.rcsb.org/）に構造情報が登録されている膜タンパク質の割合は0.1％未満であり，残りの99.9％が可溶性タンパク質である。多くの生物のゲノムにコードされているタンパク質の20-30％が膜タンパク質であることを考慮すると，構造が解明されている膜タンパク質の数は著しく少なく，膜タンパク質の研究の難しさを反映していると考えられる。また，膜輸送体の研究を困難にしているもう一つの理由として輸送活性測定の難しさが挙げられる。一般的な可溶性酵素とは異なり，膜輸送体は輸送反応の前後で基質の化学構造を変化させないため，生産物を定量することでは触媒反応を計測することができない。そこで，膜輸送体の輸送活性の測定には，人工膜（リポソーム）再構成法[4]やパッチクランプ法などを用いる。しかしながら，これらの手法は特殊な装置と技術を必要とし，一般的な可溶性酵素の酵素活性測定と比べ技術的なハードルが極めて高い。この様な問題から，膜輸送体の研究は可溶性酵素と比較して大きく遅れている。近年，ゲノム解析の進展により様々な生物の有する輸送体に関する情報も容易に手に入る様になったが，データベースに登録されている輸送体の基質等に関する情報も推定であることが多く，実際に輸送活性を測定してみると予想とは異なる基質を輸送することも珍しくない。

微生物を含む輸送体の分類に関して，もっとも代表的なデータベースが，Dr. Saier M. H.（University of California, San Diego）らによって構築されたTransporter Classification（TC）Database[5]である。酵素の分類法であるEC番号をモデルに膜輸送体を機能に則して分類している。機能解析に関する報告を元に分類されているため，機能に関する信頼性が高い。一方で，生物のゲノム情報から，標的とする生物種がどのような輸送体の遺伝子を有しているかを網羅的に整理されたデータベースとしてDr. Ian Paulsen（Macquarie University Species Spectrum Research Center）らによって構築されたTransportDB 2.0[6]がある。一例として，TransportDB 2.0に登録されている産業微生物の有する膜輸送体について表1にまとめた。輸送体の総数における輸送体の割合をみると原核微生物である大腸菌*Escherichia coli*，コリネ型細菌

表1　膜輸送体の遺伝子数（TransportDB 2.0）

	Escherichia coli ATCC8739	*Corynebacterium glutamicum* ATCC13032	*Saccharomyces cerevisiae* S288C	*Aspergillus oryzae*
Genome Size	4746.218 kb	3282.708 kb	1300.000 kb	3200.000 kb
Total ORFs	4199	3057	6309	14063
Total Transporters	612	388	341	964
ATP-dependent	256	194	92	130
Secondary transporter	261	166	225	794
Ion Channels	22	7	21	36
PTS	57	8	–	–
unclassified	12	13	1	3

TransportDB 2.0（www.membranetransport.org/transportDB2/index.html）

Corynebacterium glutamicum がATPを駆動力とする輸送体を多く有しているのに対して，真核生物である出芽酵母 *Saccharomyces cerevisiae*，麹菌 *Aspergillus oryzae* が二次性輸送体を多く有していることがうかがえる。

2 膜輸送体の産業利用

前述の様に，膜輸送体研究の難しさが原因となり，膜輸送体の産業利用は可溶性酵素と比べ非常に遅れている。遺伝子配列から高い精度で基質等まで予測が可能な可溶性酵素と比較するとその差は明らかである。一方で，2000年代に入り産業微生物への輸送体遺伝子の導入による生産の効率化の報告が増えてきており，アミノ酸をはじめとする化合物の生産において輸送体の導入が効果的であることが示されている[7,8]。これまでに化合物の生産効率化効果が報告されている輸送体の事例を見ると，由来が大腸菌に偏っている。これは，応用の基礎となる輸送体の基質などの情報が，モデル微生物である大腸菌が圧倒的に多いことに起因する。言い換えると他の微生物においては，基礎的な情報が不足しているため，応用できる状況に無いのが現状である。ここでは，この様な状況下において進められた大腸菌以外の産業微生物に由来し，産業的に重要な排出輸送体探索の例について紹介する。

(1) グルタミン酸排出輸送体

L-グルタミン酸を培地中に排出する微生物として単離されたコリネ型細菌は，通常の培養条件下ではグルタミン酸を排出せず，界面活性剤やペニシリンの処理で大量のグルタミン酸を放出したため，当初は細胞表層構造にダメージを与えることによりグルタミン酸が漏出すると考えられていた[9,10]。しかし，恒常的にグルタミン酸を放出できる株の単離・解析により，大腸菌の機械受容チャネルMscSのホモログであるMscCGが遺伝学的に同定され，コリネ型細菌は機械受容チャネルによってグルタミン酸を能動的に排出することが証明された[2]。加えて，MscCGはグルタミン酸だけでなくL-アスパラギン酸やベタインの排出にも関与することが生化学的に明らかとなった。このように輸送特異性の低いMscCGは，その特性を活かしてグルタミン酸以外の物質排出担体としても活用でき，L-フェニルアラニン生産などの実施例が報告され[11]，多用途型排出担体としての利用価値が見出されている。

(2) コハク酸排出輸送体

コハク酸は生分解性プラスチックポリブチレンサクシネートの原料であり，ナフサを原料とした生産からバイオマス原料への転換が進められている化合物の一つである。現在，世界中で酵母や大腸菌，コリネ型細菌などの微生物を使った発酵生産技術の開発が進められ，海外では既に発酵プラントの運用も始められている。コリネ菌を宿主とした場合，コハク酸は嫌気条件下で，還元的TCAサイクルによりフマル酸を経由して生産される。最終産物であるコハク酸は，膜不透過性であることから，培地中への排出には排出輸送体が必要である。福井（㈱味の素）らは，コハク酸生産条件下で誘導される遺伝子の発現解析を行い，非生産時との比較により，新規コハク酸排出輸送体SucE1を見出した[12]。SucE1欠損株では，コハク酸の生産量が著しく低下したことから，SucE1がコハク酸生産において重要な役割を果たすことが示された。また，福井らは，ペプチドフィーディング法の原理を応用し，コハク酸含有酸性培地を用いる手法により，大腸菌の有する新規コハク酸排出輸送体YjjPBの同定にも成功している[13]。興味深いことに，SucE1，YjjPBは異なる輸送体ファミリー（それぞれAAExファミリー，ThrEファミリー）に属し，それぞれのファミリーの中で既に報告されている輸送基質にはコハク酸は含まれていなかった。

(3)　コウジ酸排出輸送体

コウジ酸（5-hydroxy-2-hydroxymethyl-4-pyrone）は1907年に麹中に発見され[14]，1924年に単離，命名，構造決定された[15]。後に，麹菌*Aspergillus oryzae*を始めとする*Aspergillus*属菌のほか，一部の*Penicillium*属菌や細菌によってコウジ酸が生産されることが示された[16]。コウジ酸はチロシナーゼ中の銅イオンをキレートし活性を阻害することによって，メラニンの生成を抑制することから，美白成分として化粧品に用いられている。放射性同位体を用いたトレーサー実験によって，グルコースからの直接的な変換が主要な生合成経路であると推測されているが[17]，詳細は不明である。近年，網羅的転写解析によって麹菌のコウジ酸生成に関わる遺伝子クラスターが明らかにされた[18]。クラスターは*kojA*，*kojR*，*kojT*からなり，それぞれFAD依存性酸化還元酵素，Zn(II)$_2$Cys$_6$型転写因子，Major facilitator superfamily輸送体をコードしていると推測される。これら遺伝子の過剰発現によってコウジ酸の生産は著しく向上するが[19,20]，遺伝子産物の生化学的，分子生物学的な機能は明らかでない。

3　結言

微生物を利用した有用物質生産において，排出が律速となるような物質生産や目的産物の特異的排出担体を宿主細胞が保有しない場合には，上記の例のような排出促進を担う排出輸送体の探索と活用は生産性向上につながる。さらに，目的有用物質に応じて改良した機能強化型・機能改変型輸送体を種々の有用物質生産微生物に導入することで，これまで生産ができなかった有用物質を生産可能とする微生物の創製と生産の効率化，それらの産業利用が期待される。

文　献

1)　D. B. Kell *et al.*, *Trends Biotechnol.*, **33**, 237-246 (2015)
2)　J Nakamura *et al.*, *Appl. Environ. Microbiol.*, **73**, 4491-4498 (2007)
3)　土反伸和，生物工学　**93**, 294 (2015)

4) K. Abe *et al., J. Biol. Chem.*, **271**, 3079-3084 (1996)
5) M. H. Saier *et al., Nucleic Acids Res.*, **44**, D372-379 (2016), www.tcdb.org/
6) L. D. H. Elbourne *et al., Nucleic Acids Res.*, **4;45**, D320-D324 (2017), www.membranetransport.org/transportDB2/index.html
7) C. M. Jones *et al., Appl. Microbiol. Biotechnol.*, **99**, 9381-9393 (2015)
8) D. Lubitz *et al., Appl. Microbiol. Biotechnol.*, **100**, 8465-8474 (2016)
9) K. Takinami *et al., Agric. Biol. Chem.*, **29**, 351-359 (1962)
10) T. D. Nunheimer *et al., Appl. Microbiol.*, **20**, 215-217 (1979)
11) K. Hashimoto *et al., Biosci. Biotechnol. Biochem.*, **76**, 1422 (2012)
12) K. Fukui *et al., J. Biotechnol.*, **154**, 25-34 (2011)
13) K. Fukui *et al., Biosci. Biotechnol. Biochem.*, **81**, 1837-1844 (2017)
14) K. Saito, *Bot. Mag.*, **21**, 7-11 (1907)
15) T. Yabuta, *J. Chem. Soc.*, **125**, 575-587 (1924)
16) B. J. Wilson, in *Microbial Toxins*, **VI**, 235-250, Academic Press, New York (1971)
17) H. R. V. Arnstein and R. Bentley, *Biochem. J.*, **54**, 493-508 (1953)
18) Y. Terabayashi *et al., Fungal. Genet. Biol.*, **47**, 953-961 (2010)
19) J. Marui *et al., J. Biosci. Bioeng.*, **112**, 40-43 (2011)
20) S. Zhang *et al., J Biosci Bioeng.*, **123**, 403-411 (2017)

スマートセルインダストリー
—微生物細胞を用いた物質生産の展望—

2018年6月20日　第1刷発行

監　　修　久原　哲　(T1080)
発 行 者　辻　賢司
発 行 所　株式会社シーエムシー出版
東京都千代田区神田錦町1－17－1
電話 03(3293)7066
大阪市中央区内平野町1－3－12
電話 06(4794)8234
http://www.cmcbooks.co.jp/
編集担当　伊藤雅英／町田　博

〔印刷　倉敷印刷株式会社〕

ISBN978-4-7813-1334-4 C3045 ¥74000E